"十三五"国家重点出版物出版规划项目

先进制造理论研究与工程技术系列

机床电气自动控制

（第3版）

主 编 许 刚

副主编 雷呈喜 朴伟英

哈尔滨工业大学出版社

HITP HARBIN INSTITUTE OF TECHNOLOGY PRESS

内 容 简 介

本书紧密结合我国机床电气控制的实际,吸收现代电气控制新技术,系统地介绍了机床电气控制系统的设计要求、系统构成、系统方案和设计方法。书中的内容既有常用的电气控制方法,也有先进的自动化技术,体现了实用性和先进性。本书内容包括:绪论、电力拖动基础、机床电气控制线路、可编程控制器及其系统设计、电力拖动调速系统、电气伺服系统等。

本书可作为高等工科院校机械工程及自动化专业的教材,也可供从事机电一体化有关专业的科研和工程技术人员参考。

图书在版编目(CIP)数据

机床电气自动控制/许刚主编. —3 版. —哈尔滨:
哈尔滨工业大学出版社,2022.3
ISBN 978 - 7 - 5603 - 8602 - 7

Ⅰ.①机… Ⅱ.①许… Ⅲ.①机床-电气控制-自动
控制-高等学校-教材 Ⅳ.①TG502.35

中国版本图书馆 CIP 数据核字(2020)第 006636 号

责任编辑 王桂芝 黄菊英
出版发行 哈尔滨工业大学出版社
社 址 哈尔滨市南岗区复华四道街 10 号 邮编 150006
传 真 0451 - 86414749
网 址 http://hitpress.hit.edu.cn
印 刷 哈尔滨市工大节能印刷厂
开 本 787 mm×1 092 mm 1/16 印张 16.25 字数 370 千字
版 次 2022 年 3 月第 3 版 2022 年 3 月第 1 次印刷
书 号 ISBN 978 - 7 - 5603 - 8602 - 7
定 价 48.00 元

第3版前言

《机床电气自动控制》一书自1991年出版以来,作为高等院校的教材和科研人员的参考书,取得了良好的效果,受到了广大读者的欢迎。

近年来,随着电力电子、计算机、控制理论等科学技术的发展,机床电气控制从硬件结构到控制方式都有了很大的变化和进步。如在机床的主拖动系统中,采用由新型电力电子功率器件组成的变流装置供电的直流调速系统和变频、矢量控制的交流调速系统;在机床的进给系统中,采用数字化直、交流伺服系统等,从而大大提高了速度和位置控制质量;在机床的控制系统中采用可编程控制器(PLC),从而克服了以往大量采用继电器的弊端,提高了系统的可靠性。

考虑到上述自动化技术的进步,本次再版结合我国机床行业机电一体化及机床电气控制技术发展的实际,力求体现第3版教材的实用性和先进性,对原书的内容做了进一步的修改。因此,第3版教材具有以下主要特点:

(1)以较大篇幅增加了西门子S7系列可编程控制器的内容,阐述了可编程控制器在机床控制中的具体应用。

(2)对由新型电力电子功率器件组成的变流装置供电的PWM控制直流调速系统、无刷直流机调速系统、变频交流调速系统和矢量控制的交流调速系统等内容,做了进一步的补充。

(3)在原有数字化直流伺服系统和步进电动机系统的基础上,增加了永磁同步电动机交流伺服控制系统的相关内容。

本书作为高等院校教材,经过多年教学实践,不断完善、不断充实,逐渐形成了现在的版本。此次再版由北华航天工业学院许刚任主编,哈尔滨工业大学雷呈喜和哈尔滨理工大学朴伟英任副主编,全书由哈尔滨工业大学教授刘金琪主审。具体编写分工如下:许刚负责第1~3章和第5、6章;雷呈喜负责第4章的4.1~4.3节;朴伟英负责第4章的4.4、4.5节及附录。

限于编者水平,书中难免存在疏漏及不妥之处,敬请读者指正。

编　　者

2022年3月

目　　录

第1章　绪论 ··· 1

 1.1　机床电气控制系统及其发展 ································· 1

 1.2　机床电力拖动系统 ··· 2

第2章　电力拖动基础 ··· 4

 2.1　电力拖动系统运动分析 ····································· 4

  2.1.1　运动方程式 ··· 4

  2.1.2　电力拖动系统转矩分析 ······························· 5

  2.1.3　系统工作的稳定条件 ································· 7

 2.2　转矩、转动惯量的折算 ····································· 8

  2.2.1　静态转矩和力的折算 ································· 9

  2.2.2　转动惯量的折算 ····································· 9

  2.2.3　电动机的飞轮惯量 ··································· 10

  2.2.4　典型负载转矩的计算 ································· 11

 2.3　直流他激电动机的特性及速度调节 ··························· 14

  2.3.1　机械特性方程式 ····································· 14

  2.3.2　直流他激电动机的启动 ······························· 17

  2.3.3　直流他激电动机的制动 ······························· 17

  2.3.4　直流他激电动机的速度调节 ··························· 21

  2.3.5　调速方式与负载性质的配合 ··························· 24

 2.4　三相异步电动机的特性及速度调节 ··························· 27

  2.4.1　三相异步电动机的机械特性 ··························· 27

  2.4.2　异步电动机的启动特性 ······························· 30

  2.4.3　三相异步电动机的制动 ······························· 33

  2.4.4　异步电动机的速度调节 ······························· 36

 2.5　同步电动机 ··· 39

  2.5.1　同步电动机的结构特点和基本工作原理 ················· 39

  2.5.2　永磁式同步电动机的特性 ····························· 41

  2.5.3　磁阻式同步电动机的特性 ····························· 42

  2.5.4　磁滞式同步电动机的特性 ····························· 43

  2.5.5　调速用同步电动机的几种类型 ························· 45

第3章　机床电气控制线路 ……………………………………………………… 46

　3.1　机床常用低压电器 …………………………………………………………… 46

　　3.1.1　开关电器 …………………………………………………………………… 46

　　3.1.2　接触器 ……………………………………………………………………… 52

　　3.1.3　继电器 ……………………………………………………………………… 55

　　3.1.4　执行电器 …………………………………………………………………… 57

　3.2　机床电气控制系统图 ………………………………………………………… 60

　　3.2.1　图形符号与文字符号 ……………………………………………………… 60

　　3.2.2　电气原理图 ………………………………………………………………… 62

　　3.2.3　电气安装图 ………………………………………………………………… 63

　3.3　机床电气控制线路的基本环节 ……………………………………………… 64

　　3.3.1　三相鼠笼式异步电动机的直接启、停控制线路 ………………………… 64

　　3.3.2　降压启动控制线路 ………………………………………………………… 68

　　3.3.3　三相异步电动机的电气制动控制线路 …………………………………… 69

　3.4　典型机床电气控制线路分析 ………………………………………………… 71

　　3.4.1　普通车床电气控制线路 …………………………………………………… 72

　　3.4.2　磨床的电气控制线路 ……………………………………………………… 76

　　3.4.3　钻床电气控制线路 ………………………………………………………… 80

　3.5　机床电气控制线路的设计 …………………………………………………… 84

　　3.5.1　机床电气控制系统设计的基本内容 ……………………………………… 84

　　3.5.2　电力拖动方案确定的原则 ………………………………………………… 85

　　3.5.3　继电器-接触器控制线路的设计方法 ……………………………………… 86

　　3.5.4　设计线路时应注意的问题 ………………………………………………… 90

　　3.5.5　电动机的选择 ……………………………………………………………… 92

　　3.5.6　常用低压电器的选择 ……………………………………………………… 95

第4章　可编程控制器及其系统设计 …………………………………………… 98

　4.1　可编程控制器 PLC 的结构和工作原理 …………………………………… 98

　　4.1.1　PLC 的基本结构 …………………………………………………………… 98

　　4.1.2　PLC 的基本工作原理 ……………………………………………………… 102

　　4.1.3　程序执行过程 ……………………………………………………………… 103

　　4.1.4　扫描周期 …………………………………………………………………… 103

　　4.1.5　PLC 的主要特点 …………………………………………………………… 104

　4.2　OMRON-C200H 的硬件资源 ……………………………………………… 105

　　4.2.1　C200H PLC 的系统结构及特点 ………………………………………… 106

　　4.2.2　基本 I/O 单元 ……………………………………………………………… 108

　　4.2.3　继电器区与数据区 ………………………………………………………… 110

　　　4.2.4　CPU 的扫描时序和扫描时间 ……………………………… 116
　　4.3　OMRON-C200H 的指令及编程方法 ……………………………… 120
　　　4.3.1　PLC 的编程方法与一般规则 ………………………………… 120
　　　4.3.2　C200H 的基本指令 …………………………………………… 122
　　　4.3.3　利用基本指令编程时应注意的问题 ………………………… 125
　　　4.3.4　C200H 的特殊功能指令 ……………………………………… 128
　　　4.3.5　编程器 …………………………………………………………… 136
　　4.4　西门子 S7-200 可编程序控制器 ………………………………… 138
　　　4.4.1　S7-200 系列 PLC 的系统结构及特点 ……………………… 138
　　　4.4.2　S7 系列 PLC 的 STEP7 编程软件简介 …………………… 140
　　　4.4.3　S7-200 系列 PLC 内部元器件 ……………………………… 141
　　　4.4.4　S7-200 系列 PLC 基本指令 ………………………………… 146
　　　4.4.5　功能图及步进控制指令 ……………………………………… 159
　　4.5　可编程控制器系统的设计 ………………………………………… 171
　　　4.5.1　PLC 控制系统设计的内容与步骤 ………………………… 171
　　　4.5.2　可编程控制系统的设计举例 ………………………………… 174

第 5 章　电力拖动调速系统 …………………………………………………… 185
　　5.1　机床的速度调节 …………………………………………………… 185
　　　5.1.1　机床对调速的要求和实现 …………………………………… 185
　　　5.1.2　调速系统性能指标 …………………………………………… 187
　　5.2　直流调速系统 ……………………………………………………… 188
　　　5.2.1　晶闸管-电动机直流调速系统 ……………………………… 189
　　　5.2.2　IGBT-电动机直流调速系统 ………………………………… 197
　　5.3　交流调速系统 ……………………………………………………… 202
　　　5.3.1　变频器及其在交流调速中的应用 …………………………… 202
　　　5.3.2　无刷整流子电动机调速系统 ………………………………… 208
　　　5.3.3　矢量控制调速系统 …………………………………………… 211

第 6 章　电气伺服系统 ………………………………………………………… 216
　　6.1　伺服系统的基本结构 ……………………………………………… 216
　　　6.1.1　伺服电动机 …………………………………………………… 216
　　　6.1.2　增量式光电编码器 …………………………………………… 217
　　　6.1.3　位置环增益 K_v ……………………………………………… 218
　　　6.1.4　调整范围 D ………………………………………………… 219
　　6.2　机床的位置控制 …………………………………………………… 220
　　　6.2.1　点到点的位置控制 …………………………………………… 220
　　　6.2.2　直线切削时的位置控制 ……………………………………… 220

　　6.2.3　圆弧切削时的位置控制 ·· 221

　6.3　数字伺服系统 ·· 222

　　6.3.1　偏差计数器控制伺服系统 ·· 222

　　6.3.2　PID 控制伺服系统 ·· 225

　6.4　永磁同步电动机交流伺服控制系统 ······································ 225

　　6.4.1　系统组成 ··· 226

　　6.4.2　单元简介 ··· 226

　6.5　步进电动机系统 ·· 228

　　6.5.1　步进电动机的结构和工作原理 ·· 228

　　6.5.2　步进电动机的驱动电源 ·· 230

　　6.5.3　步进电动机系统在机床中的应用 ·· 234

附录 ··· 239

参考文献 ·· 249

第1章 绪　　论

1.1　机床电气控制系统及其发展

机床,一般指金属切削机床,是机械制造业中的主要加工设备,绝大多数生产机械都是由机床加工而成的。机床的自动化水平,对提高生产率、提高产品质量、减轻体力劳动等方面起着很重要的作用。因此,机床工业的发展,对机械工业,乃至整个国民经济的发展,都具有重要的意义。

机床要运行,一需要动力,二需要控制。现代机床的动力主要由电动机来提供的,即由电动机来拖动机床的主轴和进给系统。机床的控制任务是实现对主轴的转速和进给量的控制,有时还要完成如各种保护、冷却、照明等系统的控制。机床的电气控制系统就是用电气手段为机床提供动力,并实现上述控制任务的系统。

在机床工业的发展过程中,提高机床的加工速度和加工精度,始终是人们努力解决的相互制约的两大课题,也是推动机床电气控制系统发展的动力。电力拖动控制、电力电子、检测、计算机和控制理论的发展,为机床电气控制系统不断发展提供了物质和技术条件。

20世纪40年代以前,机床的电气控制主要采用交流电动机拖动的继电器-接触器控制。由于当时的交流电动机难以实现调速,只能通过皮带、齿轮等机械机构来实现有级变速,因而机床的机械结构比较复杂,同时还限制了加工精度的提高。继电器-接触器控制系统可以实现机床的各种运动控制(如启动、制动、反转、变速等),并可实现逻辑控制、连锁控制、异地控制等,因而大大提高了机床的自动化水平,有助于减轻工人的劳动强度。这种控制系统技术简单、易于掌握,至今仍被广泛采用。

继电器-接触器控制系统是由各种电器组成的,而这些电器的机械动作寿命是有限的,必须按时更换损坏的电器,以免影响系统的可靠性。另外,根据加工工艺的要求,需要改变控制逻辑关系时,必须修改线路,重新安装配线,这对现代机床的控制要求是很不适应的。

20世纪40年代后,发电机-电动机、交磁放大机-电动机等直流调速系统,以其优良的调速性能,被广泛用于大型机床的主拖动和进给拖动系统中,不仅提高了机床的加工性能,还简化了机床的传动结构。

20世纪60年代开始发展起来的电力电子器件及其变换技术,将直流调速系统中的发电机、交磁放大机等旋转变换机,改变为性能更加优良的静止变换器。如可控硅(SCR)的直流调速系统被广泛用于龙门刨和大型立车的主拖动系统中;由大功率晶体管(GTR)、功率场效应管(P-MOSFET)、绝缘栅双极性晶体管(IGBT)等功率器件供电的直流调速系统用于各种机床的进给拖动系统中。

近年来,由于电力电子器件及其变换技术的发展和矢量控制技术的应用,交流调速系统有了很大的发展,在调速性能上完全可以与直流调速系统相媲美,加之性能可靠、维护方便,因而在现代机床中逐步取代着直流调速系统。

在机床的控制方面,近年出现的可编程控制器(PLC)已广泛用于电气控制系统中。可编程控制器不仅可以按事先编好的程序进行各种逻辑控制,还具有随意编程、自动诊断、通用性强、体积小、可靠性高的特点。因此,可编程控制器正逐步取代着继电器-接触器控制系统,并以其越来越强大的功能,成为解决自动控制问题的最有效工具。

20世纪50年代开始发展起来的数控(NC)机床,是根据事先编制好的程序自动进行加工的自动化程度很高的新型机床。随着电力电子、计算机控制、现代控制理论和精密测量等技术的发展,现代数控机床已发展为具有自动编程、自动加工、自动诊断、自动换刀等功能的全面自动化的计算机数控(CNC)机床,计算机数控机床已成为现代机床工业发展的主要方向。

可以预料,随着科学技术的发展,机床电气控制系统将继续向更高的自动化方向发展,来不断提高机床的加工精度、生产效率和自动化水平。

1.2　机床电力拖动系统

前已述及,现代机床的主轴拖动和进给拖动,主要是由电动机提供动力的。这种以电动机为动力的机床拖动系统,称为机床电力拖动系统。在机床电力拖动系统中,电动机的任务是为机床的各种运动提供动力,并根据加工工艺要求调节速度。

按负载性质,机床的拖动系统可分为恒功率和恒转矩拖动系统。恒功率负载要求拖动系统在调速范围内提供恒定的功率,而恒转矩负载则要求拖动系统在调速范围内提供恒定的转矩。车床、铣床、镗床等机床的主拖动为恒功率负载,龙门刨床的主拖动(刨台拖动)和多数机床的进给拖动为恒转矩负载。

根据电动机数量,机床电力拖动系统又可分为单电动机拖动和多电动机拖动系统。单电动机拖动是由一台电动机通过机械传动机构拖动主轴和进给系统,因而机床的机械传动机构比较复杂。小型机床一般多采用单电动机拖动,图1.1为C620型普通车床的单电动机拖动示意图。

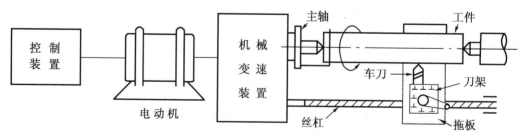

图1.1　C620型普通车床的单电动机拖动示意图

中、大型机床一般采用多电动机拖动,即主轴和各进给系统分别由各自的电动机来拖动。采用多电动机拖动,不仅可简化机床的机械传动机构,还可使各拖动系统选择最合理的速度来进行加工,从而提高加工精度。

　　按加工过程中的作用,机床的拖动系统分为主拖动和进给拖动系统。如车床带动工件旋转的机构为主拖动,带动刀架运动的机构为进给拖动。龙门刨床的主拖动为带动刨台运动的机构,带动各刀架的机构为进给拖动。在机床的加工过程中,主拖动系统消耗加工功率的绝大部分。因此,主拖动系统应提供足够大的功率(或转矩),同时还要有一定的调速范围和机械特性硬度。机床的主拖动,有采用交流电动机通过机械传动机构调速的有级变速拖动系统和可实现无级变速的直流调速系统。在磨床的主拖动系统中,由于砂轮转速很高(每分钟几万转以上),上述交、直流拖动系统难以满足要求,因此多采用交流变频调速系统。

　　机床的进给拖动系统是提高加工精度的关键,因此必须具备良好的性能。首先要有较宽的调速范围,一般需要 1 000 以上;其次要有较高的调速精度,通常做成无差系统;第三要有良好的动态性能,如超调要小、响应时间要快、抗干扰性要强。为此,现代机床的进给拖动系统一般采用直流宽调速系统,近年更多地采用矢量控制的交流调速系统。

　　"机床电气自动控制"课程,主要介绍机床电力拖动及其电气控制系统的工作原理、实际控制线路和设计方法。本书是为机械工程及自动化专业本科生和机床设计人员学习掌握机床电气控制系统而编写的教材。

第2章 电力拖动基础

电力拖动(或电气传动)系统是由电动机拖动,通过传动机构带动生产机械运转的一个动力学整体。要使生产机械有效而经济地工作,必须选择合适的电力拖动自动控制系统。这就需要了解电力拖动的基础知识以及相关的自动化技术。

本章介绍电力拖动的基本理论和概念。包括:生产机械的静转矩的性能、电力拖动系统运动方程式及其运动分析;交、直流电动机的机械特性、各种运转状态以及速度调节的基本原理和方法等。

2.1 电力拖动系统运动分析

2.1.1 运动方程式

电力拖动系统是电气与机械综合的系统,既有电气部分,又有机械部分。当机器运转时,它们的运动均服从动力学的基本规律。在讨论其运动情况时,所使用的重要工具即是运动方程式。

首先从最简单的单轴电力拖动系统来分析,如图2.1所示。电动机通过联轴节直接带动生产机构。

电动机发出的转矩 T 除了克服生产机械的负载转控 T_L 之外,如有剩余,则使系统产生角加速度 $d\omega/dt$。根据力学中刚体的转动定律,有

$$T - T_L = J\frac{d\omega}{dt} \qquad (2.1)$$

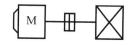

图2.1 单轴电力拖动系统

式中 T、T_L——电动机、负载转矩,$N \cdot m$;

　　　J——系统的转动惯量,$kg \cdot m^2$;

　　　ω——电动机轴的角速度,rad/s;

　　　t——时间,s。

式(2.1)右端 $Jd\omega/dt$ 称为动态转矩或惯性转矩。在这里,电动机转矩和负载转矩是决定运动性质的主导因素,而动态转矩是其作用的结果。

式(2.1)是电力拖动系统运动方程式的一般形式。但是,在工程计算中往往不用转动惯量 J,而是用飞轮惯量(或称飞轮矩)GD^2 来表征系统的惯性作用;也不用角速度 ω,而是使用转速 n 来表示速度。

转动惯量可用下式表示

$$J = m\,r^2 = \frac{GD^2}{4g} \qquad (2.2)$$

式中　m、G——旋转体的质量与重力，$G=mg$，kg、N；

　　　r、D——旋转半径与旋转直径，m；

　　　g——重力加速度，$g=9.81\ \mathrm{m/s^2}$。

由式（2.2）可知

$$GD^2 = 4gJ\ (\mathrm{N\cdot m^2})$$

GD^2 即为飞轮惯量，它是另一种表示转动体惯量的物理量。另外，角速度 ω 与转速 n 之间的关系为

$$\omega = \frac{2\pi n}{60}$$

这样，可以得到工程计算中使用的运动方程式

$$T-T_{\mathrm{L}} = \frac{GD^2}{375}\frac{\mathrm{d}n}{\mathrm{d}t} \tag{2.3}$$

当系统做直线运动时，可以使用上述类似的方法，根据牛顿第二定律直接得到下列运动方程式

$$F-F_{\mathrm{L}} = m\frac{\mathrm{d}v}{\mathrm{d}t} \tag{2.4}$$

式中　F、F_{L}——主动力、阻力，N；

　　　m——直线运动体的质量，kg；

　　　v——运动体的速度，m/s。

2.1.2　电力拖动系统转矩分析

借助于运动方程式可以分析系统的运动状况。为此首先需要分别了解电动机发出的转矩和生产机械负载转矩的性质，然后研究这两个转矩共同作用到系统的效果。

1. 电动机转矩

电动机内电磁作用产生转矩，它是转速的函数，即 $T=f(\omega)$。在电力拖动中，经常写成 $n=f(T)$ 的形式，即机械特性表达式。例如，直流他激电动机的转速与转矩的关系可以看成是直线关系（如图 2.2 所示的曲线 2）；鼠笼式异步电动机转速与转矩的关系是一条曲线（如图 2.2 所示的曲线 3）。图 2.2 示出了 4 种电动机的机械特性。

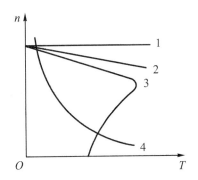

图 2.2　几种类型电动机的机械特性
1—同步电动机机械特性；
2—直流他激电动机机械特性；
3—感应电动机机械特性；
4—直流串激电动机机械特性

由于电动机类型、运转状态以及生产机械负载类型的不同，电动机轴上的转矩 T 及负载转矩 T_{L}，不仅大小不同，而且方向也是变化的。为此，在应用运动方程式时，转矩的正负号是很重要的。

通常把电动机的某一旋转方向（如逆时针方向）定为正方向，与此方向相同的转矩 T 就取正号，相反时则取负号。负载转矩 T_{L} 的作用方向，当与电动机规定的旋转正方向相反时为正号，相同时为负号。

2. 负载转矩

生产机械工作时,反映在电动机轴上的转矩称为负载转矩。常见的生产机械负载转矩可分为三种类型:

(1)恒转矩负载

恒转矩负载是指负载转矩 T_L 与转速无关的负载,即当转速变化时,负载转矩为定值。恒转矩负载又分为反抗性恒转矩负载(阻力转矩负载)和位能性恒转矩负载。

当负载转矩的作用方向总是与运动方向相反,即运动方向改变时,其作用方向也改变,这种性质的转矩称为反抗性负载转矩,即为阻力转矩。例如,摩擦转矩、金属切削的阻力转矩等。反抗性恒转矩的负载特性如图 2.3 所示。

位能性恒转矩负载有固定的作用方向,与运动方向无关。位能性恒转矩负载的实例有:起重机的提升机构、卷扬机构等。位能性恒转矩的负载特性如图 2.4 所示。

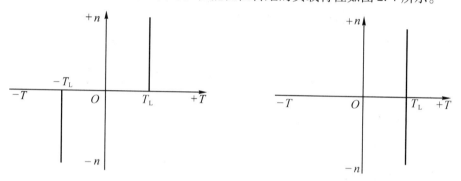

图 2.3   反抗性恒转矩的负载特性   图 2.4   位能性恒转矩的负特载性

(2)通风机负载

通风机负载的负载转矩与转速的平方成正比,即

$$T_L = Kn^2 \tag{2.5}$$

式中 K——比例系数。

通风机负载特性如图 2.5 所示。属于通风机负载的生产机械有:通风机、水泵、油泵等。

(3)恒功率负载

恒功率负载的负载转矩与转速成反比,即

$$T_L = \frac{K}{n} \tag{2.6}$$

则负载功率为

$$P_L = T_L \omega = T_L \frac{2\pi n}{60} = \frac{T_L n}{9.55} = \frac{K}{9.55} = K'$$

负载功率为常数,即转速变化时,负载功率不变。一些机床,如车床在粗加工时,切削量大,切削阻力大,应低速运行。在精加工时,切削量小,切削阻力小,往往采用高速运行。在不同转速下,负载转矩基本与转速成反比,负载功率基本是常数。恒功率的负载特性如图 2.6 所示。

按负载转矩与转速的关系,除有以上 3 种典型的负载外,还有其他类型的负载,这里不一一赘述。需要指出的是,实际的负载特性可能是几种典型负载的综合,应根据具体情况来确定。

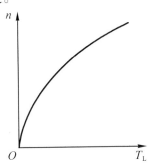
图 2.5 通风机的负载特性

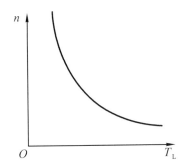
图 2.6 恒功率的负载特性

3. 动态转矩

前面已经介绍,动态转矩是电动机转矩 T 和负载转矩 T_L 共同作用的结果。通过运动方程式(2.1)和方程式(2.3)的分析可知,电动机工作状态有如下 3 种情况:

①当 $T = T_L$,$J \dfrac{\mathrm{d}\omega}{\mathrm{d}t} = 0$,$\dfrac{\mathrm{d}n}{\mathrm{d}t} = 0$,即 $n = 0$ 或 $n =$ 常数。说明电动机静止或等速旋转,电力拖动系统处于某一稳定运转状态下。

②当 $T > T_L$,$J \dfrac{\mathrm{d}\omega}{\mathrm{d}t} > 0$,电力拖动系统处于加速状态,即处于过渡过程中。

③当 $T < T_L$,$J \dfrac{\mathrm{d}\omega}{\mathrm{d}t} < 0$,$\dfrac{\mathrm{d}n}{\mathrm{d}t} < 0$,电力拖动系统处于减速状态,也是处于过渡过程中。

2.1.3 系统工作的稳定条件

为了使电力拖动系统正常工作,系统必须是稳定的。所谓稳定,就是系统受干扰后(负载变化以及电压、电阻等电气参量变化),有自动回到稳定平衡状态的能力。

图 2.7 给出了鼠笼式异步电动机带有负载转矩 $T_L =$ 常数时两个负载转矩平衡点 A 和 B,其中 A 点是稳定工作点,而 B 点不是稳定工作点。

为了证明这种论断,我们先由一般情况开始,图 2.8 中给出的电动机转矩 T 与负载转矩 T_L 两特性曲线,其交点处是平衡的,即

$$T = T_L$$

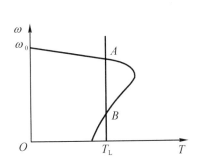
图 2.7 鼠笼式异步电动机的稳定工作

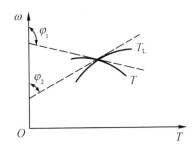
图 2.8 拖动系统稳定工作条件的确定

当系统受到干扰后,平衡状态就破坏了。当只考虑系统机械惯性时,电力拖动系统的工作决定于运动方程式

$$T - T_{\mathrm{L}} = J\frac{\mathrm{d}\omega}{\mathrm{d}t} \tag{2.7}$$

假设当干扰过后,转矩和转速、角速度的增量为 ΔT、ΔT_{L}、$\Delta \omega$。在微小偏差的情况下,电动机和负载转矩可以用平衡交点处的切线代替,这样就可以写出

$$\Delta T = \alpha_1 \Delta \omega$$
$$\Delta T_{\mathrm{L}} = \alpha_2 \Delta \omega$$

式中

$$\alpha_1 = \frac{\mathrm{d}T}{\mathrm{d}\omega}$$
$$\alpha_2 = \frac{\mathrm{d}T_{\mathrm{L}}}{\mathrm{d}\omega}$$

α_1、α_2 代表平衡交点处电动机特性和负载转矩特性各自的切线对转速轴夹角的正切函数。

$$\alpha_1 = \tan \varphi_1$$
$$\alpha_2 = \tan \varphi_2$$

将运动方程式写成增量的形式

$$\alpha_1 \Delta \omega - \alpha_2 \Delta \omega = J\frac{\mathrm{d}\Delta \omega}{\mathrm{d}t}$$

积分后,得

$$\Delta \omega = \Delta \omega_0 \mathrm{e}^{\frac{\alpha_1 - \alpha_2}{J} \cdot t} \tag{2.8}$$

式中 $\Delta \omega_0$——干扰后转速变化的初始值。

为了保证系统的稳定工作,必须是在 $t \to \infty$ 时,转速偏差 $\Delta \omega \to 0$,为此,式(2.8)中指数应为负值。由于转动惯量永为正值,所以稳定的条件是

$$\alpha_1 - \alpha_2 < 0$$

如果将相应的角度代入上式,可得

$$\tan \varphi_1 < \tan \varphi_2 \tag{2.9}$$

也就是说系统的稳定条件是:电动机转矩特性对转速轴倾斜角的正切函数,要小于负载转矩特性的倾斜角的正切函数。

根据这个条件,可以很容易地确定图 2.7 中的 B 点是不稳定的工作点。

由以上分析可知,为使拖动系统稳定运行,一般要求 $\tan \varphi_1$ 为负值,即要求电动机具有下降的机械特性。

2.2 转矩、转动惯量的折算

在多数情况下,电动机不是与被拖动的工作机械直接连接的,而是借助于齿轮、皮带等传动链相连接。这是因为很多生产机械的工作转速较低,而电动机在相同容量下,额定转速愈高,体积则愈小,价格愈便宜,因此大都是高额定转速。这样,在电动机与工作机构之间,就需要用传动装置来降低转速。为了列写系统的运动方程式,通常是把一个真实的带有中间传动机构的多轴系统,用一个简单而等效的单轴系统来代替。为此,我们要把转

矩和转动惯量等折算到电动机轴上。

2.2.1 静态转矩和力的折算

为了说明问题方便,我们以起重机械为例,推导静态转矩和力的折算方法。图 2.9 是起重机的传动系统图,它是由电动机、减速齿轮和卷筒等组成的。

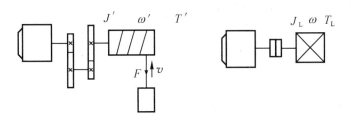

（a）多轴系统　　　　　　（b）等效单轴系统

图 2.9　起重机的传动系统图

为了把作用在卷筒上的转矩 T_L 折算到电动机轴上,应该使折算前后的功率保持不变。在折算中使用效率 η 来考虑传动机构中的损耗,则有

$$T_L\omega\eta = T_L'\omega_L'$$

或

$$T_L = \frac{1}{j\eta}T_L' \tag{2.10}$$

式中　T_L——折算到电动机轴上的负载转矩,N·m;

T_L'——生产机构轴(卷筒)上的负载转矩,N·m;

ω、ω_L'——电动机轴、生产机构轴的角速度,rad/s;

j——电动机轴到生产机构轴的传动比,$j = \dfrac{\omega}{\omega_L}$。

我们也可以把直线作用的力 F 直接折算成为旋转运动的转矩。为此,根据两种运动形式功率相等的原则,写出

$$T_L\omega\eta = Fv$$

或

$$T_L = \frac{Fv}{\omega\eta} = 9.55\frac{Fv}{n\eta} \tag{2.11}$$

式中　v——直线运动的速度,m/s。

2.2.2 转动惯量的折算

为了使用等效的单轴系统来代替真实的多轴系统,需要把各轴上的转动惯量折算到同一轴上,如折算到电动机轴上(图 2.9)。为此,必须使折算前后系统储存的动能不变,在一般情况下,有

$$\frac{J\omega^2}{2} = \frac{J_M\omega^2}{2} + \frac{J_1\omega_1^2}{2} + \frac{J_2\omega_2^2}{2} + \cdots + \frac{J_k\omega_k^2}{2}$$

或

$$J = J_\mathrm{M} + J_1 \frac{1}{j_1^2} + J_2 \frac{1}{j_2^2} + \cdots + J_k \frac{1}{j_k^2} \tag{2.12}$$

式中　J——折算到电动机轴上的总转动惯量，$\mathrm{kg \cdot m^2}$；

J_M、ω——电动机轴上转动部件本身的转动惯量、角速度，$\mathrm{kg \cdot m^2}$、$\mathrm{rad/s}$；

$J_1, \cdots, J_k, \omega_1, \cdots, \omega_k$——各传动轴上的转动惯量、角速度，$\mathrm{kg \cdot m^2}$、$\mathrm{rad/s}$；

$j_1, \cdots, j_k$——电动机轴到各传动轴的传动比。

在一般情况下，传动机构的转动惯量比较小，在计算中可以考虑适当增大电动机电枢的转动惯量，作为传动机构的转动惯量。简化计算后，系统的转动惯量为

$$J = (1+\delta) J_\mathrm{M} + \frac{1}{j^2} J_\mathrm{L}' \tag{2.13}$$

式中　$\delta = 0.1 \sim 0.2$ 为考虑传动机构转动惯量的系数。

j——由电动机轴到工作机械的传动比。

在工程计算中，经常使用飞轮惯量 GD^2，则式(2.13)可写成

$$GD^2 = (1+\delta) GD_\mathrm{a}^2 + \frac{1}{j^2} GD_\mathrm{L}'^2 \tag{2.14}$$

当需要把直线运动的质量折算到旋转运动的飞轮惯量时，仍根据能量不变的原则，写成

$$J \frac{\omega^2}{2} = m \frac{v^2}{2}$$

$$J = m \frac{v^2}{\omega^2}$$

或

$$\frac{GD^2}{4g} \left(\frac{2\pi n}{60} \right)^2 = \frac{G}{g} v^2$$

$$GD^2 = \frac{365 G}{n^2} v^2 \tag{2.15}$$

式中　J 或 GD^2——折算到电动机轴上的转动惯量或飞轮惯量，$\mathrm{N \cdot m}$ 或 $\mathrm{kg \cdot m^2}$；

m——运动物体的质量，kg；

G——运动物体的重力，N；

v——物体运动的速度，$\mathrm{m/s}$；

n——电动机的转速，$\mathrm{r/min}$。

2.2.3　电动机的飞轮惯量

在电力拖动系统的设计中，有的需要知道电动机的 GD^2，即使是粗略的数据也好。但是这样的电动机可能需要根据拖动系统设计结果提出的要求专门制造，当然不可能由产品目录查得 GD^2 值。下面给出电动机的功率与其他参数的关系

$$P = CD^2 l \omega \tag{2.16}$$

式中　C——电动机常数，与线负载和磁通密度有关；

D——电枢直径，m；

l——电枢有效长度，m；

ω——电动机轴的角速度,rad/s。

将式(2.16)除以转速 ω,得

$$T = CD^2l \qquad (2.17)$$

由式(2.17)可以看出,电动机尺寸基本上决定于所需转矩,而与转速无关。

同一转矩的电动机,可以令直径大、长度短,或直径小、长度长。但是长度与直径之比 $\lambda = l/D$ 是有限制的,一般 $\lambda = 0.5 \sim 1$,有时可达 2 至 3。

把 λ 值代入式(2.17)中,得

$$T = C\lambda D^3$$

或

$$D = K_1 \sqrt[3]{T} \qquad (2.18)$$

近似地认为电动机是实心转子,而且忽略铜铁密度之不同,求得转子的转动惯量为

$$J = m\rho^2 = \frac{\pi\gamma}{32} \cdot D^4 l = \frac{\pi\gamma}{32} \cdot \lambda D^5 = K_2 D^5 \qquad (2.19)$$

式中　γ——电动机转子的密度。

将式(2.18)代入式(2.19),得出 J 与 T 的关系为

$$J = K_2 K_1^5 T^{5/3} \qquad (2.20)$$

上式中,如果 K_1 和 K_2 为常数,就可以决定 J 值。但是 K_1 和 K_2 中包含了电动机设计经验取值 C 和 λ,它们在一定范围内是可变的,所以式(2.20)只能用来对类型相同、转速相同、容量相差不悬殊的电动机进行比较。根据式(2.20)可写出

$$\frac{J_2}{J_1} = \frac{GD_2^2}{GD_1^2} = \left(\frac{T_2}{T_1}\right)^{5/3} = \left(\frac{T_2}{T_1}\right)^{1.67} \qquad (2.21)$$

上式说明电动机转动惯量的增大是转矩增大的 1.67 次方。实际上,由于大电动机材料的利用率较好,这个数据低于 1.67。但无论如何,转动惯量的增长比转矩的增长快得多,因此,在某些拖动系统中,为了减少转动惯量,采用两个一半容量的电动机代替一个电动机。

式(2.21)是根据电动机参量分析推导的公式,在实际应用中有下列经验公式:

①对直流电动机,有

$$GD^2 = 0.000\,65 T^{1.5}(\text{kg} \cdot \text{m}^2) \qquad (2.22)$$

②对异步电动机,有

$$GD^2 = 35\,000 \frac{P^{1.4}}{n^2} (\text{kg} \cdot \text{m}^2) \qquad (2.23)$$

式(2.22)和式(2.23)中各参量的单位是:P 为 kW,T 为 N·m,n 为 r/min。

值得注意的是,经验公式是对某些类型电动机数据综合的结果,在具体运用时可能有较大的误差。故这些公式只是用来粗略地计算转动惯量。

2.2.4　典型负载转矩的计算

在表 2.1 和表 2.2 中,给出了在生产实际中一些典型负载的负载转矩及负载惯性矩的计算公式。

表 2.1 负载转矩计算公式

分类	机 构	计 算 公 式
直线运动		$T_L = \dfrac{F}{2 \times 10^3 \pi \eta} \dfrac{v}{n} = \dfrac{F \Delta S}{2 \times 10^3 \pi \eta}$ $F = F_C + \mu(mg + F_G)$ F——直线运动机械轴方向的力,N; F_C——运动部件在轴方向受的力,N; F_G——桌面附着力,N; m——运动部件质量,kg; η——驱动系统效率; g——重力加速度,9.8 m/s²; μ——摩擦系数; j——传动比。
旋转运动		$T_L = \dfrac{1}{j} \dfrac{1}{\eta} \cdot T_{L0} + T_F$ T_{L0}——负载轴上的负载转矩,N·m; T_F——折算到电动机轴的摩擦负载转矩,N·m。
上下运动		上升时 $$T_L = T_u + T_F$$ 下降时 $$T_L = T_u \eta^2 + T_F$$ $$T_u = \dfrac{(m_1 - m_2)g}{2 \times 10^3 \pi \eta} \dfrac{v}{n} = \dfrac{(m_1 - m_2)g \Delta S}{2 \times 10^3 \pi \eta}$$ $$T_F = \dfrac{\mu(m_1 + m_2)g \Delta S}{2 \times 10^3 \pi \eta}$$ T_u——不平衡转矩,N·m; T_F——运动部件摩擦转矩,N·m; m_1——负载质量,kg; m_2——配重质量,kg。

表 2.2　负载惯性矩计算公式

分类	机构	计算公式
圆筒		$J_{L0}=\dfrac{\pi PL}{32}(D_1^2-D_2^2)=\dfrac{m}{8}(D_1^2-D_2^2)$ J_{L0}——负载惯性矩，$kg\cdot cm^2$； P——材料密度，kg/cm^3； m——圆筒质量，kg。 参考参数（P） 铁——$7.8\times10^{-3}\ kg/cm^3$； 铝——$2.7\times10^{-3}\ kg/cm^3$； 铁——$8.96\times10^{-3}\ kg/cm^3$。
直线运动		$J_L=m\left(\dfrac{1}{2\pi n}\ \dfrac{v}{10}\right)=m\left(\dfrac{\Delta S}{20\pi}\right)^2$ J_L——折算到电动机轴上的负载惯 　　性矩，$kg\cdot cm^2$； v——直线运动速度，mm/min； n——电动机旋转速度，r/min； ΔS——电动机旋转一周时直线运动 　　移动量，mm。
方形		$J_{L0}=m\left(\dfrac{a^2+b^2}{3}+R^2\right)$ a、b、R 的单位为 cm。
吊装物体		$J_L=m\left(\dfrac{D}{2}\right)^2+J_P$ J_P——滑轮惯性矩，$kg\cdot cm^2$； D——滑轮直径，cm。

续表 2.2

分类	机　构	计　算　公　式
多个负载	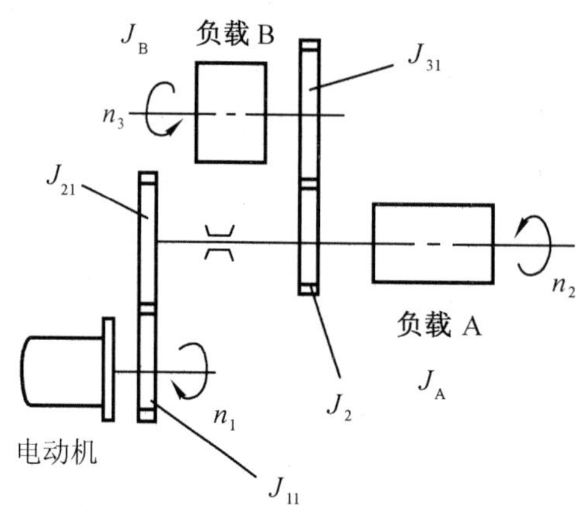	$J_L = J_{11} + (J_{21} + J_{22} + J_A)\left(\dfrac{n_2}{n_1}\right)^2 +$ $(J_{31} + J_B)\left(\dfrac{n_3}{n_1}\right)^2$ J_A、J_B——负载 A、B 的惯性矩, 　　　　kg·cm^2; $J_{11} \sim J_{31}$——齿轮的惯性矩,kg·cm^2; $n_1 \sim n_3$——各轴转速,r/min。

2.3 直流他激电动机的特性及速度调节

直流电动机按激磁方式可分为他激、并激、串激和复激四种。它们的运行特性也不尽相同,本节主要介绍在调速系统中用得最多的他激电动机之机械特性。

2.3.1 机械特性方程式

前已述及,电动机的机械特性是指电动机的转速 n 与转矩 T 的关系,即 $n = f(T)$,他激直流电动机的机械特性方程式可以从电动机电势平衡方程式导出,如图 2.10 所示。在电枢回路中

$$U = E + I(r_a + R_a) = E + IR \qquad (2.24)$$

式中　r_a——电枢绕组电阻;

$\quad\quad R_a$——电枢回路附加电阻;

$\quad\quad R$——电枢回路总电阻;

$\quad\quad U$——电源电压;

$\quad\quad I$——电枢回路电流;

$\quad\quad E$——反电势。

考虑到电势 $E = C_e\phi n$ 和电动机转矩 $T = C_T\phi I$,将式(2.24)经过适当变换,得

$$n = \frac{U}{C_e\phi} - \frac{R}{C_e\phi}I \qquad (2.25)$$

或

$$n = \frac{U}{C_e\phi} - \frac{R}{C_e C_T\phi^2} \cdot T \qquad (2.26)$$

这两个方程式即为用电流和转矩表示的机械特性方程式。

由方程式可知,当电源电压、磁通保持不变时,电动机转速随电流或转矩的增大而降

低,故 $n=f(T)$ 曲线是一条向下倾斜的直线,如图 2.11 所示。

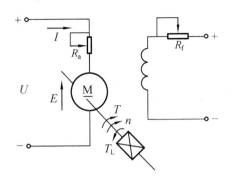

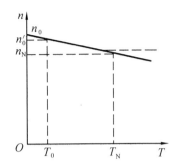

图 2.10 直流他激电动机接线图　　　　图 2.11 直流他激电动机的机械特性

在方程式(2.26)中,当 $T=0$,即电枢电路内的电流 $I=0$ 时,$n=U/C_e\phi$,表示电动机的理想空载转速,即

$$n_0 = \frac{U}{C_e\phi} \tag{2.27}$$

所谓理想空载转速,就是 $I=0$,电动机不带任何负载时的转速。这是一种理想状态,而实际上电动机真正的空载转速为 n_0',比理想空载转速略低,如图 2.11 所示。

从式(2.26)可以看到,$R/C_e C_T\phi^2 \cdot T$ 这一项是由于电磁转矩 T 的增加,即负载的加大而产生的转速降落,可用 Δn 表示,即

$$\Delta n = \frac{R}{C_e C_T\phi^2} \cdot T \tag{2.28}$$

1. 固有特性

当电动机的电枢电压、磁通均为额定值,而附加电阻 $R_a=0$ 时,所得到的机械特性称为直流他激电动机的固有特性。其表达式为

$$n = \frac{U_N}{C_e\phi_N} - \frac{r_a}{C_e C_T\phi_N^2} \cdot T \tag{2.29}$$

固有机械特性曲线为图 2.12 中 $R=r_a$ 的曲线。因为电机电枢电阻 r_a 较小,额定转速降 Δn 只有额定转速的百分之几到百分之十几,所以他激电动机的固有特性是硬特性。

在固有特性的基础上,改变电路参数成电源电压即可改变转速和电磁转矩的关系,这种利用人为的方法得到的机械特性称为人为机械特性。他激直流电动机可得到三种人为机械特性。

2. 人为机械特性

(1)电枢串接电阻时的人为机械特性

当 $U=U_N$、$\phi=\phi_N$,而电枢串接附加电阻 R_a 时的人为机械特性方程为

$$n = \frac{U_N}{C_e\phi_N} - \frac{r_a+R_a}{C_e C_T\phi_N^2} \cdot T$$

图 2.12 改变 R_a 的人为机械特性

由于电动机的电压和磁通保持不变的额定值，人为机械特性具有与固有特性相同的理想空载转速。但相同 T 下 Δn 将随 R_a 的增大而增大，即机械特性随 R_a 加大而越来越软。如图 2.12 所示，图中 $R_{a3}>R_{a2}>R_{a1}$。

（2）改变电源电压时的人为机械特性

当电枢回路不串接附加电阻（$R_a=0$），而磁通 $\phi=\phi_N$，仅改变电压时的人为机械特性方程为

$$n=\frac{U}{C_e\phi_N}-\frac{r_a}{C_eC_T\phi_N^2}\cdot T$$

与固有特性相比，相同电磁转矩下的转速降落 Δn 不变，而理想空载转速 n_0 则不同。由于电动机的工作电压一般以额定电压 U_N 为上限，故而只能在额定电压下改变电源电压。因此改变电源电压可以获得一组和固有特性相平行且低于固有特性的人为机械特性曲线，如图 2.13 所示，图中 $U_N>U_1>U_2$。

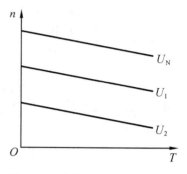

图 2.13　改变电压的人为机械特性

（3）减弱磁通时的人为机械特性

一般直流他激电动机在额定磁通下运行时，磁路已接近饱和，因而改变磁通实际上就是减弱磁通。

此时，$U=U_N$，$R_a=0$，在激磁回路中串联接入电阻 R_f，根据式（2.25）式（2.26）得

$$n=\frac{U_N}{C_e\phi}-\frac{r_a}{C_e\phi}I$$

或

$$n=\frac{U_N}{C_e\phi}-\frac{r_a}{C_eC_T\phi^2}T$$

由于 ϕ 是变量，T 与 I 便不是正比关系，可以就 $n=f(I)$ 和 $n=f(T)$ 两种情况分别进行讨论。

在 $n=f(I)$ 关系中，减弱磁通时 n_0 增大，Δn 也增大，特性变软，但其堵转电流 I_{sc}（$n=0$ 时）则不随 ϕ 的减弱而改变。见图 2.14（a）。

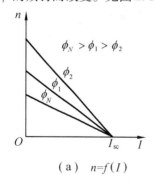

（a）　$n=f(I)$

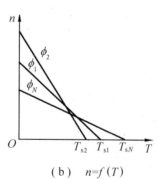

（b）　$n=f(T)$

图 2.14　减弱磁通时的人为机械特性

值得注意的是，当他激电动机的激磁回路断开时，激磁电流 $I_f=0$，磁通 ϕ 亦为零，从 $n=(U_N-Ir_a)/(C_e\phi)$ 可以看出，理论上电动机的转速是无穷大。但是，如果磁通真的为

零,电动机的电磁转矩也应为零,电动机将会减速。事实上,具体电动机总存在一定的剩磁,在空载转速将升高到电动机机械强度不能允许的数值,所以直流电动机在运行过程中,绝对不允许激磁回路断开。为此,在直流拖动控制系统中常设置弱磁保护环节。

2.3.2 直流他激电动机的启动

他激电动机启动时,必须先保证有激磁电流,而后加电枢电压。

当忽略电枢电感时,电枢电流应为

$$I = \frac{U-E}{R}$$

启动瞬间,$n=0$,则 $E=0$,因 r_a 很小,如果直接加额定电压启动,I 将突然增大到额定电流的 $10 \sim 20$ 倍,使电动机换向情况恶化,甚至因产生过大的转矩而损坏拖动系统的传动机构。为此,在启动时必须限制电枢电流。

1. 降压启动

从图 2.13 改变电压的人为机械特性可知,降低电源电压,可得到一组平行于固有特性的人为特性。直流他激电动机启动时,为限制启动电流,往往采用降压启动方法。启动时,电源电压 U 较低,电流 I 不大;随着转速不断升高,电势 E 也逐渐增大,同时人为的使电压 U 逐渐升到额定电压值。显然此启动方法适用于电动机的直流电源可调的情况。

2. 串电阻启动

当没有可调电源时,可在电枢回路中串接电阻,以限制启动电流,并在启动过程中用自动控制设备逐级将启动电阻切除。

图 2.15 为三级启动特性图,r_a 为电枢电阻,R_{a1}、R_{a2}、R_{a3} 为各级启动的电阻,R_1、R_2、R_3 为各级电枢总电阻。从图中可以看出,控制接触器 $KM_1 \sim KM_3$ 可以逐级切除电枢回路的电阻,启动过程从 $a \to b \to c \to d \to e \to f \to g \to h$,最后稳定于 A 点。

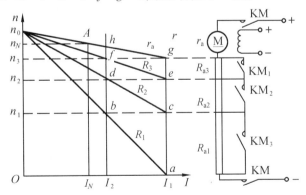

图 2.15 直流他激电动机的启动电路及特性

2.3.3 直流他激电动机的制动

在电力拖动系统中,为了满足生产机械对电动机提出的准确、平稳地停车和反转的要求,为了在位能负载转矩作用下获得稳定的下放速度,常需要电动机工作在制动状态。制

动状态是与前述的电动状态相反的运行状态。从能量的角度分析,电动状态时电动机将
电能转变成机械能,且电动机发出与系统运动方向一致的转矩;而制动状态是电动机把系
统的机械能转变成电能,且发出与系统运动方向相反的转矩。

　　根据不同情况,直流他激电动机有三种制动状态,即回馈制动(亦称再生发电制动)、
反接制动和能耗制动状态。

1. 回馈制动状态

　　现有一直流他激电动机,旋转方向为正,电动机转矩 T 亦为正,处于电动状态运行。
如果这时在电动机轴上加一外力矩 T_L',使之与电动机转矩 T 方向相同。如图 2.16(a)所
示。

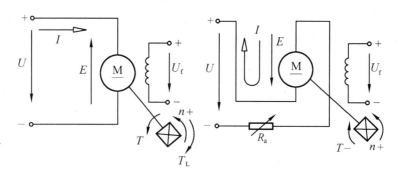

(a)电动状态　　　　　　　　　　　　(b)回馈制动状态

图 2.16　由电动状态过渡为回馈制动状态的示意图

　　由于电动机转矩 T 与 T_L' 方向相同,二者共同作用使电动机转速 n 不断升高,电枢电
势 $E(=C_e\Phi n)$ 亦不断升高。当 $n=n_0$ 时,$E=C_e\Phi n_0$,电枢电势刚好等于电枢电压,则电枢
电流 $I=\dfrac{U-E}{R_a}=0$,电动机转矩 T 亦为零。但这时电动机轴上还有外力矩 T_L' 作用,所以转速
还要继续升高,使电动机转速超过理想空载转速,即 $n>n_0$。那么,电枢电势 E 也就高于电
枢电压 U,使电枢电流 I 方向反过来,电动机的转
矩 T 方向也随着反过来,如图 2.16(b)所示。此
时,电动机转矩与转速 n 的方向相反,起制动作
用,电动机向电网输送电流,也就是电动机向电
网回馈电能,因此称这种制动为回馈制动。回馈
制动机械特性如图 2.17 所示。

　　当电动机的机械特性与负载的机械特性相
交于 A 点时,电动机转矩与负载转矩相平衡
($T=T_L$),系统以稳定速度 n_A 运转。转速就不再
升高。

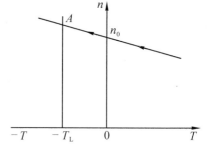

图 2.17　回馈制动的机械特性

　　回馈制动把能量送回电网,是经济的制动手段。但是,由于只能在 $n>n_0$ 时才有制动
作用,所以应用范围受到限制。

回馈制动既可以出现在位能负载下放重物的过程中,还可以出现在电动机由高速变为低速的过程中,如直流他激电动机由弱磁工作恢复激磁时,或迅速降低电网电压时,都会产生回馈制动过程。

2. 反接制动

反接制动有以下两种情况。

(1)转速反向的反接制动(图 2.18)

转速反向的反接制动发生于位能负载的情况下。

电动机带一位能负载,处于电动状态。电动机转矩 T、负载转矩 T_L 和转速 n 的方向如图 2.18(a)所示。

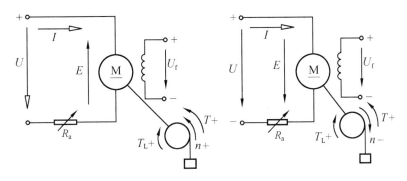

(a)电动状态   (b)转速反向的反接制动

图 2.18   由电动状态到转速反向的反接制动示意图

电枢回路串一附加电阻 R_a,逐渐加大电阻 R_a,电动机的机械特性如图 2.19 所示。

当电枢回路所串的附加电阻 R_a 加大时,电动机的机械特性的斜率加大,但理想空载转速不变。随着 R_a 的增大,电动机的转速不断下降。由特性 1 上的 n_A 降到特性 2 上的 n_B,以至降到特性 3 上的 n_C,电动机停转。再增大 R_a,使电动机的启动转矩 T_E 小于负载转矩 T_L。这时电动机的转矩不足以带动负载,以致电动机被负载带动反转,产生了所谓的"倒拉"现象,使转速 n 反向,与转矩 T 方向相反。如图 2.18(b)所示,电动机处于制动状态。最后,稳定运行于 D 点。

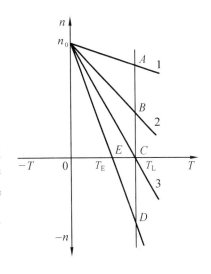

图 2.19   转速反向反接制动的机械特性

位能负载为获得稳定的下放速度,常用转速反向的反接制动方法。

(2)电枢反接的反接制动

当系统处于电动状态,电动机转矩 T、负载转矩 T_L 和转速 n 的方向如图 2.20(a)所示。

　　电动机处于电动状态时,电动机工作在如图2.21所示机械特性的 A 点。突然把电枢电压反接,同时在电枢回路中串入一个较大的电阻 R_a,如图2.20(b)所示。由于系统的机械惯性,转速 n 的大小和方向都不能立刻改变,电动机电势亦不能改变,电动机由 A 点水平过渡到反接后的机械特性上的 B 点。由于这时电枢电压反接,所以 U 为负,电枢电流为

$$I = \frac{-U-E}{r_a+R_a} = -\frac{U+E}{r_a+R_a} \tag{2.30}$$

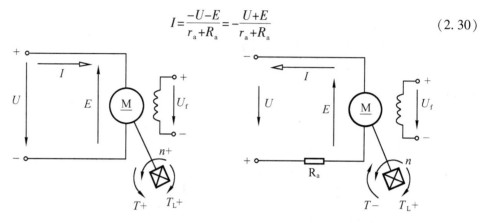

（a）电动状态　　　　　　　　　　　（b）电枢反接的反接制动

图 2.20　由电动状态到电枢反接的反接制动示意图

　　为了限制电枢电流,在反接电枢电压的同时,还要在电枢回路中串入一个附加电阻 R_a。由于电枢电流反向,电动机的转矩 T 亦反向。T 与 n 的方向相反,T 为制动转矩,系统即减速。由图2.21中反接制动机械特性上的 B 点向 C 点变化,到 C 点如不切除电枢电源,系统将会自行反转而进入反向电动状态。如为阻力负载即稳在 D 点,为位能负载即稳在第四象限的 E 点。

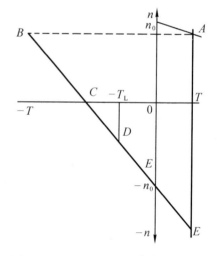

图 2.21　电枢反接的反接制动机械特性

　　反接制动经常用于反转拖动系统中,制动特性陡峭(图2.21),制动效果好,制动过程与反向启动过程合二为一。用直流电动机拖动龙门刨床的工作时,就是利用电枢反接的反接制动来获得正向行程和返回行程。反接制动也可作为位能负载下放重物,以获得较高的下放速度。

3. 能耗制动

　　电动机原来处于电动状态下运行,工作情况如图 2.22(a)所示。若突然把其电枢从电源上拉下而投到制动电阻 R_a 上去,如图2.22(b)所示。由于机械惯性,转速 n 不变,从而电势 E 亦不变。在电枢回路中靠 E 产生电枢电流 I,其方向与电动状态时相反。那么电动机转矩 T 亦与电动时相反(与转速 n 方向相反),即 T 起制动作用,使系统减速,系统的动能转变为电能,消耗在电枢回路电阻上,即处于能耗制动状态。

　　因为电动机从电源上拉下,电枢电压 $U=0$,所以电动机的理想空载转速为零,即

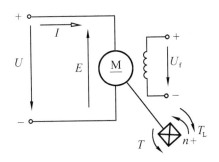 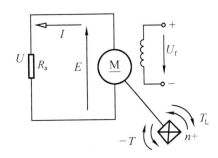

（a）电动状态　　　　　　　（b）能耗制动状态

图 2.22　由电动状态到能耗制动的示意图

$n_0=0$。那么能耗制动时的机械特性为通过坐标原点的直线，其斜率 b 决定于电枢电阻（$R=r_a+R_a$），改变电阻 R_a，即可以改变其制动强度。如图 2.23 所示。

电动机原来为电动状态，工作在第一象限的 A 点。当把电枢从电源上拉下投到 R_a 上，进行能耗制动时，电动机转速 n 尚来不及改变，其工作点水平移到能耗制动时的机械特性上的 B 点（B'、B''）。对于阻力负载而言，在制动转矩的作用下，沿其特性减速到零为止。如果是位能负载，到 $n=0$、$T=0$ 时，并不能停车，而是由重物拖着电动机反方向加速。转速为负，转矩为正，沿 BO（$B'O$、$B''O$）的延长线变化，而

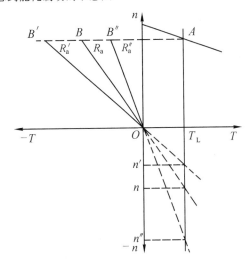

图 2.23　能耗制动的机械特性

进入第四象限，直到负载特性与电动机机械特性相交时为止。这时 $T=T_L$，系统以稳定转速 n（n'、n''）运转。

从能量消耗的观点看，能耗制动优于反接制动。在零速时，没有转矩，可以准确停车。所以在要求准确停车的拖动系统中多采用能耗制动，例如，车床或镗床的主轴，可采用能耗制动停车。

2.3.4　直流他激电动机的速度调节

由直流他激电动机的机械特性方程式

$$n=\frac{U}{C_e\phi}-\frac{R}{C_eC_T\phi^2}T$$

可以看出，改变电枢回路电阻、磁通及电源电压可以达到调速的目的。

1.电枢回路串接电阻调速

由前面对人为特性的讨论可知，电枢回路串接电阻不能改变理想空载转速，只能改变机械特性的斜率，即改变特性的硬度。所串接的附加电阻愈大，特性愈软，在一定的负载

转矩 T_L 下,转速就愈低,如图 2.12 所示,其调速方向是由基速(额定转速)向下调。

电枢串接电阻调速是有级的,且电能损耗大。加之调速指标不高,虽然调整方法简单,但毕竟该方法仅使用在一些电动机容量不大、低速工作时间不长、调速范围较小的场合。

2. 减弱磁通调速

直流他激电动机可以采用减弱磁通的方法调速。由前面对人为特性的讨论已知,在电枢电压为额定电压 U_N 及电枢回路不串接附加电阻的条件下,当减弱磁通时,理想空载转速升高,而且斜率加大,如图 2.14 所示。在一般情况下,即负载转矩不是过大的时,减弱磁通使转速升高。它的调速方向是由基速(额定转速)向上调。

普通的直流他激电动机,所能允许的减弱磁通提高转速的范围是有限的。进行弱磁调速时,要选用专门作为调磁使用的电动机,其调速范围可达 3 至 4 倍。

减弱磁通的方法,在激磁回路串接可调电阻,还可以用单独的可调直流电源向激磁回路供电。

由于减弱磁通调速是在激磁回路内实现的,一般激磁功率为电动机额定功率的 1% ~ 5%,所以调速时能量损耗小,控制比较容易,可以平滑调速,因而在生产中得到广泛地使用。

3. 降低电枢电压调速

由直流他激电动机的人为特性可知,当降低电枢电压时,理想空载转速降低,但其机械特性的斜率不变。它的调速方向是从基速(额定转速)向下调。

降低电枢电压调速方法需要独立可调的直流电源。它有两种系统:一种是单独的发电机供电的发电机-电动机组系统;另一种是晶闸管整流装置供电的直流调速系统。

(1)发电机-电动机组系统

如图 2.24 所示,发电机-电动机调速系统是由单独的直流发电机 1 供电给直流他激电动机 2 的。直流发电机 1 一般由异步电动机 3 带动,在大容量时,使用同步机。电动机 2 和发电机 1 的励磁一般由单独的励磁机 4 供电。激磁机为一直流并激发电机。

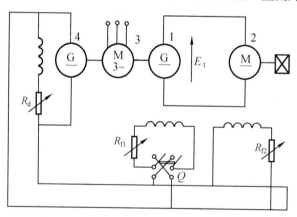

图 2.24 发电机-电动机组系统

由于电动机使用了单独的发电机供电,所以调节发电机激磁电流(靠调节发电机激磁回路中的附加电阻 R_{f1} 实现)即可调节发电机的电势 E_1。从而改变了电动机的电枢电压,实现了调速的目的。

发电机-电动机组的机械特性方程式具有下列形式

$$n = \frac{E_1}{C_e \phi_2} - \frac{r_{a1} r_{a2}}{C_e C_T \Phi_2^2} \cdot T \tag{2.31}$$

式中 E_1——发电机 1 的电势,V;

      Φ_2——电动机 2 的磁通量,Wb;

      r_{a1}——发电机 1 的电枢电阻,Ω;

      r_{a2}——电动机 2 的电枢电阻,Ω;

      C_e——电动机 2 的电势常数;

      C_T——电动机 2 的转矩常数。

由式(2.31)看出,在电动机磁通量不变时,调节发电机的电势,即改变了电动机的电枢电压,电动机的理想空载转速即随之改变,但机械特性斜率不变,在不同 E_1 时特性是互相平行的,但电动机的机械特性比电网供电时的相应特性斜率大,这是由于主回路的总电阻(r_{a1} 和 r_{a2})所决定。其机械特性如图 2.25 所示。

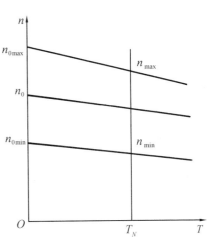

图 2.25　发电机-电动机组的机械特性

原则上讲,发电机-电动机组系统可以得到任何低速。但在发电机励磁电流过小、电动机的速度很低的情况下,工作是不能令人满意的。这是由于发电机的电枢反应及电刷接触压降变动造成的。除此之外,速度的低限还受到剩磁的限制。

在发电机-电动机组中,也可用改变电动机磁通来提高电动机的转速。这里如果使用了弱磁电动机,即可以借助于弱磁的手段,使调速范围增大 3 倍左右。

发电机-电动机组的启动过程为:首先将交流电动机启动,使发电机及激磁机转动(注意这时开关 Q 未合上,发电机无激磁);调节激磁机的激磁回路附加电阻 R_d,以获得额定电压,电动机即得到激磁;调节 R_{f2},使电动机的励磁电流达到额定值;合上开关 Q,然后调节 R_{f1},增加发电机的电势,使电动机的电枢电压逐渐升高到额定值,这就完成了电动机的降压启动过程。电动机启动平稳,而且不需要启动电阻。

发电机-电动机组的基本制动方式是回馈制动。当电动机在弱磁下工作时,为了制动,必须加强(恢复)激磁电流。在激磁电流增加的同时,电动机的反电势也增加。当反电势大于发电机电势时,电流反向,产生回馈制动,如图 2.26 所示。

当电动机达到满(额定)激磁后,再减小发电机的激磁电流,此时,电动机的电势仍大于发电机的电势,所以仍旧是回馈制动。这种制动过程可延续到停车为止。

发电机-电动机系统的优点如下:

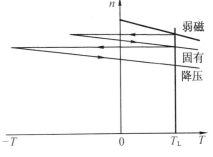

图 2.26　发电机-电动机组的制动状态

①调速范围广,一般可达 30 倍,而且可以平滑调速;

②控制过程在激磁回路中进行,控制功率小,容易反转;

③无须启动电阻,启动时能量损耗小。

其缺点是:

①设备容量大,至少为电动机本身容量的 3 倍以上,因此价格贵;

②效率较低,在大容量时效率只能达 75% ~ 80%;

③特性斜率较大,在某种程度上限制了调速范围的扩大。

(2)晶闸管整流装置供电的直流调速系统

近年来,晶闸管元件的应用日趋广泛。由晶闸管组成的整流器,代替直流发电机向直流电动机供电,即为晶闸管-电动机的直流调速系统。

如图 2.27 所示,调节触发器的控制电压,以改变触发器所发出的脉冲的相位,即改变了整流器的整流电压,从而改变了电动机的电枢电压,实现了平滑降压调速。

晶闸管整流装置供电的直流调速系统有如下优点:

①调整范围大,平滑性好;

②占地面积小,质量轻,噪声小;

③效率高,运行可靠;

④快速性好,动态响应快。

其缺点是:

①整流电流中交流成分大,损耗加大,对电动机运行不利;

②系统在低速时(即深调速时),功率因数低;

③系统的高次谐波电流对电网污染,造成电力公害。

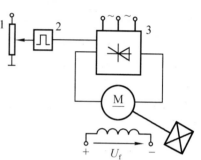

图 2.27　晶闸管整流装置供电的直流调速系统
1—给定电位器;2—触发器;3—晶闸管整流装置

随着现代电力电子器件的飞速发展,一些新型半导体功率器件,如大功率晶体管(GTR)、功率场效应管(P-MOSFET)、绝缘栅双极型晶体管(IGBT)及由其组成的变流装置,在调速系统中得到越来越广泛的应用。

2.3.5　调速方式与负载性质的配合

由上述可知,电动机可以采用例如"电枢回路串电阻""降低电源电压""减弱磁通"等不同的调速方式来达到速度调节的目的。然而,应当指出,不同的调速方式,电动机所具备的负载能力是不同的。这关系到合理选用电动机的问题。

电动机的负载能力是指电动机带动负载的能力,具体而言,是指在合理使用电动机的前提下,电动机所能输出的转矩和功率的大小。

合理使用电动机是指使用电动机时,即使其能力充分发挥,又能使其运行安全可靠。要保证这点,主要取决于电动机的发热。即在充分利用电动机能力的基础上,电动机长期运行时,发热不超过容许的限度。而发热由电动机的损耗决定,损耗由电流来决定。那么,在调速的过程中,在不同的速度下电动机的电流只要为额定电流值即可实现电动机的合理运用。

下面以直流他激电动机为例,在不同的调速方式下,看看在调速过程中电动机的负载能力是如何变化的。

1. 降低电枢电压调速时的负载能力

无论是降低电源电压,还是改变电枢回路串接电阻都属于降低电枢电压调速,此时,电动机的磁通是不变的,保持为额定值 Φ_N。前面已经分析,欲合理使用电动机,在调速时电枢电流应为额定值 I_N,那么电动机容许输出的转矩为

$$T = C_T \Phi_N I_N = T_N = 常数 \tag{2.32}$$

而容许输出的功率为

$$P = \frac{Tn}{9\,550} = \frac{T_N}{9\,550}n = C_1 n \tag{2.33}$$

式中 C_1——比例系数,$C_1 = \dfrac{T_N}{9\,550}$;

P——电动机的功率,kW。

由式(2.32)和式(2.33)可知,降低电枢电压调速时,电动机负载能力的变化规律为,电动机容许输出的转矩是个常数,而电动机容许输出的功率正比于转速(图2.28),所以这种调速性质称为"恒转矩调速"。

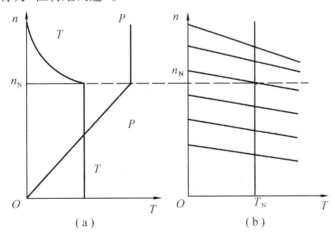

图 2.28 直流他激电动机调速时容许输出的转矩及功率

2. 减弱磁通调速时的负载能力

欲合理使用电动机,在弱磁调速过程中,电枢电流也应为额定值,那么电动机容许输出的转矩为

$$T = C_T \Phi I_N = C_2 \Phi \tag{2.34}$$

式中 C_2——比例系数,$C_2 = C_T I_N$。

我们知道,弱磁调速时的条件是:电枢电压为额定值 U_N,电枢回路不串接附加电阻,电枢回路只有电枢绕组的电阻 r_a。将这些条件代入速度特性,且 $I = I_N$,即

$$n = \frac{U_N - I_N r_a}{C_e \Phi} = \frac{C_3}{\Phi} \tag{2.35}$$

即

$$\Phi = \frac{C_3}{n} \qquad (2.36)$$

式中 C_3——比例系数,$C_3 = \dfrac{U_N - I_N r_a}{C_e}$。

将式(2.36)代入式(2.34),可得

$$T = C_2 \Phi = \frac{C_2 C_3}{n} = \frac{C_4}{n} \qquad (2.37)$$

式中 C_4——比例系数,$C_4 = C_2 C_3$。

而容许输出的功率为

$$P = \frac{Tn}{9\,550} = \frac{C_4}{n} \frac{n}{9\,550} = C_5 \qquad (2.38)$$

式中 C_5——比例系数,$C_5 = \dfrac{C_4}{9\,550}$。

由式(2.37)和式(2.38)可知,在弱磁调速过程中,电动机的负载能力的变化规律为:电动机容许输出的转矩与转速成反比,而容许输出的功率为一常数,所以这种调速性质称为"恒动率调速"。在图2.28(a)中示出了直流他激电动机调速时的负载能力,即容许输出的转矩和功率。与之对应,在图2.28(b)中示出了直流他激电动机降压调速及弱磁调速的机械特性。

3. 调速的负载能力与负载性质的配合

电动机调速时容许输出的转矩和功率,只是表示电动机所具备的负载能力,并不是电动机的实际输出的转矩和功率。电动机的实际输出取决于负载的性质,而调速方式不同,其负载能力亦不同。这样,就存在调速方式与负载性质相互配合的问题,即电动机所具备的负载能力,也就是电动机容许输出的转矩和功率,如果与负载性质决定的电动机实际输出相等,电动机就得到合理的运用。

机床在调速的过程中,也有恒转矩和恒功率的性质。例如机床的进给运动具有恒转矩的调速性质,而在车床主轴的调整过程中,切削速度和切削力矩的乘积给出不变的功率,即具有恒功率的调速性质。

设有一恒转矩负载,如选用恒转矩的调速方式(降压调速),使电动机的额定转矩 T_N 等于负载转矩 T_L,即 $T_N = T_L =$ 常数。而电动机的额定转速 n_N 按生产机械要求的最高转速来选,即 $n_N = n_{max}$。那么,电动机的额定功率为

$$P_N = \frac{T_N n_N}{9\,550} = \frac{T_L n_{max}}{9\,550} \qquad (2.39)$$

在调速过程中,因采用的是恒转矩的调速方式,所以在调速的过程中,电动机容许输出的转矩不变,而电动机容许输出的功率随着转速的降低而降低。因为与其配合的负载是恒转矩负载,所以在调速的过程中负载所需要的转矩不变。又因为 $T_N = T_L$,所以在调速过程中,电动机的转矩能力与负载所需要的转矩始终吻合,而恒转矩负载的功率也正好是随着转速的降低而降低,也与电动机的能力相吻合。这样的配合无疑是合理的。如图2.29所示。

相反,我们不做如上的配合,而让恒转矩负载与恒功率的调速方式配合。如图2.30

所示。

电动机的额定转速应按最高转速来选取,即

$$n_N = n_{max}$$

电动机的额定转矩必须这样考虑,在最高转速时的电动机转矩与负载转矩相等,那么电动机的额定功率为

$$P_N = \frac{T_L n_{max}}{9\,550}$$

在 $n < n_{max}$ 时,电动机容许输出的转矩及功率均比负载实际需要的大,造成了浪费,即要产生"虚容量"。

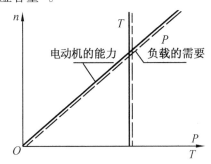 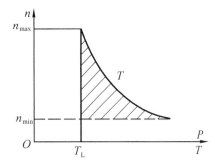

图 2.29 恒转矩负载与恒转矩的调速方式相配合　图 2.30 恒转矩负载与恒功率的调速方式相配合

如果恒功率负载不选用恒功率的调速方式,而选用恒转矩的调速方式,同样也要产生"虚容量",原因不再详述。总之,在设计选择调速系统时,需要尽可能地使调速方式符合负载性质的要求,以使电动机得到合理的运用。

2.4 三相异步电动机的特性及速度调节

2.4.1 三相异步电动机的机械特性

前面已讨论过,$n = f(T)$ 称为电动机的机械特性。对异步电动机,常用转差率来代替转速,其机械特性为 $S = f(T)$。

1. 机械特性方程式

图 2.31 为简化的异步电动机等效电路。在分析和研究异步电动机传动的一般问题时,通常可以忽略定子绕组 r_1。这样,电动机的转矩公式为

$$T = \frac{m_1 U_1^2 R_2'/S}{\omega_0\left[\left(\dfrac{R_2'}{S}\right)^2 + (X_1 + X_2')^2\right]} \tag{2.40}$$

式中　U_1——定子星接时的相电压;

　　　m_1——定子相数;

　　　X_s——短路电抗,$X_s = X_1 + X_2$;

　　　ω_0——同步角速度。

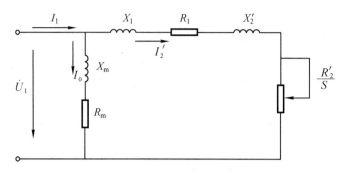

图 2.31　异步电动机等效电路

临界转差率为

$$S_{\mathrm{m}} = \pm \frac{R'_2}{X_1 + X_2} \tag{2.41}$$

最大转矩为

$$T_{\max} = \pm \frac{m_1 U_1^2}{2\omega_0(X_1 + X'_2)} \tag{2.42}$$

式中　$\omega_0 = \dfrac{2\pi f_1}{P}$，其中 f_1 为定子电源的频率，P 为极对数。

将式(2.40)除以式(2.42)，得

$$\frac{T}{T_{\max}} = \frac{2(X_1+X'_2)\dfrac{R'_2}{S}}{\left(\dfrac{R'_2}{S}\right)^2 + (X_2+X'_2)^2} = \frac{2}{\dfrac{R'_2/S}{X_1+X'_2} + \dfrac{X_1+X'_2}{R'_2/S}} \tag{2.43}$$

若将式(2.41)的关系代入上式，则得三相异步电动机机械特性的简化方程式，又称实用转矩公式，即

$$T = \frac{2T_{\max}}{\dfrac{S_{\mathrm{m}}}{S} + \dfrac{S}{S_{\mathrm{m}}}} \tag{2.44}$$

由式(2.44)可知，当转差率 S 很小时，即 $S < S_{\mathrm{m}}$，则 $\dfrac{S}{S_{\mathrm{m}}} \ll \dfrac{S_{\mathrm{m}}}{S}$，若忽略 $\dfrac{S}{S_{\mathrm{m}}}$ 时，则有

$$T = \frac{2T_{\max}}{S_{\mathrm{m}}} \cdot S \tag{2.45}$$

此时表明转矩 T 与转差率 S 的关系是成正比的直线关系；当 $S > S_{\mathrm{m}}$，则 $\dfrac{S_{\mathrm{m}}}{S} \ll \dfrac{S}{S_{\mathrm{m}}}$，忽略 $\dfrac{S_{\mathrm{m}}}{S}$，有

$$T = 2T_{\max} \cdot \frac{S_{\mathrm{m}}}{S}$$

此时表明 T 与 S 的关系是一双曲线。

由以上分析，可大致绘出异步电动机的机械特性，如图 2.32 所示

为了进一步了解异步电动机的机械特性曲线，对曲线上的 A、B、C、D 四个点分别进行讨论。

①A 点是理想空载点(亦称同步转速点)。此时，$S=0$，$T=0$，电动机转速与旋转磁场

的转速相同。

②B 点是额定工作点。此时 $S=S_N$，$T=T_N$，额定转差率 $S_N=(n_1-n_N)/n_1$，额定转矩 $T_N=9\,550P_N/n$ N·m。

③C 点是临界工作点。此时，$S=S_m$，$T=T_{max}$。

④D 点是启动点。T_S 称为启动转矩。对于一般笼型电动机，$T_S/T_N=0.8\sim2$，显然，当负载静转矩大于电动机的启动转矩 T_S 时，电动机是不能启动的。

2. 人为机械特性

由转矩公式(2.40)可见，异步电动机的人为特性可以用许多方法得到，如改变电源电压 U_1，电源频率 f_1，定子极对数 P，定子和转子电路的参数 R_2、X_1、X_2' 等。下面介绍三种人为特性：

(1)转子电路内串接对称电阻

转子电路内串接对称电阻的方法只适用于绕线式异步电动机。

转子串电阻后，临界转差率为

$$S_m=\frac{R_2'+R_S'}{\sqrt{R_1^2+(X_1+X_2')^2}}$$

式中　R_S'——附加电阻的折算值。

从上式可看出，临界转差率将随转子中附加电阻 R_S' 的增大而加大。

从式(2.42)可知，最大转矩 T_{max} 与转子电阻无关。

电动机的同步转速 $n_1=60f_1/P$ 也与转子电阻无关。图 2.33 为不同转子电阻时的人为机械特性，附加电阻 $R_{S1}<R_{S2}<R_{S3}'$。

由图 2.33 可知，R_S 增加时，临界转差率向 $S=1$ 的方向移动，T_{max} 不变，特性变软。

当 $R_2'+R_S'=\sqrt{R_1^2+(X_1+X_2')^2}$ 时，$S_m=1$，这时的启动转矩 T_S 则等于最大转矩 T_{max}，如图 2.33 中曲线 3 所示。

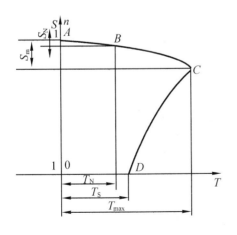

图 2.32　异步电动机的机械特性

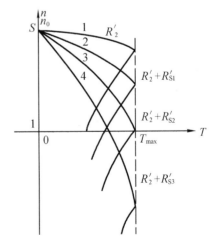

图 2.33　不同转子电阻时的人为机械特性

(2)降低电源电压

当供电电网电压降低时，由式(2.41)和式(2.42)可知，临界转差率 S_m 与 U_1 降低无关(即保持不变)；最大转矩 T_{max} 却与 U_1^2 成正比而降低。同时，由启动转矩公式

$$T_S = \frac{m_1 U_1^2 R_2'}{\omega_0 (R_1 + R_2)^2 + (X_1 + X_2')^2} \tag{2.46}$$

可知,启动转矩 T_S 也随 U_1^2 成比例减小。同步转速 n_0 与 U_1 无关,即 n_0 保持不变。

图 2.34 给出了当电源电压降低时的人为特性。

（3）改变定子电源频率

当保持定子电压 U_1 不变时,即改变频率 f_1,则理想空载转速 $n_1 = 60 f_1 / P$ 将随 f_1 的变化成正比变化。从 S_m、T_{max} 公式可知,当 f_1 减小时,T_{max} 将上升,S_m 也将反比例地增大,不同频率的人为特性如图 2.35 所示。

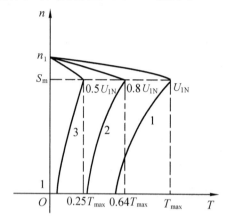

图 2.34 异步电动机降低电压时的人为特性

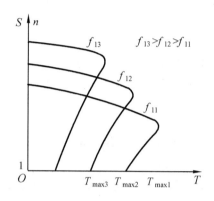

图 2.35 改变频率 f_1 的人为特性

2.4.2 异步电动机的启动特性

采用异步电动机拖动生产机械,对电动机启动的要求是:

①要有足够大的启动转矩,以保证系统正常工作;

②在保证足够的启动转矩的条件下,启动电流要小;

③启动设备结构简单、操作方便、能量损耗小等。

在一定的条件下,鼠笼式异步电动机可以直接启动,在不允许直接启动时,则采用降压启动的方法。

1. 直接启动

所谓直接启动,就是将电动机的定子绕组通过开关或接触器直接投入到额定电压的电源上启动。能否采用直接启动的首要条件是它对电网的冲击是否在允许的范围内。具体而言,直接启动的启动电流 I_S 引起的电压降不能超过额定电压的 $10\% \sim 15\%$。一般按下面的经验公式判定,即

$$\frac{I_S}{I_N} \leqslant \frac{3}{4} + \frac{\text{电源总容量（kV·A）}}{4 \times \text{启动电动机容量（kW）}}$$

满足上式的,可以采用直接启动;否则,采用其他启动措施。

2. 降压启动

下面介绍几种限制启动电流的降压启动方法。

（1）电阻（或电抗器）降压启动

启动线路如图 2.36 所示。启动时，接触器 KM1 闭合，KM2 断开，定子电路内接入了电阻 R，待启动完毕后，将接触器 KM2 闭合，KM1 断开，电动机转入额定电压下运行。

适当地选择电阻 R，可以得到允许的启动电流。

这种启动方法的缺点是：

①启动转矩随定子电压的平方关系下降，故它只适用于空载或轻载启动的场合；

②启动时，电阻器上消耗的能量大，不宜用于经常启动的电动机上，若用电抗器代替电阻器，虽然没有上述缺点，但设备费用较大。

（2）Y-△降压启动

Y-△降压启动的接线图如图 2.37 所示。启动时，触点 KM3 和 KM1 闭合，KM2 断开，将定子绕组接成星形；待转速上升到一定程度后再将 KM1 断开，KM2 闭合，将定子绕组接成三角形，电动机启动过程完成而转入正常运行。这适用于电动机运行时定子绕组接成三角形的情况。

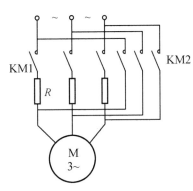

图 2.36 定子串电阻降压启动

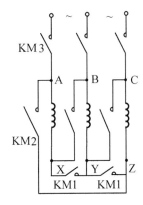

图 2.37 Y-△降压启动

设 U_1 为电源线电压，I_{SY} 及 $I_{S\triangle}$ 为定子绕组分别接成星形及三角形的启动电流（线电流），Z 为电动机在启动时每相绕组的等效阻抗。则有

$$I_{SY}=U_1/(\sqrt{3}Z) \quad I_{S\triangle}=\sqrt{3}U_1Z$$

所以 $I_{SY}=I_{S\triangle}/3$，即定子接成星形时的启动电流等于接成三角形时启动电流的 1/3，而接成星形时的启动转矩 $T_{SY}\propto(U_1/\sqrt{3})^2=U_1^2/3$，接成三角形时的启动转矩 $T_{S\triangle}\propto U_1^2$，所以，$T_{SY}=T_{S\triangle}/3$，即 Y 连接降压启动时的启动转矩只有△连接直接启动时的 1/3。

Y-△降压启动除了可用接触器控制外，尚有一种专用的 Y-△启动器，其特点是体积小、质量轻、价格便宜、不易损坏、维修方便。

这种启动方法的优点是设备简单、经济、启动电流小；缺点是启动转矩小，且启动电压不能按实际需要调节，故只适用于空载或轻载启动的场合及正常运行时定子绕组按△接线的异步电动机。由于这种方法应用广泛，我国已专门生产采用 Y-△换接启动的三相异步电动机，其定子额定电压为 380 V，此即电源的线电压，连接方法为△。

（3）自耦变压器降压启动

自耦变压器启动线路如图 2.38 所示。启动时，使接触器 KM1 和 KM2 同时闭合，KM3 断开，三相自耦变压器的三个绕组连成星形接于三相电源，使接于自耦变压器副边的电动机降压启动,当转速接近额定值时,KM1、KM2 断开,KM3 闭合,切除自耦变压器,电动机转入全电压下运行。如略去自耦变压器的阻抗不计,设其变比为 K,$K=\dfrac{U_2}{U_1}=\dfrac{N_1}{N_2}$,则电动机启动电压 U_S 为

$$U_S = \frac{1}{K} U_N \qquad (2.47)$$

电动机的启动电流为

$$I'_S = \frac{U_S}{Z} = \frac{1}{K} \frac{U_N}{Z} \qquad (2.48)$$

接于电网的自耦变压器一次侧的启动电流为

$$I_S = \frac{1}{K} I'_S = \frac{1}{K^2} \frac{U_N}{Z} \qquad (2.49)$$

由此可知,用自耦变压器启动,电网上启动电流减小到直接启动时的

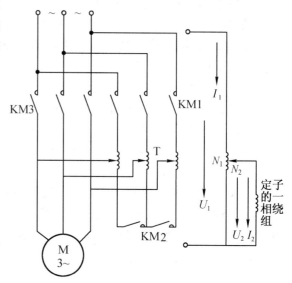

(a)原理接线图   (b)一相电路

图 2.38　自耦变压器降压启动

$1/K^2$,启动转矩降低到直接启动的 $1/K^2$。这一方法不受定子接线形式的影响,多用于大、中型电动机,缺点是设备费用较昂贵。

(4)转子串接电阻或频敏变阻器启动

转子串接电阻或频敏电阻器的启动方法只适用于绕线式异步电动机启动。

图 2.39 为绕线式异步电动机转子串电阻启动的原理接线图。

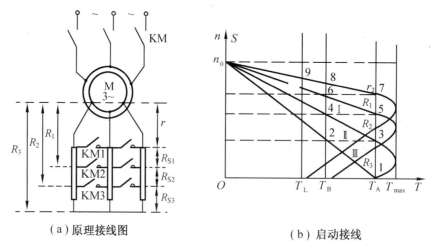

(a)原理接线图   (b)启动接线

图 2.39　绕线式电动机转子串电阻启动的原理接线图

它是采用启动时逐级切除启动电阻的方法,其目的是为了使整个启动过程中电动机能保持合适的加速转矩,并限制启动电流。

启动时,触点 KM1、KM2、KM3 均断开,启动电阻全部接入,KM 闭合,将电动机接入电

网。电动机的机械特性如图 2.39(b)中曲线 III 所示,初始启动转矩为 T_A,$T_A > T_L$,这里 T_L 为负载转矩,在动态转矩的作用下,转速沿曲线 III 上升,轴上转出转矩相应下降,当转矩下降至 T_B 时,为了使系统保持较大的加速度,让 KM3 闭合,使各相电阻中的 R_{S3} 被短接(或切除),启动电阻由 R_3 减为 R_2,电动机的机械特性曲线由曲线 III 变化到曲线 II,只要 R_2 的大小选择合适,并掌握好切除时间,就能保证在电阻刚被切除的瞬间电动机轴上输出转矩重新回升到 T_A,即可使电动机重新获得最大的加速转矩。以后各段电阻的切除过程与上述相似,直到转子电阻全部被切除,启动过程如图中点 1~9。电动机稳定运行在固有机械特性曲线上,即图中负载转矩 T_L 对应的点 9,启动过程结束。

转子串接电阻启动是分级进行的,控制线路较复杂,设备笨重,占地面积大。

因此,单从启动而言,逐级切除启动电阻的方法不是很好的方法。若采用频敏变阻器来启动绕线式异步电动机,则既可自动切除启动电阻,又不需要控制电器。

频敏变阻器实质上是一个铁心损耗很大的三相电抗器,铁心由一定厚度的几块实心铁板或钢板叠成,一般做成三柱式,每柱上绕有一个线圈,三相线圈连成星形,然后接到绕线式异步电动机的转子电路中,如图 2.40 所示。

频敏变阻器为什么能取代启动电阻呢?因在频敏变阻器的线圈中通过转子电流,它在铁心中产生交变磁通,在交变磁通的作用下,铁心中就会产生涡流,涡流使铁心发热,从电能损失的观点来看,这和电流通过电阻发热而损失电能一样,所以,可以把涡流的存在看成是一个电阻 R。另外,铁心中交变的磁通又在线圈中产生感应电势,阻碍电流流通,因而有感抗 X(即电抗)存在。所以,频敏变阻器相当于电阻 R 和电抗 X 的并联电路。启动过程中频敏变阻器内的实际电磁过程如下:启动开始时,$n = 0$,$S =$

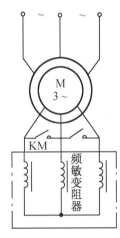

图 2.40 频敏变阻器接线图

1,转子电流的频率($f_2 = Sf_1$)高,铁损大(铁损与 f_2^2 成正比),相当于 R 大,且 $X \propto f_2$,所以,X 也很大,即等效阻抗大,从而限制了启动电流。另一方面由于启动时铁损大,频敏变阻器从转子取出的有功电流也较大,从而提高了转子电路的功率因数,增大了启动转矩。随着转速的逐步上升,转子频率 f_2 逐渐下降,从而使铁损减少,感应电势也减少,即由 R 和 X 组成的等效阻抗逐渐减少,这就相当于启动过程中自动逐渐切除电阻和电抗。当转速 $n = n_N$ 时,f_2 很小,R 和 X 近似为零,这相当于转子被短路,启动完毕,进入正常运行。这种电阻和电抗对频率的"敏感"作用,就是"频敏"变阻器名称的由来。

与逐级切除启动电阻的启动方法相比,采用频敏变阻器的主要优点是:具有自动平滑调节启动电流和启动转矩的良好启动特性,且结构简单、运行可靠,无须经常维修。它的缺点是:功率因数低(一般为 0.3~0.8),因而启动转矩的增大受到限制,且不能用作调整电阻。因此,频敏变阻器较适用于对调速没有什么要求、启动转矩要求不大、经常正反向运转的绕线式异步电动机的启动,广泛应用于冶金、化工等传动设备上。

2.4.3 三相异步电动机的制动

异步电动机和直流电动机一样具有可逆性,既可作为电动状态运行,也可作为制动状态运行。

异步电动机的制动和直流电动机的制动概念相同,电动机转矩 T 与转速 n 的方向相反时,即为制动状态。异步电动机的制动状态也分为回馈制动(再生发电制动)、反接制动和能耗制动。

1. 回馈制动

由于某种原因,当使异步电动机转速超过旋转磁场的速度(同步转速)时,转子绕组导体的运动速度就大于旋转磁场的速度,这与异步电动机处于电动状态时,转子绕组的运动小于旋转磁场的速度相反。因此转子中感应电势方向就改变了,从而转子电流方向也有改变。电动机转矩 T 的方向自然也随着改变,此时电动机转矩 T 变得与转速 n 方向相反,起制动作用。这时异步电动机把轴上的机械能或系统储存的动能变成电能回馈到电网上,这就是回馈制动,也称再生发电制动。异步电动机回馈制动的机械特性如图 2.41 所示。

回馈制动虽然经济,但是它只有在 $n>n_0$ 时才可实现,因此其应用具有局限性。起重机械常应用回馈制动来实现快速稳定下放重物,多速异步电动机从高速变为低速时也存在回馈制动状态。

2. 反接制动

与直流电动机相同,异步电动机的反接制动亦分为两种。

(1)转速反向的反接制动

异步电动机带一位能性负载,如果加大转子回路电阻,使其机械特性斜率加大。如图 2.42 所示。

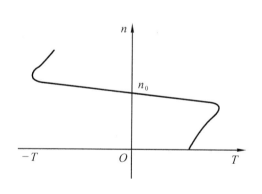

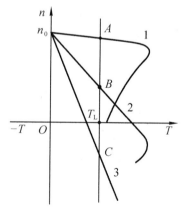

图 2.41 异步电动机回馈制动的机械特性　　图 2.42 异步电动机转速反向的反接制动机械特性

随着转子电阻的加大,特性斜率亦加大。由特性 1 到特性 2,以至到特性 3,电动机的启动转矩 T_s 小于负载转矩 T_L,即 $T_s<T_L$。负载转矩拖着电动机反转,使电动机转矩与电动机转速方向相反,起到制动作用。

(2)电源反接的反接制动

如果异步电动机原来在电动状态运行,突然将其定子电源相序改变,那么定子旋转磁场的方向就改变,电动机转矩和转速方向相反,起到制动作用。这时的机械特性如

图 2.43 所示。

电动机原来工作在电动状态,工作点为 A。电源反接后,移到反接制动机械特性的 B 点上,由于电动机转矩为制动转矩,使电动机的转速下降,到 $n=0$ 时,如不切除电源,电动机将自行反转,这与直流电动机的情况完全类同。图 2.43 中特性 1 对应于鼠笼式异步电动机,特性 2 对应于绕线式异步电动机。

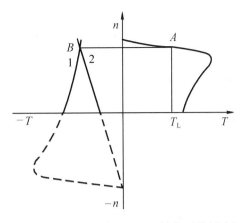

图 2.43 异步电动机电源反接的反接制动机械特性

反接制动的优点是制动作用强,缺点是能量损耗大、制动准确度差。如要停车,尚须采用自动控制手段切断电源。反接制动适用于不经常启、制动的生产机械,或是要求迅速停车、迅速反转的情况下。一般中型车床、镗床、铣床的主轴采用此种制动。

3. 能耗制动

与直流他激电动机的能耗制动类似,为了实现异步电动机的能耗制动,将处于电动状态运行的异步电动机定子从交流电源上切除。但与直流他激电动机不同的是,直流他激电动机的电枢从电源上切除后,其激磁电流仍加在激磁绕组上,即电动机磁场仍然存在,使能耗制动可持续进行下去。而异步电动机的定子从电源上切除后,电动机的磁场不复存在,自然也就无法产生制动转矩。所以异步电动机的定子从电源上切除后,要想办法维持其磁场。其办法有两种:一是定子端从交流电源上切除后,接到适当的电容器上,这种制动称为自激能耗制动;二是将定子端从交流电源上切除后,由直流电源供电,这种制动称为他激能耗制动。因此他激能耗制动得到了广泛的使用,其接线方法很多,如图 2.44 所示。

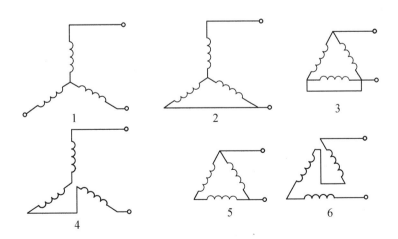

图 2.44 异步电动机他激能耗制动时的定子绕组接线方式

考虑到简化控制线路,以图形 1 和 5 应用最多。

下面我们以他激能耗制动为例说明能耗制动原理。

异步电动机处于电动运行时,突然将定子从交流电源上切除,而接到直流电源上。直流电通过定子绕组后,在电动机内部建立一个恒定不动的磁场。由于转子仍在旋转,这时将在转子中产生感应电势与电流,由该转子电流产生制动力矩(图2.45),与直流电动机能耗制动一样,把系统动能转变为电能而消耗在电阻上。

能耗制动的机械特性如图2.46所示。

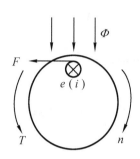
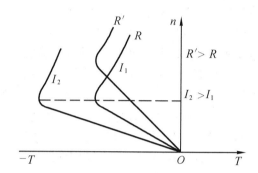

图2.45 异步电动机能耗制动的原理示意图　　图2.46 异步电动机能耗制动的机械特性

当定子所通直流电流一定,而转子电阻增大时,制动强度减弱;当转子电阻不变,定子所通直流电流增加时,制动强度增强。因此,改变转子电阻或定子所通直流电流的大小,均可调整制动强度。图2.46中R、R'为转子单阻,I_1、I_2为定子所通直流电流。

能耗制动的优点是,能量损耗小、制动准确。缺点是,制动强度弱,需要直流电源。

异步电动机的能耗制动,适用于要求制动平稳和准确的生产机械,在龙门刨床的进刀系统中即采用这种方法制动。

2.4.4 异步电动机的速度调节

三相异步电动机的转速为

$$n = (1-S)n_0 = (1-S)\frac{60f_1}{P} \qquad (2.50)$$

又知其机械特性表达式为

$$T = \frac{2T_{\max}}{\dfrac{S}{S_m} + \dfrac{S_m}{S}} \qquad (2.51)$$

由于电动机稳定运行时$T = T_L$,要确定某一负载转矩T_L下的转速,可以从改变最大转矩$T_{\max}$、临界转差S_m、定子频率f_1和极对数P四个参数入手,则相应有如下几种调速方法。

1. 调压调速

改变电源电压时的人为机械特性如图2.47所示,可见,电压改变时,$T_{\max}$变化,而n_0和S_m不变。对于恒转矩负载T_L,由负载特性曲线1与不同电压下电动机的机械特性的交点,可以有点a、b、c所决定的速度,其调整范围很小;离心式通风机型负载曲线2与不同电压下机械特性的交点为d、e、f,可以看出,调速范围稍大。

这种调速方法能够无级调整,但当降低电压时,转矩也按电压的平方比减小,所以,调速范围不大。

在定子电路中串电阻(或电抗)和用晶闸管调压调速都属于这种调速方法。

2. 转子电路串电阻调速

转子电路串电阻原理接线图和机械特性与图 2.39 相同,从图中可看出,转子电路串不同的电阻,其 n_0 和 $T_{\max}$ 不变,但 S_m 随外加电阻的增大而增大。对于恒转矩负载 T_L,由负载特性曲线与不同外加电阻下电动机机械特性的交点(点 2、4、6、8)可知,随着外加电阻的增大,电动机的转速降低。

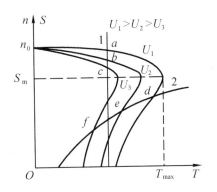

图 2.47　调压调速时的机械特性

当然,这种调整方法只适用于线绕式异步电动机,其启动电阻可兼作调速电阻,不过此时要考虑稳定运行时的发热,应适当增大电阻的容量。

转子电路串电阻调速简单可靠,但它是有级调速。随着转速的降低,其特性变软。转子电路电阻损耗与转差率成正比,低速时损耗大。所以,这种调速方法大多用在重复短期运转的生产机械中,如在起重运输设备中应用非常广泛。

3. 改变极对数调速

在生产中有大量的生产机械,它们并不需要连续平滑调速,只需要几种特定的转速,而且对启动性能没有太高的要求,一般只在空载或轻载下启动,这种情况用变极对数调速的多速鼠笼式异步电动机是合理的。

根据式(2.50),同步转速 n_0 与极对数 P 成反比,故改变极对数 P 即可改变电动机的转速。

以单绕组双速电动机为例,对变极调速的原理进行分析,如图 2.48 所示。为简便起见,将一个线圈组集中起来用一个线圈代表。单绕组双速电动机的定子每相绕组由两个相等圈数的"半绕组"组成。图 2.48(a)中两个"半绕组"串联,其电流方向相同;图 2.48(b)中两个"半绕组"并联,其电流方向相反。它们分别代表两种极对数,即 2P=4 与 2P=2。可见,改变极对数的关键在于使每相定子绕组中一半绕组内的电流改变方向,即可用改变定子绕组的接线方式来实现。若在定子上装两套独立绕组,各自具有所需的极对数,两套独立绕组中每套又可以有不同的连接。这样就可以分别得到双速、三速或四速等电动机,通称为多速电动机。

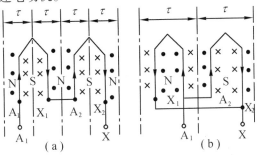

图 2.48　改变极对数调速的原理

多速电动机启动时宜先接成低速,然后再换接为高速,这样可获得较大的启动转矩。

多速电动机虽然体积稍大、价格稍高,只能有级调速,但因结构简单、效率高、特性好,因此仍广泛用于机电联合调速的场合,特别是在中、小型机床上用得较多。

4. 变频调速

改变电源频率 f_1 可以平滑调节 n_0,从而使电动机获得平滑调速。变频调速时,可以从额定频率往下调节,也可以往上调节。

①从额定频率往上调节时。三相异步电动机的每相电压为

$$U_1 \approx E_1 = 4.44 f_1 W_1 k_1 \phi_m$$

如果降低电源频率 f_1,而 U_1 不变,则主磁通 ϕ_m 要增大。电动机的主磁路本来就刚进入饱和状态,ϕ_m 再增加,势必造成主磁路过饱和,使激磁电流猛增,这是不允许的。为此,在调频时,必须同时调压,即保持

$$U_1/f_1 = 常数$$

这时,主磁通 ϕ_m 近于常数,电动机的电磁转矩由式(2.43)决定

$$T = \frac{3PU_1^2 R_2'/S}{2\pi f_1 \left[(R_1 + R_2'/S)^2 + (X_1 + X_2')^2 \right]}$$

$$= \frac{3P}{2\pi} \left(\frac{U_1}{f_1} \right)^2 \frac{f_1 R_2'/S}{(R_1 + R_2'/S)^2 + (X_1 + X_2')^2}$$

不同频率时最大转矩由式(2.42)决定

$$T_{max} = \frac{3P}{4\pi} \left(\frac{U_1}{f_1} \right)^2 \frac{f_1}{R_1 + \sqrt{R_1^2 + (X_1 + X_2')^2}}$$

临界转差率由式(2.41)决定

$$S_m = \frac{R_2'}{\sqrt{R_1^2 + (X_1 + X_2')^2}}$$

$U_1/f = 常数$,降低频率 f_1 时,$(X_1 + X_2')$ 随频率 f_1 的降低而减小,而电阻 R_1 与 f_1 无关,在 f_1 接近 f_{1N} (即 f_0)时,由于 $R_1 \ll (X_1 + X_2')$,故 T_{max} 基本上为一常数;但 f_1 较低时,$(X_1 + X_2')$ 比较小,而 R_1 相对增大,致使频率 f_1 降低时,T_{max} 减小。临界转差率 S_m 则随频率的下降而增大,相应的机械特性曲线如图 2.49 所示。

这种调速方法与他激直流电动机调压调速特性类似。其优点是机械特性硬,调速范围宽且能无级调速,稳定性好,不足之处是低速时 T_{max} 过小,影响过载能力,可适当提高 U_1 来增大 T_{max}。

②从额定频率往上调节时。此时不能按比例升高电压(不允许超过额定值),只能保持电压不变,因此,f_1 增高,ϕ 减弱,相当于电动机的弱磁调速。

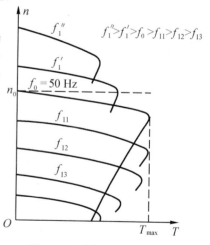

图 2.49　异步电动机变频调速的机械特性

当 f_1 较高时,电阻 R_1 比 X_1、X_2',R_2'/S 都小很多,可忽略 R_1,故最大转矩 T_{max} 及相应的较差率 S_m 变为

$$T_{max} \approx \frac{3PU_1^2}{4\pi f_1 \left(X_1 + X_2' \right)} \propto \frac{1}{f_1^2}$$

$$S_m \approx \frac{R_2'}{\left(X_1 + X_2' \right)} \propto \frac{1}{f_1}$$

最大转矩处的转速降落为

$$\Delta n_m = S_m n_1 = \frac{R_2'}{2\pi f_1 \left(L_1 + L_2' \right)} \frac{60 f_1}{P}$$

③变频电源。要实现电压和频率同时可调,就必须有一套专门的变频装置,现在广泛应用的是晶闸管变频装置。

变频调速用于一般鼠笼式异步电动机,是一种很好的调速方法。有关变频器的应用将在第 5 章详细介绍。

2.5 同步电动机

由 2.2 和 2.3 节所述的直流他激电动机和三相交流异步电动机可知,当电动机轴上所带的负载阻转矩或者加在控制绕组上的信号(如电压)变化时,电动机的转速就要发生变化。但在有些控制设备和自动装置中,往往要求电动机具有恒定不变的转速,即要求电动机的转速不随负载和电压的变化而变化,同步电动机就是具有这种特性的电动机。

2.5.1 同步电动机的结构特点和基本工作原理

同步电动机属于交流电动机,同步电动机转子的旋转速度是与定子电源频率同步的,而异步电动机的转子旋转速度是与定子电源频率异步的。

同步电动机运行时,它的定子三相绕组接通三相交流电源,产生一个旋转磁动势。旋转磁动势的转速为

$$n_0 = \frac{60 f_1}{P} \tag{2.52}$$

式中 f_1——电源频率;

$\quad$ P——电动机极对数。

由于同步电动机的转子是由直流电流激磁的磁极(或永磁式、磁阻式激磁),因此,转子的稳态转速严格保持与定子旋转磁动势的转速相等,即"同步",n_0 称为同步转速。

1. 同步电动机的结构特点

图 2.50 为同步电动机结构示意图。与异步电动机一样,同步电动机在结构上也是由定子和转子两部分组成。其定子是由机座、定子铁芯和三相绕组等部件组成,是同步电动机吸收电能进行能量转换的枢纽,所以同步电动机的定子也称为电枢,定子绕组也称为电枢绕组。

同步电动机的转子一般都做成凸极式,磁极铁芯由 1~1.5 mm 厚的钢板冲片叠压而成,激磁绕组套装在极身上,在转子轴上装有两个异电环,各磁极的激磁绕组串联起来接

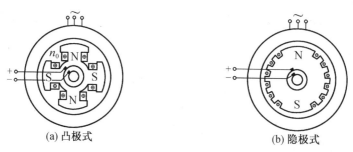

(a) 凸极式   (b) 隐极式

图 2.50　同步电动机的结构示意图

到异电环上,通过与异电环滑动接触的电刷引入激磁电流。而在磁极极靴部分的槽中,装有启动绕组的异条,异条用黄铜制成,而在磁极的两个端面上,各用一个铜环将异条连接起来构成一个不完全的笼型绕组。

凸极转子同步电动机的气隙很不均匀,在磁极轴线(即直轴)附近气隙最小,在两极之间的中心线(即交轴)附近气隙最大。

2. 同步电动机的基本工作原理

同步电动机的定子三相绕组接通三相交流电源后就建立起一个在空间以同步转速 n_0 旋转的磁动势,这种磁动势称为定子磁动势或电枢磁动势。同步电动机的转子绕组通入直流激磁电流后建立起转子直流磁动势。转子磁动势的磁极对数与定子磁动势的磁极对数相等。磁极的排列应当使相邻磁极的极性相反,即沿圆周按 N、S、N、S 交替排列。

首先采取某种措施使转子旋转并加速到接近同步转速。当定子磁极掠过极性与它相反的转子磁极时,由于异极性磁极互相吸引,使转子受磁拉力作用,产生一个与定子旋转磁场方向一致的电磁转矩,如图 2.51 所示。

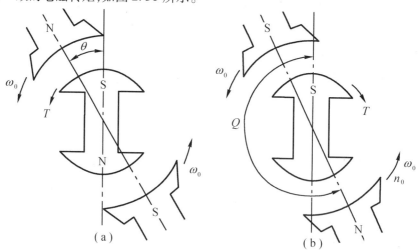

图 2.51　同步电动机的物理模型

由于转子转速还略低于定子磁场的转速,所以转子磁极轴线与定子磁极轴线之间的夹角 θ 是变化的。如果在某个夹角下能够使转子加速到同步转速,则定子旋转磁场与转子磁极之间就没有相对运动,因而可以产生稳定的磁拉力,凭借着这种磁拉力产生的转矩,转子拖动着负载以同步转速运转,这就是同步电动机的基本工作原理。使转子转动的这种电磁转矩,称为同步转矩。

3. 同步电动机的分类和特点

各种同步电动机的定子结构都是相同的,其主要作用是为了产生一个旋转磁场。但是转子的结构形式和材料都有很大差别。除上面工作原理中叙述的较复杂的激磁式的转子之外,还有永磁式、磁阻式和磁滞式三种。

永磁式、磁阻式和磁滞式同步电动机的转子结构十分简单,它们不需要直流电源激磁,而用不同磁性材料制成的磁极产生恒定磁场的极性。下面分别介绍这三种同步电动机的特性。

2.5.2 永磁式同步电动机的特性

1. 永磁式同步电动机的结构特点与基本工作原理

永磁式同步电动机转子主要由两部分构成:用来产生转子磁通的永久磁铁和置于转子铁心槽中的鼠笼绕组,如图 2.52 所示。

永磁式同步电动机的工作原理与激励式同步电动机是相似的,只是其转子磁通是永久磁铁产生的,如图 2.53 所示。

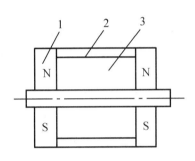

图 2.52　永磁式同步电动机转子示意图
1—永久磁铁;2—鼠笼绕组;3—转子铁心

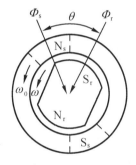

图 2.53　永磁式同步电动机工作原理

当同步电动机的定子绕组通以三相或两相(包括单相电源经电容分相)交流电流时,产生旋转磁场(以 N_s、S_s 表示),以同步角速度 ω_0 逆时针方向旋转。根据两异性磁铁互相吸引的原理,定子磁铁的 N_s(或 S_s)极吸住转子永久磁铁的 S_r(或 N_r)极,以同步角速度在空间旋转,即转子和定子磁场同步旋转。维持转子旋转的电磁转矩是定子旋转磁场和转子永久磁铁磁场相互作用而产生的。

与转子激磁的大功率同步电动机一样,当轴上负载增加或减小时,定、转子磁极轴线间的夹角 θ 也相应地增大或减小,但只要负载不超过一定限度,转子始终和定子磁场同步运转,此时转子速度仅决定于电源频率和电动机的极对数,而与负载的大小无关,其特性如图 2.54 所示。当负载超过一定限度时(这个限度以最大同步转矩来衡量)电动机就可能会"失步",

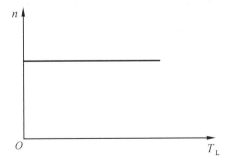

图 2.54　永磁式同步电动机的转矩特性

亦即不再按同步速度运行。

2. 永磁式同步电动机的启动方法

永磁式同步电动机启动比较困难。由于刚启动时,虽然合上电源,其定子产生了旋转磁场,但转子具有惯性,跟不上旋转磁场的转动,定子旋转磁场时而吸引转子,时而又推斥转子(图2.55),因此,作用在转子上的平均转矩为零,转子也就转不起来了。

为了使永磁式同步电动机能自行启动,在转子上一般都装有启动用的鼠笼绕组,如图2.52和图2.56所示。

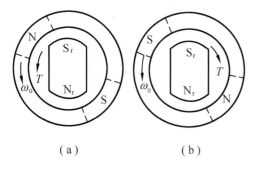

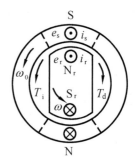

图 2.55　启动困难的原因　　　　图 2.56　永磁式同步电动机的异步启动

当定子旋转磁场以 ω_0 的速度逆时针方向旋转时,在转子鼠笼绕组中会感应电势 e_r,并产生电流 i_r,该电流与定子旋转磁场相互作用,产生异步转矩 T_i,使永磁式同步电动机像异步电动机那样启动起来,这与转子激磁的大功率同步电动机完全相同。值得注意的是,转子激磁的大功率同步电动机在异步启动过程中,只要转子速度没有达到同步速度的96%以上,转子激磁绕组是不加直流励磁的。而小功率永磁式同步电动机异步启动后,定子绕组切割转子磁场(以永久磁铁 N_r、S_r 表示),并在其中感应电势和电流,如图2.56中 e_s 和 i_s 所示(e_s 的方向由右手定则决定),这个电流再与转子磁通相互作用产生转矩 T_d,T_d 的方向由左手定则决定,且也是逆时针方向,力图使定子逆时针方向旋转,但定子是固定不动的,于是,转子便受到数值相等、但方向为顺时针的转矩 T_d 作用。由于 T_d 的方向与转子的转动方向相反,所以,是制动转矩。T_d 的存在,对永磁式同步电动机的启动是不利的。如果电动机轴上总的负载转矩很大,合成转矩($T_i - T_d$)不能使转子达到同步角速度的95%以上,转子就不能拉入同步;但如果轴上负载转矩很小,合成转矩使永磁式同步电动机的转子在异步启动阶段可接近同步角速度 ω_0(约为 ω_0 的95%),则当转子速度接近同步角速度时,定子旋转磁场和转子永久磁铁相互作用,就可以把转子拉入同步。

2.5.3　磁阻式同步电动机的特性

1. 磁阻式同步电动机的结构特点

电动机的定子和转子由电工硅钢片叠装而成,定子做成圆环形式,其内表面有开口槽,转子做成圆盘形式,其外表也有开口槽。定子、转子齿数是不相等的,一般转子齿数大于定子齿数,即 $Z_r > Z_s$。定子槽中装有三相或单相电源供电的定子绕组,定子绕组接通电源便产生旋转磁通 Φ_s,转子槽内不嵌绕组,如图2.57所示。

2. 磁阻式同步电动机的工作原理

假设电动机只有一对磁极,定子齿数 $Z_s = 6$,转子齿数 $Z_r = 8$。在图 2.57 所示瞬间位置 (A),定子绕组产生的二极旋转磁通 Φ_s,其轴线正好和定子齿 1 和 4 的中心线重合。由于磁力线总是力图使自己经过的磁路磁阻最小,或者说,磁阻转矩力图使转子朝着磁导最大的方向转动,所以,这时转子齿 $1'$ 和 $5'$ 处于定子齿 1 和 4 相对齐的位置。当旋转磁通转过一个定子齿距 $2\pi/Z_s$ 到图中 B 位置时,由于磁力线要继续保持自己磁路的磁阻为最小,因此,就力图使转子齿 $2'$ 和 $6'$ 转到与定子齿 2 和 5 相对齐的位置上。转子转过的角度为

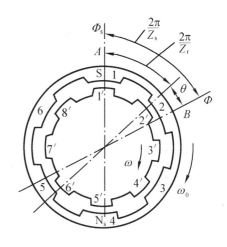

图 2.57 磁阻式同步电动机

$$\theta = \frac{2\pi}{Z_s} - \frac{2\pi}{Z_r} \qquad (2.53)$$

因此,可求出定子旋转磁场的角速度 ω_0 和转子旋转角速度 ω 之比

$$K_R = \frac{\omega_0}{\omega} = \frac{2\pi}{Z_s} \Big/ \left(\frac{2\pi}{Z_s} - \frac{2\pi}{Z_r}\right) = \frac{Z_r}{Z_r - Z_s} \qquad (2.54)$$

式中 K_R——电磁减速系数。

由式(2.54)可知,电动机旋转角速度为

$$\omega = \frac{Z_r - Z_s}{Z_r}\omega_0 = \frac{Z_r - Z_s}{Z_r}\frac{2\pi f}{p} \qquad (2.55)$$

式中 p——定子磁场的极对数。

对于图 2.57 所示同步电动机

$$\omega = \frac{8-6}{8}\omega_0 = \frac{1}{4}\omega_0$$

如果选取 $Z_r = 100$,$Z_s = 98$,则

$$\omega = \frac{100-98}{100}\omega_0 \leqslant \frac{1}{50}\omega_0$$

一般 $Z_r - Z_s = 2p$,故由式(2.55)可以看出,Z_r 越大,Z_r 和 Z_s 越接近,则转子速度就越低。

一般磁阻式同步电动机转子上也加装鼠笼启动绕组,采用异步启动法,当转子速度接近同步转速时,磁阻转矩将转子拉入同步。

磁阻式减速同步电动机无须加启动绕组,它的结构简单、制造方便、成本较低。它的转速一般在每分钟几十转到上百转之间。它是一种常用的低速电动机。

2.5.4 磁滞式同步电动机的特性

磁滞电动机是采用特殊永磁材料的永磁式同步电动机。这种特殊材料通称为磁滞材料。在磁滞电动机的旋转磁场中,由于转子材料有磁滞现象,转子磁通与定子磁动势之间

就出现了空间位移,因而产生旋转转矩。这个转矩称为磁滞转矩。磁滞转矩不仅在同步状态下存在,在非同步状态(含启动状态)下也存在。因此,磁滞电动机是有别于上述激磁式、永磁式、磁阻式三种同步电动机的。

磁滞电动机的特性有同步和非同步两种状态。同步状态下特性可以参见永磁式同步电动机。磁滞电动机具有良好的启动特性和非同步的转矩特性,使磁滞电动机获得良好的执行功能,下面重点讨论转矩特性。

磁滞同步电动机的转矩特性,可从其等效电路着手。等效电路可简化成如图2.58所示的相等效电路图。

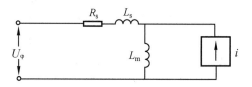

图 2.58 磁滞电动机的相等效电路图

在等效电路中,作用于转子上的磁化电流可分为有功与无功两个分量。有功分量及无功分量的电流幅值是相等的,其大小随下列函数而变

$$i_{2a} = I_2 \sin \gamma \tag{2.56}$$
$$i_{2r} = I_2 \cos \gamma \tag{2.57}$$

式中　I_2——磁化电流幅值;

　　γ——磁滞材料的磁滞角。

磁滞电动机在非同步状态下,若电动机的机械负载不变的话,磁滞材料的磁滞角 γ 可认为是恒值。因此,在非同步状态下,磁滞电动机的理想转矩特性曲线如图2.59 中 AB 段所示。

在同步状态下,磁滞材料的磁滞角是随材料性质、尺寸以及输出转矩而变,当输出转矩等于零,$\gamma=0$。磁滞材料的最理想磁滞角 $\gamma=90°$。在同步状态下,磁滞电动机的转矩特性曲线如图2.59 中 BC 段所示。

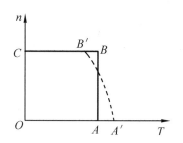

图 2.59 磁滞电动机的转矩特性

在实际电动机中,由于电动机的涡流和高次谐波的作用,使磁滞电动机的理想转矩 AB 变成 A'B',通过上面的特性分析,可以了解到磁滞电动机除有一般同步电动机的特点之外,还具有下述优点:

①具有自启动能力,不需专门装置来实现启动和牵入同步;

②同步运行时,转速与电源频率成正比;

③在启动及牵入同步过程中,电流与负载电流差不多。

磁滞电动机的电动机设计参数与上述同步电动机的设计参数不完全相同,但两者的应用参数完全一样。

同步电动机的主要特点可归纳为:

①当电源频率恒定时,电动机转速不变,且与电源频率成正比;

②定、转子两方的磁场是相互独立、可控的,但永磁式、磁阻或及磁滞式转子磁场难以调节;

③通常同步电动机是密性负载,电动机电流超前于电源电压;

④当转速为零时,同步电动机转矩等于零,因此同步电动机在起动时,没有启动转矩,

需要用专门装置实现启动及牵入同步。但各同步电动机的启动方法及起动装置有其各自特点。

2.5.5 调速用同步电动机的几种类型

1. 有刷励磁的同步电动机

有刷励磁的同步电动机是最常见的一种,容量均比较大。转子直流励磁电流可由静止励磁装置通过集电环和电刷送到绕组中,由于电刷和集电环的存在,增加了检修维护的工作量,并限制了电动机在恶劣环境下的使用。

2. 无刷可调励磁的同步电动机

无刷可调励磁的同步电动机容量也比较大,其结构原理如图1.1所示。在同步电动机轴上安装一台交流发电机作为励磁电源,经过固定在轴上的整流器变换成直流电供给同步电动机的励磁绕组。这样就无须集电环和电刷,励磁电流的调节可以通过控制交流励磁机定子上的磁场来实现。因此,这种同步电动机维护简单,可用于防焊等特殊场合。

3. 永久磁铁励磁的同步电动机

永久磁铁励磁的同步电动机转子采用稀土永磁材料励磁,如钐钴(SmCo)合金、钕铁硼(NdFeB)合金等,使电动机体积和质量大为减小,结构简单,维护方便,运行可靠,且效率比同容量异步电动机提高4%~13%,功率因数提高5%~20%。在千瓦级的伺服系统中,用以取代直流电动机,成为真正的无刷直流电动机。

4. 开关磁阻电动机

开关磁阻电动机是由反应式步进电动机发展起来的,突破了传统电动机的结构模式和原理。定转子采用双凸结构,转子上没有绕组,定子为集中绕组,虽然转子上多了一个位置检测器,但总体上比笼型异步电动机简单,坚固和便宜,更重要的是它的绕组电流不是交流,而是直流脉冲,因此变流器不但造价低,而且可靠性也高得多。其不足之处是低速时转矩脉动较大。

同步电动机的应用大致有以下四个方面:

①在小功率、恒速的机械负载中,广泛地采用永磁式、磁阻式及磁滞式同步电动机;

②大功率、高功率指标、变频调速的电气传动;

③与晶闸管静止变流器组成无换向器电动机;

④矢量控制同步电动机控制系统,即永磁式交流同步伺服电动机控制系统。

第3章 机床电气控制线路

机械传动的机床大都以三相异步电动机为原动机,所以,电气控制的主要内容就是使电动机启动、运行(包括根据各种要求实现正反转、变速等)和停止(包括制动)。此外,电控电路还包括各种保护环节。有一些机床的传动部分采用了液压、电磁铁或电磁离合器等传动装置,因此,电控对象除电动机外,还包括对电磁元件的控制。总之,只有对电动机和传动装置进行必要的电气控制,才能使机床的工作机构按操作指令进行工作。

由于机床功能不一,所以对控制方式的要求也有所不同。对于一般的普通机床和简单的专用机床来说,多数采用继电器-接触器控制系统。它是一种由继电器、接触器和各种按钮、开关等电器元件组成的有触点、断续控制方式。尽管机床以及其他生产机械的电气控制已向无触点、连续控制、弱电化、微机控制方向发展,但由于继电器-接触器控制系统具有控制线路简单、维修方便、便于掌握、价格低廉等优点,且能够满足生产机械一般生产的要求,因此目前在各种机床的电气控制领域中,仍然获得广泛的应用。

本章中,我们将着重介绍一些继电器-接触器控制系统的基本电气控制线路,在此基础上,通过对几种典型机床电气控制线路的分析,加深对电器控制的理解;掌握各机床电气控制的原理和特点,熟悉机械、电气在控制中的相互配合,为设计电气控制线路打下一定的基础。

3.1 机床常用低压电器

电器是一种能根据外界信号,手动或自动地接通或断开电路,以实现对电路的切换、控制、保护、检测和调节用的电气器件。低压电器通常指工作电压在 500 V 以下的电器元件。机床电气控制中所用的控制电器多属低压电器,电器的种类很多,下面介绍几种常用低压电器。

3.1.1 开关电器

1. 刀开关

刀开关又称为刀闸,它是手动电器中构造最简单的一种,如图 3.1 所示。当推动手柄后,刀极便紧紧插入静刀夹中,电路即被接通。一般刀开关由于触头分断速度慢,灭弧困难,因此,在机床上,刀开关主要用作小容量电流下的电源开关。

若用刀开关切断较大电流的电路或切断感性负载(电动机)时,在刀极和刀夹座分开的瞬间,两者的间隙处会产生强烈的电弧。为了防止刀极与静刀夹的接触部分被电弧烧触,大电流的刀开关多装有速断刀刃或采用耐弧触头,有的刀开关还带有灭弧罩。

刀开关的额定电压一般不超过 500 V,额定电流有 15 A、30 A、60 A、100 A、200 A、1 500 A 等多种等级。

刀开关的体积较大,操作费力,每小时允许接通次数很低。因此,刀开关主要在车间的配电线路中作为电源的引入开关或隔离开关使用。

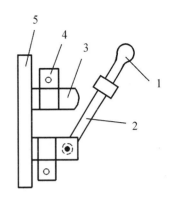

2. 组合开关

组合开关与刀开关的操作不同,它是左右旋转的平面操作,因此也称之为转换开关。

组合开关是由装在同一根方形转轴上的单个或多个单极旋转开关叠装在一起组成的,其结构原理图和结构示意图如图3.2所示。

组合开关有单极的、双极的和多极的。额定电流可有10 A、25 A、60 A和100 A等几个等级。常用的组合开关有HZ1~HZ4和HZ10等系列。

普通类型的组合开关,各级是同时接通或同时分断的。在机床电气设备中,这类组合开关主要作为电源的引入开关使用,有时也用来直接启动那些不经常启、停的小型电动机,如小型砂轮机、冷却泵电动机或小型通风机等。

图 3.1 一般刀开关
1—刀极支架和手柄;
2—刀极(动触头);
3—刀夹座(静触头);
4—接线端子;
5—绝缘底板

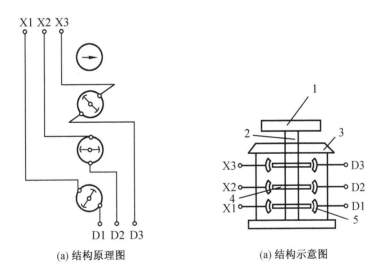

(a) 结构原理图   (a) 结构示意图

图 3.2 组合开关结构原理图和结构示意图
1—转换手柄;2—轴;3—定位机构;4—动触片;5—静触片

组合开关还可以做在一个操作位置上、只有总极数中的一部分接通、而另一部分断开电路的结构,即所谓交替通断的类型。此外,也可做成类似双投开关那样的电路结构,即所谓两位转换的类型。这两类组合开关可以作为控制小型笼型感应电动机的正、反转,星-三角启动或多速电动机的换速之用。

3. 万能转换开关

万能转换开关是具有更多操作位置,能够换接更多电路的一种手动电器。

常用的万能转换开关有 LW5、LW6 系列。

LW6 系列万能转换开关有 2~12 个操作位置,当开关转换到不同位置时,通过凸轮的作用,就可使触点按所需要的规律接通或断开。这种转换开关装入的触点数最多可达 60 对。

万能转换开关常用于需要控制多回路的场合。在操作不太频繁的情况下,也可用于小容量电动机的启动、换速或改变转向。

4. 自动空气开关

自动空气开关又称自动空气断路器,它可用作低压(500 V 以下)配电的总电源开关,同时具有对电动机进行短路、过流、欠压保护作用,这种电器能在线路发生上述故障时自动切断电路。

自动空气开关的种类很多,根据其结构形式,可分为框架式(万能式)和塑料外壳式(装置式);根据操作机构的不同,可分为手动操作、电动操作和液压传动操作;根据触头数目,可分为单极、双极和三极;根据动作速度,可分为有延时动作、普通速度和快速动作等。

虽然自动空气开关种类很多,结构也非常复杂,但不论哪一种空气开关,总是由触头系统、灭弧系统、保护装置和传动机构等组成。

常用的自动空气开关的型号有 DW10 系列(万能式)和 DZ10 系列(装置式)。

自动空气开关的基本结构如图 3.3 所示。当过电流时衔铁 10 吸合;欠电压时衔铁 6 释放;过载时双金属片 9 弯曲,三者都通过杠杆 5 使搭钩 2 脱开,由主触点 1 切断电路。

用空气开关实现短路保护比熔断器优越,因为当三相电路短路时,很可能只有一相的熔体熔断,造成单相运行。而对于空气开关则不同,只要造成线路短路,空气开关就跳

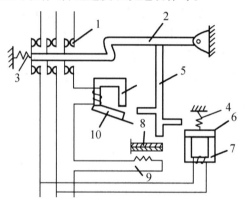

图 3.3　自动空气开关基本结构图
1—触点;2—搭钩;3、4—弹簧;5—杠杆;6、10—衔铁;7—欠电压脱扣器;8—加热电阻丝;9—热脱扣双金属片;11—过电流脱扣器

闸,将三相电路同时切断,因此它广泛应用于要求较高的场合。

5. 按钮

控制按钮是机床电气设备中常用的另一类手动电器。由于这类电器主要是用来控制其他电器的动作,以发布电气的"命令"用的,所以又称之为主令电器。

图 3.4 所示为按钮开关的结构示意图。按下按钮帽 1,常开触点 4 闭合,而常闭触点 3 断开,从而同时控制了两条电路;松开按钮帽,则在弹簧 2 的作用下使触点恢复原位。

按钮可用作远距离控制接触器、继电器等,从而控制电动机的启动、反转和停转,因此一个按钮盒内常包括两个以上的按钮元件,在线路中起不同的作用。最常见的是由两个按钮元件组成"启动""停止"的双联按钮,以及由三个按钮元件组成的"正转""反转""停止"的三联按钮,即复合按钮。此外还有紧急式按钮——装有突出的蘑菇形钮帽,常作为"急停"按钮。

常用的按钮有 LA18~LA20、LA10 及 LA2 等系列。

6. 行程开关

行程开关是机床上常用的另一种主令电器。它的结构原理与按钮相似,但行程开关的动作是由机床运动部件上的撞块或通过其他机构的机械作用进行操作的。

常用的行程开关有按钮式和滚轮式两种。

(1)按钮式行程开关

按钮式行程开关的型号有 LX1 和 JLXK1 等系列,其结构如图 3.5 所示。这种行程开关,顾名思义,其动作情况与复式按钮一样,即当撞块压下推杆时,其常闭触点打开,而常开触点闭合;当撞块离开推杆时,触点在弹簧力作用下恢复原状。这种行程开关的结构简单、价格便宜。缺点是触点的通断速度与撞块的移动速度有关,当撞块的移动速度较慢时,触点断开也缓慢,电弧容易使触点烧损,因此它不宜于用在移动速度低于 0.4 m/min 的场合。

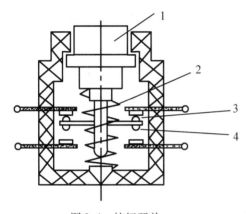 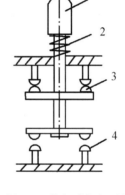

图 3.4　按钮开关
1—按钮帽;2—弹簧;
3—常闭触点;4—常开触点

图 3.5　按钮式行程开关
1—推杆;2—弹簧;
3—常闭触点;4—常开触点

(2)滚轮式行程开关

滚轮式行程开关的型号有 LX1、LX19 等系列。滚轮式行程开关具体又分为单滚轮自动复位与双滚轮非自动复位的形式。

单轮自动复位行程开关的结构原理图如图 3.6 所示。当撞块自右向左推动滚轮时,上转臂 2 以中间支点为中心向左转动,由盘形弹簧 3 带动下转臂 4 向右转动,于是滑轮 5 向右滚动,此时弹簧 7 被压缩而储存能量,当下转臂 4 转过中点并推开压板 8 时,横板 6 在压缩弹簧 7 的作用下,迅速做顺时针转动,从而使常闭触点 10 迅速断开,而常开触点 11 迅速闭合。当撞块离开滚轮后,在恢复弹簧 9 的作用下,将使触点恢复原状。

双轮非自动复位的行程开关,其外形是在 U 形的传动摆杆上装有两个滚轮,内部结构与单轮自动复位的相似,只是没有恢复弹簧 9。当撞块推动其中的一个滚轮时,传动摆杆转过一定的角度,使触点动作,而撞块离开滚轮后,摆杆并不自动复位,直到撞块在返回行程中再推动另一滚轮时,摆杆才回到原始位置,使触点复位。这种开关由于有"记忆"作用,在某些情况下可使控制线路简化。根据需要,行程开关的两个滚轮可布置在同一平面内或分别布置在两个平行的平面内。

滚轮式行程开关的优点是,触点的通断速度不受运动部件速度的影响,动作快。缺点是,结构复杂、价格较贵。

(3)微动开关

微动开关的型号有 LX-5、LXW-11 等系列,其结构如图 3.7(双断点)所示。微动开关是由撞块压动推杆 1,使弯形片状弹簧 2 变形,从而使触点动作;当撞块离开推杆 1 后,弯形片状弹簧 2 恢复原状,触点复位。

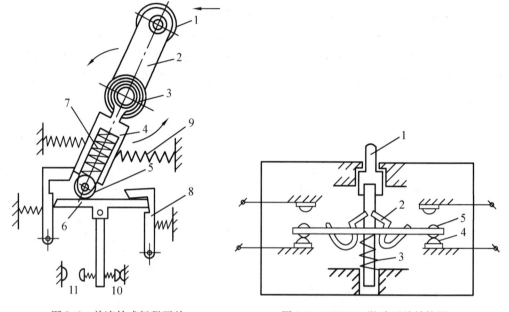

图 3.6　单滚轮式行程开关

1—滚轮;2—上转臂;3—盘形弹簧;4—下转臂;5—滑轮;6—横板;7—压缩弹簧;8—压板;9—弹簧;10—常闭触点;11—常开触点

图 3.7　LXW-11 微动开关结构图

1—推杆;2—弯形片状弹簧;3—压缩弹簧;4—常闭触点;5—常开触点

微动开关的特点是:

①外形尺寸小,质量轻,触点工作电压为 380 V,工作电流为 3 A。

②推杆的动作行程小,因而显得灵敏,LX-5 为 0.3~0.7 mm,LXW-11 为 1.2 mm。

③推杆动作压力小,只需 50~70 N 就能使其动作。

微动开关的缺点是不耐用。

7.非接触式行程开关

上述行程开关和微动开关均属接触式行程开关,工作时均有挡块与触杆的机械碰撞和触点的机械分合,在动作频繁时,容易产生故障,工作可靠性较低。近年来,随着电子器件的发展及控制装置的需要,一些非接触式的行程开关产品应运而生,此类产品的特点是,当挡块行程动作时,不需与开关中的部件接触,即可发出电信号,故以其使用寿命长、操作频率高、动作迅速可靠而得到了广泛的应用。

这类行程开关有接近开关、光电开关等。

(1)接近开关

接近开关有高频振荡型、电容型、感应电桥型、永久磁铁型、霍尔效应型等多种,其中以高频振荡型最为常用,它是由装在运动部件上的一个金属片移近或离开振荡线圈来实现控制的。

接近开关的型号有 LJ1、LJ2 及 LXJ0 型等。

LXJ0 型接近开关的电路如图 3.8 所示。图中 L 为磁头的电感,它与电容器 C_1、C_2 组成了电容三点式振荡回路,采用电容分压反馈信号。

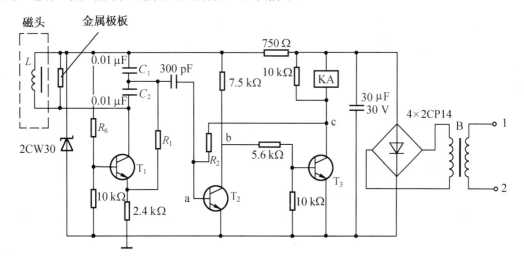

图 3.8　LXJ0 接近开关电路图

接近开关在正常情况下,T_1 处于振荡状态,此时 T_2 基极有电流从 a 点流入,T_2 则导通,使集电极 b 点电位降低,从而 T_3 基极电流减小,集电极 c 点电位上升,通过电阻 R_2 对 T_2 起正反馈作用,加速了 T_2 的导通,则 T_3 迅速截止,继电器 KA 的线圈无电流流过,因此,接近开关不动作。

当挡块接近磁头时,由于挡块是金属,则在其表面感应而产生涡流,此涡流将减小原振荡回路的 Q 值(即品质因数),使之停振。此时,T_2 的基极则无交流信号,T_2 在正反馈电阻 R_2 的作用下,加速截止;而 T_3 则迅速导通,使继电器厂的线圈流有电流,继电器 J 动作,其常闭触点打开,常开触点闭合。当挡块离开磁头时,接近开关将恢复原态,T_1 又重新起振。

LXJ0 型接近开关的电源电压分交流 127 V、220 V、380 V 及直流 24 V 四种,可在电源电压为 U_N 的 85% ~105% 范围内可靠地工作。

(2)光电开关

与接近开关一样,光电开关也是一种非接触式开关。它具有体积小、可靠性高、检测精度高、响应速度快、易与 TTL 及 CMOS 电路兼容等优点。光电开关的光源可采用红外线、可见光、光纤、色敏等。光电开关按工作原理可分透光型和反射型两种。

在透光型光电开关中,发光器件和受光器件相对放置,中间留有间隙。当被测物体到达这一间隙时,发射光被遮住,从而使接收器件(光敏元件)能检测出物体已经到达,并发出控制信号。这种开关的电路如图 3.9(a)所示。

反射型光电开关发出的光经被测物体反射后再落到检测器件上,它的基本情况大致与透光型相似,但由于是检测反射光,所以得到的输出电流 I_c 较小。另外,对于不同的物体表面,信噪也不一样,因此设定限幅电平就显得非常重要。图 3.9(b)表示这种开关的典型应用,它的电路和透光型开关大致相同,只是接收器的发射电阻 R_2 用得较大,且为可调,这主要是因为反射型光电开关的光电流较小且有很大的分散性。

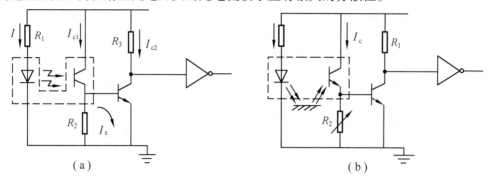

（a）　　　　　　　　　　　　（b）

图3.9　光电开关原理电路

3.1.2　接触器

接触器是一种用来接通或断开电动机或其他负载主回路的自动切换电器。它不仅控制容量大,适用于频繁操作和远距离控制,而且工作可靠、寿命长,是继电器-接触器控制系统中重要的元件之一。

接触器的基本参数有主触点的额定电流、主触点允许切断电流、触点数、线圈电压、操作频率、机械寿命和电寿命等。现代生产的接触器,其额定电流最大可达 2 500 A,允许接通次数为 150 ~ 1 500 次/h,其总寿命可达到 1 500 万 ~ 2 000 万次。

接触器通常分为交流接触器和直流接触器两种。

1. 交流接触器

图 3.10 为交流接触器的结构图。与手动式电器的分断和接通状态相似,接触器也有两种状态:常开(释放)状态和常闭(吸合)状态。

接触器的动作原理是:在接触器的激磁线圈处于断电状态下,接触器为释放状态。这时,在复位弹簧的作用下,动铁芯 3 通过绝缘支架将所有动触桥推向最上端,因此,静触头 11—12 与动触桥断,称为常开触头;而静触头 21—22 与动触桥闭合,称为常闭触头。当激磁线圈接通电源,则流过线圈内的电流在铁芯中产生磁通,此

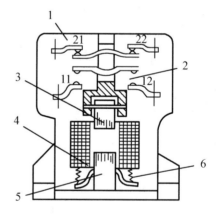

图 3.10　交流接触器的结构图
1—常闭触头;2—常开触头;3—动铁芯;
4—线圈;5—静铁心;6—弹簧

磁通使固定铁芯(静铁芯)与动铁芯之间产生足够的吸力,以克服弹簧的反力,将动铁芯向下吸合,这时所有的动触桥也被拉向下端。因此,原来闭合的常闭触头 21—22 就被分断;而原来处于分断的常开触头 11—12 就转为闭合。这样,控制激磁线圈的通电和断电,就可使接触器的触头由分断转为闭合,或由闭合转为分断的状态,从而达到控制电路通断的目的。

一般接触器都具有下列组成部分:电磁机构;触头和灭弧装置;辅助触点;释放弹簧机构或缓冲装置;支架与底座。现就其主要部分介绍如下。

(1)触头

触头是完成接触器接通和断开电路这个主要任务的。对触头的要求是:接通时导电性能良好、不跳(不振动)、噪声小、不过热,断开时能可靠地消除规定容量下的电弧。

触头按其接触形式可分为三种,即点接触、线接触和面接触,如图 3.11 所示。图 3.11(a)所示为点接触,它由两个半球形的触点或一个半球形与一个平面形触点构成。它常用于小电流的电器中,如接触器的辅助触点或继电器触点。图 3.11(b)所示为线接触,它的接触区域是一条直线。触点在通断过程中是滚动接触,如图 3.12 所示。开始接触时,静动触点在 A 点接触,靠弹簧压力经 B 点滚动到 C 点。断开时做相反运动。这样,可以自动清除触点表面的氧化膜,同时长期工作的位置不是在易烧灼的 A 点而是在 C 点,保证了触点的良好接触。这种滚动线接触多用于中等容量的触点,如接触器的主触点。图 3.11(c)所示为面接触,它可允许通过较大的电流。这种触点一般在接触表面上镶有合金,以减小触点接触电阻和提高耐磨性,多用作较大容量接触器的主触点。

(a)点接触　　　　　　(b)线接触　　　　　　(c)面接触

图 3.11　触点的三种接触形式

(2)灭弧装置

当触头断开大电流时,在动、静触头间产生强烈电弧,会烧坏触点,并使切断时间拉长,为使接触器可靠工作,必须使电弧迅速熄灭,故要采用灭弧装置。

常用灭弧方法有以下几种:

①电动力灭弧。如图 3.13 所示,它是利用触头回路本身的电动力 F 把电弧拉长,在电弧拉长的过程中得到迅速冷却,使电弧熄灭。

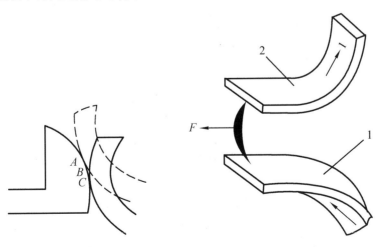

图 3.12　指形触点的接触过程　　　　图 3.13　电动力灭弧

②栅片灭弧。图3.14所示为灭弧栅片灭弧的原理,栅片是由表面镀铜的薄钢板制成,嵌装在灭弧罩内。一旦发生电弧,电弧周围产生磁场,导磁的钢片将电弧吸入栅片,电弧被栅片分割成许多串联的短电弧,当交流电压过零时电弧自然熄灭,两栅片间必须有150~250 V电压,电弧才能重燃。这样,一方面电源电压不足以维持电弧,同时由于栅片的散热作用,电弧自然熄灭后很难重燃。这是一种常用的交流灭弧装置。

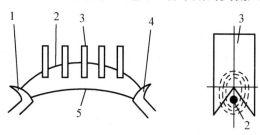

（a）栅片灭弧原理　　（b）电弧进入栅片的图形

图3.14　灭弧栅片灭弧原理

1—静触点;2—短电弧;3—灭弧栅片;4—动触点;5—长电弧

③磁吹灭弧。磁吹灭弧装置如图3.15所示。在触头回路(主回路)中串接吹弧线圈(较粗的几匝导线,其间穿以铁芯增加导磁性),通电流后产生较大的磁通。触头分开的瞬间所产生的电弧就是载流体,它在磁通的作用下产生电磁力 F,把电弧拉长并冷却从而灭弧。电磁电流越大,吹弧的能力也越大。磁吹灭弧法在直流接触器中得到广泛应用。

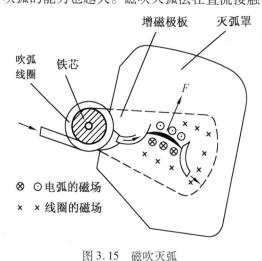

图3.15　磁吹灭弧

(3)铁芯

为了减少涡流和磁滞损耗,使铁芯免于过分发热,交流接触器的铁芯用硅钢片叠铆而成,并在铁芯的端面上装有分磁环(短路环)。

(4)线圈

交流接触器的吸引线圈(工作线圈)一般做成有架式,形状较扁,以避免与铁芯直接接触,从而改善线圈的散热情况。交流线圈的匝数较少,纯电阻大,因此,在接通电路的瞬间,由于铁芯气隙大、电抗小,电流可达到15倍的工作电流,所以交流接触器不适宜于极频繁启动、停止的工作制。

目前常用的交流接触器的型号有 CJO-A、CJ10、CT12、CF12B 等系列。

2. 直流接触器

直流接触器主要用以控制直流电路(主电路、控制电路和激磁电路等)。它的组成部分和工作原理同交流接触器一样。目前常用的是 CZO 系列。

直流接触器常用磁吹和纵缝灭弧装置来灭弧。

直流接触器的铁芯与交流接触器不同,它没有涡流的存在,因此一般用软钢或工程纯铁制成圆环。

由于直流接触器的吸引线圈通以直流电,所以,没有冲击的启动电流,也不会产生铁芯猛烈撞击现象,因而它的寿命长,适用于频繁启动、制动的场合。

3.1.3　继电器

继电器是一种根据输入信号而动作的自动控制电器。它与接触器不同,主要用于反应控制信号,其触点通常接在控制电路中。继电器的种类很多,分类方法也很多,常用的分类方法有:

①按输入量的物理性质分为电压继电器、电流继电器、时间继电器、温度继电器等;

②按动作时间分为快速继电器、延时继电器、一般继电器;

③按执行环节的作用原理分为有触点继电器、无触点继电器;

④按动作原理分为电磁式继电器、干簧继电器、电动式继电器、热继电器、电子式继电器等。

由于电磁式继电器具有工作可靠、结构简单、制造方便、寿命长等一系列的优点,故在机床电气传动系统中应用得最为广泛。电磁式继电器有直流和交流之分,它们的主要结构和工作原理与接触器基本相同,下面介绍几种常用继电器。

1. 电流继电器

电流继电器是根据电流信号而动作的。如在直流并激电动机的激磁线圈里串联一电流继电器,当激磁电流过小时,它的触头便打开,从而控制接触器,以切除电动机的电源,防止电动机因转速过高或电枢电流过大而损坏,具有这种性质的继电器称为欠电流继电器(如 JT3-L 型);反之,为了防止电动机短路或过大的电枢电流(如严重过载)而损坏电动机,就要采用过电流继电器(如 JL3 型)。

电流继电器的特点是匝数少、线径较粗,能通过较大电流。

在电气传动系统中,用得较多的电流继电器有 JL14、JL15、JT3、JL9、JT10 等型号。选择电流继电器时主要根据电路内的电流种类和额定电流大小来选择。

2. 电压继电器

电压继电器是根据电压信号动作的。如果把上述电流继电器的线圈改用细线绕成,并增加匝数,就成了电压继电器,它的线圈是与电源并联。

电压继电器分为过电压继电器和欠(零)电压继电器两种。

①过电压继电器。当控制线路出现超过所允许的正常电压时,继电器动作而控制切换电器(接触器),使电动机等停止工作,以保护电气设备不致因过高的电压而损坏。

②欠(零)电压继电器。当控制线圈电压过低,使控制系统不能正常工作(如异步电

动机因 $T \propto U^2$,不宜在电压过低的情况下工作),此时利用欠电压继电器电压过低时动作,使控制系统或电动机脱离不正常的工作状态,这种保护称为零压保护。

在机床电气控制系统中常用的电压继电器有 JT3、JT4 型。选择电压继电器时根据线路电压的种类和大小来选择。

3. 中间继电器

中间继电器本质上是电压继电器,但还具有触头多(多至六对或更多)、触头能承受的电流较大(额定电流为 5 ~ 10 A)、动作灵敏(动作时间小于 0.05 s)等特点。

中间继电器的用途有两个:

第一,用作中间传递信号,当接触器线圈的额定电流超过电压或电流继电器触头所允许通过的电流时,可用中间继电器作为中间放大器再来控制接触器;

第二,用作同时控制多条线路。

在机床电气控制系统中常用的中间继电器除了 JT3、JT4 型外,目前用得最多的是 JZ7型和 JZ8 型中间继电器。在可编程序控制器和仪器仪表中还用到各种小型继电器。

选择中间继电器时,主要根据是控制线路所需触头的多少和电源电压等级。

4. 热继电器

热继电器是根据控制对象的温度变化来控制电流流通的继电器,即是利用电流的热效应而动作的电器,它主要用来保护电动机的过载。电动机工作时,是不允许超过额定温升的,否则会降低电动机的寿命。熔断器和过电流继电器只能保护电动机不超过允许最大电流,不能反映电动机的发热状况,我们知道,电动机短时过载是允许的,但长期过载时电动机就要发热,因此,必须采用热继电器进行保护。图 3.16 所示为热继电器的原理结构示意图。为反映温度信号,设有感应部分——发热元件与双金属片;为控制电流流通,设有执行部分——触点。发热元件 1 用镍铬合金丝等材料做成,直接串联在被保护的电动机主电路内,它随电流 I 的大小和时间的长短而发出不同的热量,这些热量加热双金属片 2。双金属片是由两种膨胀系数不同的金属片碾压而成,右层采用高膨胀系数的材料,如铜或铜镍合金,左层则采用低膨胀系数的材料,如因瓦钢。双金属片 2 的一端是固定的,另一端为自由端,过度发热便向左弯曲。热继电器有制成单个的(如常用的 JR14 型系列),亦有和接触器制成一体一同安放在磁力启动器的壳体之内的(如 JR15 系列配 QC10 系列)。目前一个热继电器内一般有两个或三个加热元件通过双金属片和杠杆系统作用到同一常闭触点上,如图 3.16 所示为 JR14-20/2 型的结构示意图。图中,感温元件 4 用作温度补偿装置;调节旋钮 12 用于整定动作电流。

动作原理如下:

当电动机过载时,通过 1 和 2 的电流使双金属片 2 向左膨胀,2 推动 3,3 带动 4 左转,使 4 脱开了 5,5 在 11 的拉动下绕支点 A 向顺时针方向旋转,从而使动、静触头 6 与 7 断开,电动机得到保护。

目前常用的热继电器有 JR14、JR15、JR16 等系列。

5. 速度继电器

速度继电器常用于反接制动电路中。

JY1 型速度继电器结构原理如图 3.17 所示。速度继电器的轴与电动机的轴相连接。

永久磁铁的转子固定在轴上。装有鼠笼型绕组的定子与轴同心且能独自偏摆,与永久磁铁间有一气隙。当轴转动时永久磁铁一起转动,鼠笼型绕组切割磁通产生感应电动势和电流,和鼠笼型感应电动机原理一样。此时电流与永久磁铁磁场作用产生转矩,使定子随轴的转动方向偏摆,通过定子柄拨动触点,使继电器触点接通或断开。当轴的转速下降到接近零速时(约 100 r/min),定子柄在动触点弹簧力的作用下恢复到原来位置。

常用的速度继电器除 JY1 型外,还有一种新产品 JFZ0 型,其触点动作速度不受定子柄偏摆的影响,两组触点改用两组微动开关。其额定工作转速有 300～1 000 r/min 与 1 000～3 000 r/min两种。速度继电器主要根据电动机的额定转速进行选择。

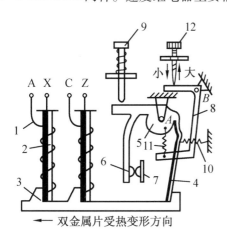

图 3.16　JR14-20/2 型热继电器原理结构示意图
1—发热元件;2—双金属片;3—绝缘杆(胶纸板);4—感温元件(双金属片);5—凸轮支件(绕支点 *A* 转动);6—动触头;7—静触头;8—杠杆(绕支点 *B* 转动);9—手动复位按钮;10—弹簧(加压于 4 上,使 5 与 4 扣住);11—弹簧;12—调节旋钮

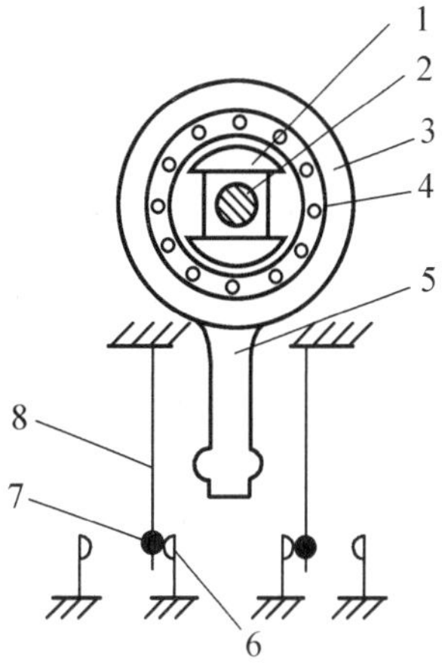

图 3.17　JY1 速度继电器结构原理图
1—转子;2—电动机轴;3—定子;4—绕组;5—定子柄;6—静触点;7—动触点;8—簧片

3.1.4　执行电器

在机床电气控制系统中,除了用到上面已经介绍过的,作为控制元件的接触器、继电器和一些主令电器外,还常用到为完成执行任务的电磁铁、电磁工作台、电磁离合器等执行电器。现对它们做简要的介绍。

1. 电磁铁

电磁铁是一种通电以后,对铁磁物质产生引力,把电磁能转换为机械能的电器。在控制电路中,电磁铁主要应用于两个方面:一是用作控制元件,如电动机抱闸制动电磁铁和立式铣床变速进给机械中由常速到快速变换的电磁铁等;二是用于电磁牵引工作台,它起着夹具的作用。

电磁铁由激磁线圈、铁芯和衔铁三个部分组成。线圈通电后产生磁场,由于衔铁与机械装置相连接,所以线圈通电衔铁被吸合时就带动机械装置完成一定的动作。线圈中通以直流电的称为直流电磁铁,通以交流电的称为交流电磁铁。

图 3.18 所示为单相交流电磁铁结构示意图。交流电磁铁在线圈通电、吸引衔铁减少

气隙时,由于磁阻减小,线圈内自感电势和感抗增大,因此,电流逐渐减小,但与此同时气隙漏磁通减小,主磁通增加,其吸力将逐步增大,最后将达到 1.5 ~ 2 倍的初始吸力。$I = f(r)$、$F = f(x)$ 的特性如图 3.19 所示。由此可看出,使用这种交流电磁铁时,必须注意使衔铁不要有卡住现象,否则衔铁不能被空气吸上而留有一定的气隙,将使线圈电流增大而严重发热甚至烧毁。交流中磁铁适用于操作不太频繁、行程较大和动作时间短的内行机构,常用的交流电磁铁有:MQ2 系列牵引电磁铁、MZD1 系列单相制动电磁铁和 MZS1 系列三相制动电磁铁。

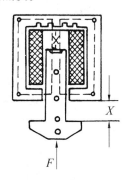

图 3.18　电磁铁的结构示意图　　　　图 3.19　电磁铁的工作特性

　　直流电磁铁的线圈电流与衔铁位置无关,但电磁吸力与气隙长度关系很大,所以,衔铁工作行程不能很大,由于线圈电感大,线圈断电时会产生过高的自感电势,故使用时要采取措施消除自感电势(常在线圈两端并联一个二极管或电阻)。直流电磁铁的工作可靠性好、动作平稳、寿命比交流电磁铁长,它适用于动作频繁或工作平稳可靠的执行机构。常用的直流电磁铁有:MZZ1A、MZZ2S 系列直流制动电磁铁和 MW1、MW2 系列起重电磁铁。

　　采用电磁铁制动电动机的机械制动方法,对于经常制动和惯性较大的机械系统来说,应用得非常广泛。常称为电磁抱闸制动。

　　图 3.20 所示为一电磁抱闸制动原理图。图中,制动轮与电动机同轴安装,当电动机通电启动时,电磁铁 YA 线圈得电,并将衔铁吸上使弹簧拉紧,同时联动机构把压紧在制动轮上的抱闸提起,使制动轮可以和电动机一起正转运行。当电动机电源切断时,电磁铁 YA 线圈

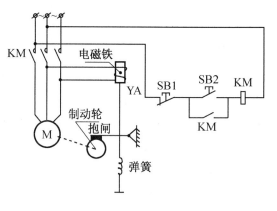

图 3.20　电磁抱闸制动原理

断电,弹簧复位,制动闸重新紧压制动轮,致使与之同轴的电动机迅速制动。

2. 电磁工作台

　　电磁工作台又称电磁卡盘,是一种夹具。平面磨床上用得最多。它的结构如图 3.21 所示,电磁平台的外形为一钢质箱体,箱内装有一排凸起的铁芯。铁芯上绕着激磁线圈。上表面为钢质有孔的工作台面板,铁芯嵌入孔内并与板面平齐。孔与铁芯之间的间隙内

嵌入铅锡合金,从而把面板划分为许多极性不同的
N 区和 S 区。当通入直流激磁电流后,磁通 Φ 由铁
芯进入面板的 N 区,穿过被加工的工件而进入 S
区,然后由箱体外壳再返回铁芯,形成磁路。于是,
被加工的工件就被紧紧吸住在面板上。切断激磁
电流后,由于剩磁的影响,工作仍被吸在工作台上。
要取下工件,必须在激磁线圈中通入脉动电流去
磁。电磁工作台不但简化了夹具,而且还具有装卸
工件迅速、加工精度较高等一系列优点。只要机床
的切削力不过分大,一般都可以采用。麻烦之处在

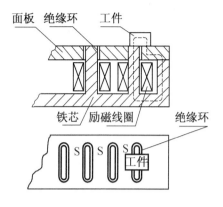

图 3.21　电磁工作台结构

于常需要对加工后的产品做去磁处理。电磁工作
台的额定电压有 24 V、40 V、110 V 和 220 V 等级别,吸力在 2 ~ 13 kg/cm² 左右。

3. 电磁离合器

电磁离合器是利用表面摩擦或电磁感应来传递两个转动体间转矩的执行电器。由于
能够实现远距离操纵,控制能量小,便于实现机床自动化,同时动作快,结构简单,因此获
得了广泛的应用。常用的电磁离合器有摩擦片式电磁离合器、电磁粉末离合器、电磁转差
离合器等。

图 3.22 为单片摩擦片式电磁离合器的结构示意图和控制线路图。

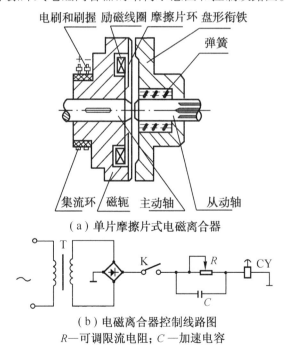

（a）单片摩擦片式电磁离合器

（b）电磁离合器控制线路图
R—可调限流电阻；C—加速电容

图 3.22　单片摩擦片式电磁离合器的结构示意图和控制线路图

在电磁离合器没有动作之前,主动轴由原动机带动旋转,从动轴则不转动。当激磁线
圈通直流电后,电流经正电刷、集流环流入线圈,并由另一集流环从负电刷返回电源。电
磁吸力吸引从动轴上的盘形衔铁,克服弹簧的阻力而向主动轴的磁轭靠拢,并压紧在摩擦

片环上,主动轴的转矩就通过摩擦片环传递到从动轴上。当需要从动轴与主动轴脱离时,只要切断激磁电流,从动轴上的盘形衔铁受弹簧力的作用而与主动轴的磁轭分开。单片摩擦片式电磁离合器所能传递的转矩较小,故实用中大多选取结构相对复杂的多片摩擦片式电磁离合器,其原理仍与单片式相同。目前国产的多片摩擦片式电磁离合器有DLMO、DLM2、DLM3、DLM4 以及 DLM5 等系列产品。它们的工作频率在 20 次/min 以下。

电磁离合器除用于传动外,也常用于制动,例如 X63W 铣床的主轴上装有制动电磁离合器。在制动时,靠电磁离合器的作用使主轴与电动机脱离,同时又将主轴压紧在机身上,从而使主轴迅速制动。调整电磁离合器的激磁电流大小就可改变制动力的大小。电磁离合器应由直流电源供电,线路如图 3.22 所示。图中的电容 C 起加速吸合的作用。

3.2 机床电气控制系统图

电气控制系统图包括电气原理图、电气安装图、互连图和框图等。

3.2.1 图形符号与文字符号

电气控制系统是由电动机和各种控制电器所组成,为了便于分析系统的工作原理,便于电气设备的安装、调试和维修,必须用统一的、国家标准规定的图形符号和文字符号来代表各种电动机和电器。现行有效的标准是:GB/T 5465.1—2009《电气设备用图形符号》、JB 2739—2015《机床电气图用图形符号》和 GB/T 16679—2009《工业系统、装置与设备以及工业产品信号代号》。现将部分常用文字代号及图形符号列于表 3.1 和附录中。

表 3.1 机床电器种类文字代号

名 称	文字代号	名 称	文字代号
晶体管放大器	AD	限电压保护器	FV
集成电路放大器	AJ	旋转发电机	G
磁放大器	AM	(石英)振荡器	G
电子管放大器	AV	电动机放大机	GA
光电管	B	蓄电池	GB
压力转换器	BP	励磁发电机	GF
位置转换器	BQ	旋转或静止变频器	GF
温度转换器	BT	电源装置	GS
转速转换器	BR	同步发电机	GS
速度转换器	BV	光信号器件、指示灯	HL
电容器	C	接触器	KM
二进制元件	D	瞬时通断继电器	KA
照明灯	EL	电流继电器	KI
瞬时动作限流保护器件	FA	中间继电器	KA
延时动作限流保护器件	FR	具有锁扣或永久磁铁的通断继电器	KL
可熔保险器	FU	延时和瞬时动作限流保护器件	FS

续表 3.1

名　称	文字代号	名　称	文字代号
接触器	KM	双稳态继电器	KL
舌簧继电器	KR	安培表	PA
速度继电器	KR	脉冲计数器	PC
时间继电器	KT	电度表	PJ
电压继电器	KV	记录仪	PS
电感线圈	L	电压表	PV
电抗器	L	动力电路的开关器件	Q
电动机	M	转换开关	QB
同步电动机	MS	自动开关、断路器	QF
运算放大器	N	电源开关	QG
模拟、模拟数字混合	N	隔离开关	QS
器件		电阻、电阻器	R
欠电流继电器	NKA	电位器	RP
欠电压继电器	NKV	测量分流器	RS
测量仪器	P	热敏电阻	RT
信号发生器	P	压敏电阻	RV
选择器或控制开关	SA	控制、信号电路的开关	S
按钮	SB	选择器或控制开关	SA
压力传感器	SP	电压互感器	TV
微动开关	SM	变频器、逆变器解	
接近开关	SN	电子管、二极管	V（VD）
调器、编码器	U	晶闸管	VS
转数传感器	SR	晶体管	VT
控制电路电源的整流桥	VC	单结晶体管	VU
选择开关	SS	稳压管	VZ
行程开关（极限开关）	SQ	导线、电缆	W
变压器	T	插座	XS
电流互感器	TA	接线端子板	XT
控制电路电源变压器	TC	电磁铁	YA
测速发电机	TG	电磁制动器	YB
照明变压器	TI	插头	XP
动力变压器	TM	电磁离合器	YC
脉冲变压器	TP	电磁卡盘、电磁吸盘	YH
整流变压器	TR	电磁阀	YV
同步变压器	TS	滤波器	Z

3.2.2 电气原理图

电气原理图是用图形符号和文字符号等绘制出来的表示各个电器元件连接关系的线路图,用来描述全部或部分电气设备的工作原理。

电气原理图依据通过电流的大小分为主电路和辅助电路。如图 3.23 所示。

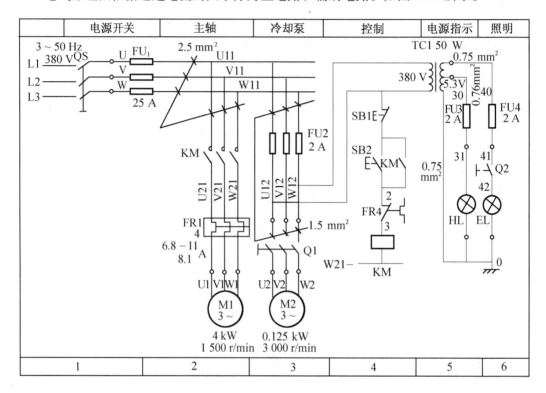

图 3.23　CW6132 型车床的电气原理图

主电路——用来完成主要功能的电气线路。如电动机、启动电器以及与它们相连接的接触器的触点所形成的线路,用粗线表示。

辅助电路——用来完成辅助功能的电气线路。如控制电路、保护电路、信号电路等,如继电器、接触器辅助触点以及其他控制元件所形成的电路。辅助电路用细线表示。

在绘制电气原理图时,一般应遵循以下原则:

①为便于读图和把原理图画得清晰,对同一电器的各个部件可以不画在一起,如图中接触器 KM 的主触头画在主电路上,而其线圈和辅助触头则画在辅助电路中,因为它们的作用不同,但须用同一文字符号标准。因此原理图亦称为展开图。

②图中所有电器的状态均为吸引线圈未通电的状态;二进制逻辑元件是置"零"时的状态;手柄是置于"零"位、没有受外力作用或生产机械在原始位置时的状态。

③原理图上应标注出各个电气电路的电压值、极性或频率及相数;某些元器件的特性(电阻、电容的数值等);常用电器(如位置传感器、手动触点等)的操作方式和功能。

④主电路的电源电路绘成水平线,受电的动力装置(如电动机)及其保护电器支路,一般应垂直于电源电路示出。

⑤辅助电路(控制和信号电路)应垂直地绘于两条或几条水平电源线之间。耗能元件(如线圈、电磁阀、信号灯等)应垂直连接在接地的水平电源线上。而控制触头、信号灯和报警元件应连在另一电源线的一边。

⑥原理图应分成若干图区,并在原理图的上方标明该区电路的用途与作用,在继电器、接触器线圈下方列有触点表,以说明线圈和触点的从属关系。

3.2.3 电气安装图

在电气控制系统的文件中,为安装和调试的需要,要绘制电气安装图。

电气安装图用来表示电气控制系统中各电器元件的实际安装位置和接线情况。它由电气位置图和互连图两部分组成。

1. 电气位置图

电气位置图详细绘制出电气设备各零件的安装位置,位置图中往往留有 10% 以上备用面积及导线管(槽)的位置,以利于施工。图中不需标注尽寸。图 3.24 为 CW6132 型车床电器位置图。图中 FU1 ~ FU4 为熔断器,KM 为接触器,FR 为热继电器,TC 为照明变压器,XT 为接线端子板。

2. 电气互连图

电气互连图(图 3.25)用来表明电气设备各单元之间的接线关系。它清楚表明了电气设备的相对位置及它们之间的电气连接,是电气施工的技术文件。

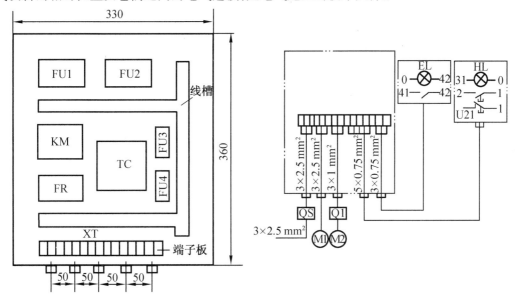

图 3.24　CW6132 型车床电器位置图　　图 3.25　CW6132 型车床电气互连图

绘制电气互连图的原则是:

①同一电器的各部件画在一起,其布置尽可能符合电器实际情况。

②各电气元件的图形符号、文字符号和回路标记均以电气原理图为准,严格保持一致。

③不在同一控制箱和同一配电屏上的各电气元件都必须经接线端子板连接。互连图中的电气互连关系用线束来表示,连接导线应注明导线规范(数量、截面积等),一般不表

明实际走线途径,施工时由操作者根据实际情况选择最佳走线方式。

④对于控制装置的外部连接线应在图上或用连接线表示清楚,并标明电源的引入点。

3.3 机床电气控制线路的基本环节

以继电器–接触器控制方式组成的机床电气控制系统,将按照生产工艺提出的要求,控制机床的各种运动,达到合理生产的目的。因此,机床电气控制线路其复杂程度差异很大。但不管多么复杂的控制线路,也都是由启动、停止、正反转、电气制动等基本线路以及长动、点动、循环往复等基本环节组成的。

三相鼠笼式异步电动机的启、停控制线路是广泛应用,也是最基本的控制线路。根据电动机和供电变压器容量的不同,鼠笼式异步电动机有直接启动和降压启动两种方式。

3.3.1 三相鼠笼式异步电动机的直接启、停控制线路

1. 单方向运行控制线路

单方向运行控制又称为不可逆运行控制。

(1)开关控制

图 3.26(a)为用转换开关直接启动的电路,其工作原理是:合上电源开关 QS,电动机 M 就通电旋转;打开开关,电动机则断电停转。这种电路适用于小型台钻、砂轮机等简单、短时操作的小容量设备中。

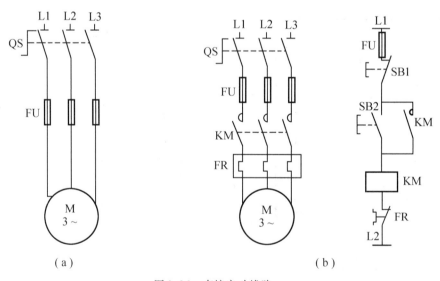

图 3.26 直接启动线路

(2)按钮、接触器控制

①启动环节。

图 3.26(b)是用按钮、接触器直接启动线路,这一线路是使用最为广泛的电动机单向运行电路。该电路能实现对电动机启动、停止的自动控制、远距离控制、频繁操作,并具有必要的保护功能。

启动电动机合上电源开关 QS,按启动按钮 SB2,接触器 KM 的线圈得电,其主触点

KM 吸合,电动机启动。由于接触器的辅助触点 KM 并接于启动按钮,因此,当松手断开启动按钮后,吸引线圈 KM,通过其辅助触点可以继续保持通电,维持其吸合状态。这个辅助触点通常称为自锁触点。

使电动机停转按停止按钮 SB1,接触器 KM 的吸引线圈失电,其主触点断开,电动机失电停转。

②线路保护环节。

a.短路保护:短路时通过熔断器 FU 的熔体熔断切断主电路。

b.过载保护:通过热继电器 FR 实现。当负载过载或电动机缺相运行时,FR 动作,同时其常闭触点将控制电路切断,吸引线圈 KM 失电,切断电动机主电路。

c.零压保护(又称失压保护):通过接触器 KM 的自锁触点来实现。当电网电压消失(如停电)而又重新恢复时,要求电动机及其拖动的运动机构不能自行启动,以确保人员和设备的安全。由于自锁触点 KM 的存在,当电网停电后,不重新按启动按钮,电动机就不能启动。

(3)长动和点动控制

某些生产机械常常要求既能够正常启制动,又能够实现试车调整或对刀的点动工作。图 3.26 所示的电路就是正常启停电路,即为长动控制电路。

图 3.27(a)所示的电路是含有点动控制的电路,SB2 是正常工作启动按钮。当需要点动工作时,按下点动按钮 SB3,接触器 KM 线圈得电,但主能自主频,实现点动。

图 3.27(b)所示的电路是采用中间继电器实现的点动控制线路。当正常启动按下启动按钮 SB2,中间继电器 KA 带电使接触器 KM 带电并自锁。当点动工作时按下点动按钮 SB3,接触器 KM 通电。由于接触器 KM 不能自锁,从而可靠地实现点动工作。

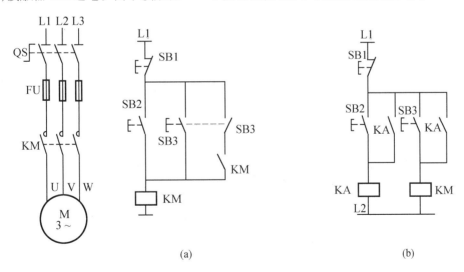

图 3.27　长动和点动控制线路

2. 正反向运行控制线路

正反向运行线路又称双向可逆控制线路。由于大多数机床的主轴或进给运动都需要两个方向的运行,因而要求电动机能够正反向旋转。我们知道,只要把电动机定子三相绕组中任意两相调换相序,并接通电源,便可使电动机改变运转方向。

（1）接触器联锁的正反向控制线路

图3.28（b）是用接触器 KM1 和 KM2 实现正反转的，合上电源开关 QS，按下正转按钮 SB2，接触器 KM1 线圈得电，它的常开触点闭合，SB2 按钮自锁。同时，主电路的主触点闭合，电动机正转。按下停止按钮 SB1，电动机停止。需要反转时，按下按钮 SB3，KM2 线圈得电，主触点闭合。同时，KM2 的常闭触点打开，使 KM1 失电，主触点 KM1 断开，电动机定子绕组与正转时相比相序反了，则电动机反转。

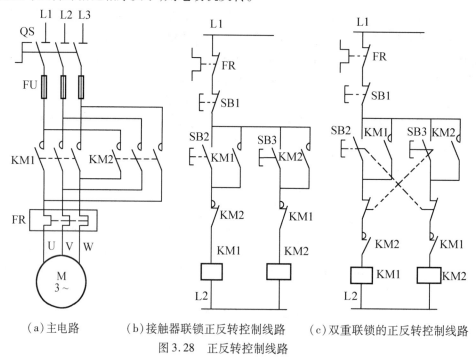

（a）主电路   （b）接触器联锁正反转控制线路   （c）双重联锁的正反转控制线路

图3.28   正反转控制线路

联锁控制：从主回路的线路可以看出，如果 KM1、KM2 同时通电动作，就会造成电源短路。为防止短路事故，在控制回路中，把接触器的常闭触点互相串接在对方的控制回路中，这样，当 KM1 得电时，由于 KM1 常闭触点打开，使 KM2 不能通电，此时即使按下 SB3 按钮，也不会造成短路事故。反之亦然。这种互相制约的关系叫"连锁"或是"互锁"。在机床控制线路中，这种联锁关系的应用是极为广泛的。

（2）双重联锁的正反向控制线路

图3.28（b）所示线路的操作有这样的问题：

电动机从正转到反转，或从反转到正转，都要在停止的状态下进行，即从一个方向到相反方向运行时，必须先按下停止按钮，方可重新启动电动机，显然，这样的操作很不方便。图3.28（c）则是采用复合按钮和接触器的双重联锁实现电动机正反转的。构成了既有接触器联锁又有复合按钮机械联锁的双重联锁正反向控制线路，这样的控制线路比较完善，既能实现直接正反转控制，又能得到可靠的联锁，故应用非常广泛。

3. 行程开关控制线路

机床的运动机构常常需要根据运行的位置来决定其运动规律，如工作台的往复运动，刀架的快移、自动循环等。电气控制系统中通常采用直接测量位置信号的元件——行程开关来实现限位控制的要求。

（1）限位断电（停止）、通电（运行）控制线路

图 3.29（a）是为达到预停点后能自动断电的控制线路，其工作原理为：按下启动按钮 SB，接触器 KM 线圈通电自锁，电动机旋转，经丝杠 3 传动使工作台向左运动。当至预停点时，撞块 2 压下行程开关 SQ，KM 线圈断电，电动机停转，工作台便自动停止运动。图 3.29（b）是为达到预定点后能自动通电的电气控制线路，行程开关相当于启动按钮的作用。

（2）自动往复循环控制线路

在实际加工生产中，有些机床的工作台或刀架等都需要自动往复运动。图 3.30 是一种最基本的自动往复循环控制线路。它的工作原理为：按下启动按钮

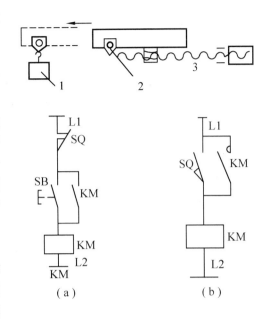

图 3.29 限位通断电控制线路

SB3，接触器 KM1 线圈通电自锁，电动机正转，工作台向左运动；当撞块 1 使限位开关 SQ1 动作时，KM1 线圈断电，同时接触器 KM2 线圈通电并自锁，电动机经反接制动后转入反转，工作台向右运动；当撞块 2 使限位开关 SQ2 动作时，KM2 线圈断电，KM1 线圈通电……这样，便实现了工作台的自动往复运动，直至按下停止按钮 SB1 时，工作台才停止运动。如先按下反转按钮 SB3，则 KM2 线圈通电，工作台先向右运动，再转入自动往复循环运动。

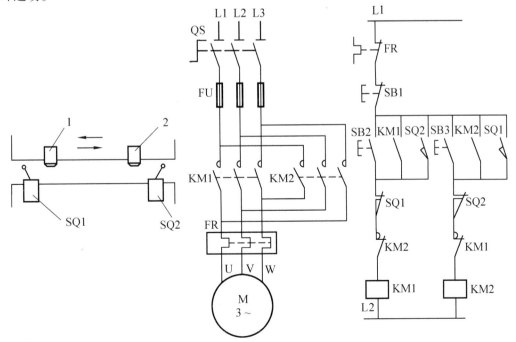

图 3.30 自动往复循环控制线路

3.3.2　降压启动控制线路

当三相异步电动机不满足直接启动的条件时,必须降压启动,以限制启动电流,减小启动时的冲击。三相鼠笼式异步电动机的降压启动方法有定子绕组串电阻(或电抗)启动、自耦变压器降压启动、星-三角降压启动及延边三角形降压启动等。现将常用的自耦变压器启动和星-三角启动控制线路介绍如下。

1. 自耦变压器降压启动控制线路

利用自耦变压器将电网电压降低后,再加到电动机的定子绕组上,使电动机启动,其线路如图 3.31 所示。

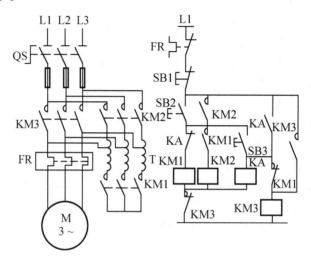

图 3.31　自耦变压器降压启动控制线路

启动时,先合上 QS,再按下启动按钮 SB2,接触器 KM1、KM2 依次得电,其常开触点闭合,电动机定子绕组经过自耦变压器接到电源上,电动机降压启动。当转速升高到一定程度之后,再按下按钮 SB3,经过中间继电器的转换作用,使接触器 KM1、KM2 失电,KM3 得电,自耦变压器被切除,电动机接上全压进入正常运行。

2. 星-三角降压启动控制线路

较大容量的鼠笼式异步电动机常用星-三角降压启动方式,其控制线路如图 3.32 所示。

这个线路是靠时间继电器 KT 实现星-三角转换的。线路的简单工作过程为:按下启动按钮 SB2 后,时间继电器 KT 得电,其延时打开的常开触点瞬时闭合,使 KM3 得电,其常开触点闭合,又使 KM1 得电,电动机在星形连接方式下启动。KM1 得电后,其常闭触点断开,使 KT 失电,其延时打开的常开触点经一定延时后打开,使 KM3 失电,从而使 KM2 得电,电动机接成三角形接线方式启动,达到正常工作状态。星-三角启动方式设备简单、经济、使用广泛,机床中常应用此种启动方式。

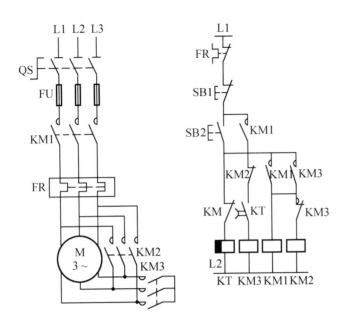

图 3.32　星-三角降压启动线路

3.3.3　三相异步电动机的电气制动控制线路

在生产过程中,电动机断电后由于惯性,停机时间拖得很长,且停机位置不准确。为了缩短辅助工作时间,提高生产率和获得准确的停机位置,必须对拖动电动机采取有效的制动措施。

停机制动有两种类型:一是电磁铁操纵制动器的电磁机械制动;二是电气制动,使电动机产生一个与转子转动方向相反的转矩来进行制动。常用的电气制动有能耗制动和反接制动两种方法。

1. 能耗制动控制线路

我们已知,三相异步电动机能耗制动是在切除三相电源的同时,把定子的其中两相绕组接通直流电源,当转速为零时再切除直流电源。

图 3.33(a)、(b)是分别用复合按钮与时间继电器实现能耗制动的控制线路。

图中的整流装置是由变压器和整流元件组成。KM2 为制动用接触器,KT1 为时间继电器。

图 3.33(a)是一种手动控制的简单的能耗制动线路。按下启动按钮 SB1,接触器 KM1 得电动作并自锁,电动机启动。停车时,按下停止按钮 SB2,其常闭触点使 KM1 断电,同时其常开触点在 KM1 失电后接通 KM2,切断了电动机的交流电源,并将直流电源引入电动机定子绕组,电动机进行能耗制动并迅速停车。放开停止按钮,KM2 失电,切断直流电源,制动结束。

为了简化操作,实现自动控制,图 3.33(b)采用了时间继电器,时间继电器 KT1 作用代替手动控制按钮。停车时,按下停止按钮 SB2,KM1 失电切断交流电源,并使 KM2 得电,使电动机加入直流电源进行能耗制动。KM2 得电的同时 KT1 得电,当制动到零速时,延时打开的常闭触点按预先调整好的时间打开,使 KM2 失电,切断直流电源,制动完毕。KM2 失电,使 KT1 也失电。

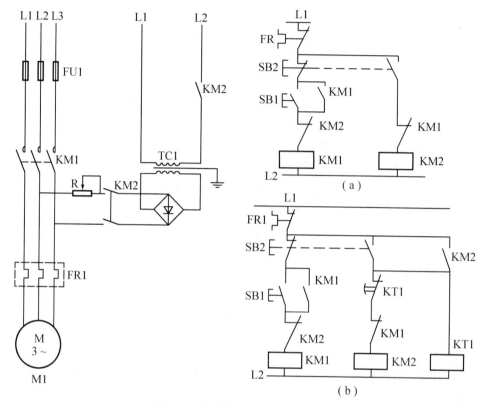

图 3.33　能耗制动控制线路

2. 反接制动控制线路

前已述及,反接制动的实质是改变异步电动机定子绕组中的三相电源相序,产生与转子转动方向相反的转矩,从而起到制动作用。

反接制动过程中:当要停车时,首先将三相电源的相序改变,然后,当电动机转速接近零时,再将三相电源切除。控制电路就是要实现这个过程。

图 3.34(a)、(b)均为反接制动的控制线路。我们知道,当电动机正方向运行时,如果把电源反接,电动机转速将由正转急速下降到零。如果反接电源不及时切除,则电动机又要从零速反向启动运行。所以我们必须在电动机制动到零速时,将反接电源切断,电动机才能真正停下来。控制线路中接近零速信号的检测通常采用速度继电器,以直接反映控制过程的转速信号,用速度继电器来"判断"电动机的停与转。电动机与速度继电器的转子同轴,电动机转动时,速度继电器的常开触点闭合;电动机停止时,常开触点打开。

我们首先看图 3.34(a),按下启动按钮 SB1,接触器 KM1 得电动作并自锁,电动机正转。速度继电器 SR1 常开触点闭合,为制动做好准备。如果需要停车,按下停止按钮 SB2,使 KM1 失电,KM1 的常闭触点闭合,使 KM2 得电动作,电动机电源反接,电动机制动。当电动机转速下降到接近零时,速度继电器常开触点打开,KM2 失电,切除电源,电动机停止。

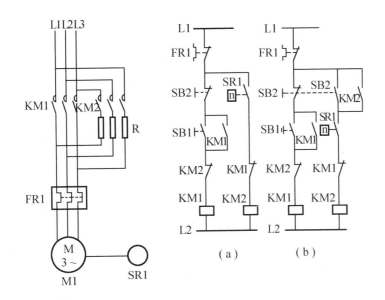

图 3.34　反接制动控制线路

线路(a)存在的问题是:在停车期间,如果调整机件,需要用手转动机床主轴时,这样速度继电器的转子也将随着转动,其常开触点闭合。接触器 KM2 得电动作,电动机接通电源发生制动作用,不利于调整工作。

线路(b)是铣床主轴电动机的反接制动线路,显然解决了上述问题。控制线路中停止按钮使用了复合按钮,且在其常开触点上并联了 KM2 的常开触点,使 KM2 能自锁。这样在用手使电动机转动时,速度继电器 SR1 的常开触点闭合,但只要不按停止按钮,KM2 是不会得电的,电动机也就不会反接电源。只有操作停止按钮 SB2 时,KM2 才能得电,从而接通制动线路。

因电动机反接制动电流很大,故在主回路中串入电阻 R,以防止制动时电动机绕组过热。

反接制动时,旋转磁场的相对速度很大,定子电流也很大,因此制动效果显著。但在制动过程中有冲击,对传动部件有害,能量损耗较大。故用于不经常启、制动的设备中,如铣床、镗床、中型车床等主轴的制动。

与反接制动相比,能耗制动具有制动准确、平稳、能量消耗小等优点。但制动力较弱,特别是在低速时尤为突出。另外它还需要直流电源,故适用于要求制动准确、平稳的场合。如磨床、龙门刨床及组合机床的主轴定位等。这两种方法在机床中都有较为广泛的应用。

3.4　典型机床电气控制线路分析

上一节,我们讨论了机床的基本控制线路,这些基本线路是机床电气继电器-接触器控制系统的基本环节。机床的电气自动控制系统,不仅能完成启动、制动、反转和调速等一些基本要求,而且应保证机床各动作的准确与协调,以满足生产工艺所提出的具体要求,即工作可靠,可实现操作自动化。

这一节,我们将以几台典型机床控制线路为例,进一步阐明各种典型控制线路的应用,分析机床控制线路的工作原理,从而提高识图能力。

3.4.1　普通车床电气控制线路

在金属切削机床中普通车床是占比重最大、应用最广的机床。它能完成切削内圆、外圆、端面、攻螺纹、螺杆、钻孔、镗孔、倒角、割槽及切断等加工工序。

车床的基本运动是主轴通过卡盘或顶尖带动工件旋转,溜板带动刀架直线移动。前者称为主运动,它承受车削时的主要切削功率;后者称为进给运动,它使刀具移动,以切削新的金属。

车削加工的切削速度是指工件与车刀接触点的相对速度。根据被加工零件的材料的性质、车刀材料、几何形状、工件的直径、加工方式及冷却条件的不同,要求具有不同的切削速度,因而主轴就需要在相当大的范围内变速。对于普通车床,其调速范围一般在 70以上。车削加工一般不要求反转,但在加工螺纹时,为避免乱扣,需要反转退刀,并保证工件的转速与刀具的移动速度之间具有严格的比例关系,因而溜板箱与主轴箱之间通过齿轮传动系统连接,刀架移动与主轴旋转都是由同一台电动机拖动。

车削的特点之一是近似恒功率负载,因而一般中小型车床都是采用鼠笼式异步电动机拖动的,其作用是配合齿轮变速箱实行机械调速,以满足车削负载的要求。这种调速方式是恒功率调速。少数几种车床也采用多速鼠笼式异步电动机拖动,但仅靠改变磁极对数的电气调速还不能满足调速范围的要求,仍需采用变速箱,形成机电配合调速。为了与负载性质相适应,多速异步电动机也是采用恒功率性质的调速方式。而带有电气调速的车床可以在工作过程中进行电气调速,无须停车。无论是机械调速还是变极对数的机电配合调速,都属于有级调速,存在一定的速度损失,影响机床效率的充分发挥。这对中、小型车床来说不是主要矛盾,但对重型或超重型车床就值得重视。因而这一类机床往往在考虑拖动方案上采用复杂昂贵的直流拖动系统,以获得平滑调速,保证机床能提供所需要的切削速度,可以最大限度地发挥机床的效能。这类车床一般只在大型工厂内使用,但也为数极少。在一般中、小型普通车床的拖动方案中均采用价格便宜、运转可靠的交流鼠笼式异步电动机。

车床的辅助运动是指刀架的快进与快退、尾架的移动与工件的夹紧和松开。车床辅助运动采用自动控制,可以减轻体力劳动,缩短辅助工时,提高生产率。其拖动一般采用小型异步电动机。辅助运动的自动控制是普通车床的自动化课题之一。

中、小型车床的电器控制线路的特点是,采用交流异步电动机拖动,且一般主轴运动和进给运动都由一台主轴电动机拖动,因而控制线路简单,操作方便。其主轴电动机的启动和停止能实现自动控制。启动方式按其容量而定。当电动机容量在 5 kW 左右时,均采用直接启动;而容量在 10 kW 以上时,为避免对电网的冲击,采用降压启动。对主轴电动机空载启动的机床,虽电动机容量较大,但也可采用直接启动,如上海机床厂制造的C650 车床,其主轴电动机功率为 20 kW,却采用了直接启动方式。

主轴电动机的制动有电气制动和机械制动两种方式,调速方式通常采用变速箱,以实现机械有级调速的目的。主轴旋转方向的改变有两种方法:一是电气方法,一是采用离合器的机械方法。或者两种制动方法同时采用,这可以根据不同的要求进行选择。车床加工时需要对刀具进行冷却,所以,一般车床都有一台鼠笼式电动机拖动冷却泵,有的尚备一台润滑油泵电动机。

1. C616 普通车床控制线路

(1)线路介绍

该车床有三台电动机:M1 为主电动机,M2 为润滑油泵电动机,M3 为冷却泵电动机。

三台电动机由 380 V 三相交流电源供电,如图 3.35 所示,图中 L1、L2、L3 是通过车间供电开关送到机床电气柜中的交流电源。由转换开关 QS1 接通,完成操作前电路的准备工作。

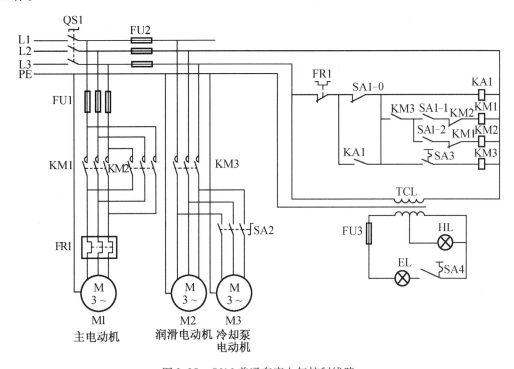

图 3.35　C616 普通车床电气控制线路

(2)电路工作原理

在启动主电动机前,首先合上开关 SA3,使润滑油泵接触器 KM3 线圈得电,其常开主触点闭合,润滑油泵电动机 M2 启动;与此同时,KM3 的辅助触点(常开)也闭合,允许主电动机启动。KM3 的辅助触点即为联锁触点,其作用是保证 M2 启动后 M1 才启动。这个环节在保证了车床主轴箱润滑良好后,方可启动主电动机 M1。

由控制开关 SA1 控制主电动机正反转。控制开关 SA1 有一对常闭触点 SA1-0 及两对常开触点 SA1-1 和 SA1-2。当开关在零位时,触点 SA1-0 闭合,SA1-1 和 SA1-2 断开;当开关打向正向位置时,触点 SA1-0 断开,SA1-1 闭合,SA1-2 断开;当开关打向反向位置时,触点 SA1-0、SA1-1 断开,SA1-2 闭合。由图 3.35 可知,如 QS1 闭合,则电源接通,控制开关在零位时,继电器 KA1 通过触点 SA1-0 得电动作,其与 SA1-0 并联的常开触点自锁。M1 正转时,则将开关打向正转方向,SA1-1 闭合,正向接触器 KM1 得电动作,电动机正向启动。若使 M1 反转,只要将开关 SA1 打向反向位置,反向接触器 KM2 得电动作,则电动机反转,KM1 与 KM2 的常闭辅助触点,从电气上保证机床不能同时接通正向与反向,这就是上一章讲的联锁环节。停车时,将 SA1 打向零位,则 SA1-0 闭合,SA1-1、SA1-2 断开,正向和反向接触器均失电,主电动机停止。

（3）控制线路的保护措施

控制线路应具备过载保护、短路保护、零压保护、联锁保护等。

主电动机要有必要的短路保护和过载保护,这是由 FU1 和 FR1 实现的。冷却泵电动机也应具备短路保护（FU2）和过载保护。此机床由于其冷却电动机及润滑电动机的容量小,为了尽量减少电器的使用,所以未用过载保护。

我们已经知道,当电源电压下降严重,或由于某种原因电压突然消失而使电动机停转,但当电源电压恢复时,电动机会马上"自启动",这就可能造成人身或机械事故。对电网来说,许多电动机同时"自启动",就会引起电流及瞬间网络电压下降,这是不允许的。为防止上述情况的发生,必须采取必要的保护措施,即失压保护。在线路中,中间继电器 KA1 起失压保护作用。当电源电压过低或消失时,中间继电器就要释放。接触器 KM1、KM2 也马上释放。因此,此时开关 SA1 不在零位,所以在电压恢复正常时,KA1 不会得电动作。若使电动机重新启动,必须先将开关 SA1 打向零位,使触点 SA1-0 闭合,KA1 得电动作并自锁,然后再将 SA1 打向正向或反向位置,电动机才能启动。这样就通过 KA1 完成了失压保护作用。

在许多机床中不是用控制开关操作,而是用按钮操作的。利用按钮的自动恢复作用和接触器的自锁作用,即可起到失压保护的作用。如图 3.33 所示的能耗制动控制线路,当电源电压过低或断电时,接触器 KM1 的主触点和辅助触点同时打开,使电动机电源切断并失去自锁。当电源恢复时,操作人员必须重新按下启动按钮 SB1,才能使电动机启动。所以这样带有自锁环节的电路本身已兼备了失压保护环节。在机床控制线路中,这种环节是极为广泛的。

在图 3.35 中,变压器副边为电源指示灯 HL 提供 6.3 V 电压,为机床照明指示灯 EL 提供 36 V 电压,EL 由开关 SA4 控制。

2. C650 普通车床控制线路

C650 车床是一种中型车床,共有三台电动机。主电动机 M1 为 20 kW,另外还有一台快速移动电动机 M3 及冷却泵电动机 M2。控制线路如图 3.36 所示。

C650 控制线路的特点是:

①主电动机能正反转,省掉了机械换向装置;

②采用了电气反接制动,能迅速停车;

③刀架移动加快,能提高工作效率;

④主轴可以点动调整。

（1）主轴点动调整控制

点动由点动按钮 SB2 操纵,按下按钮 SB2,接触器 KM1 得电动作,主触点 KM1 闭合,电动机经限流电阻 R 接通（接触器 KM3 不得电）,电动机在低速下转动。松开按钮,KM1 断电,电动机断电停止,在点动过程中 KA1 不会得电,因此 KM1 不会自锁。

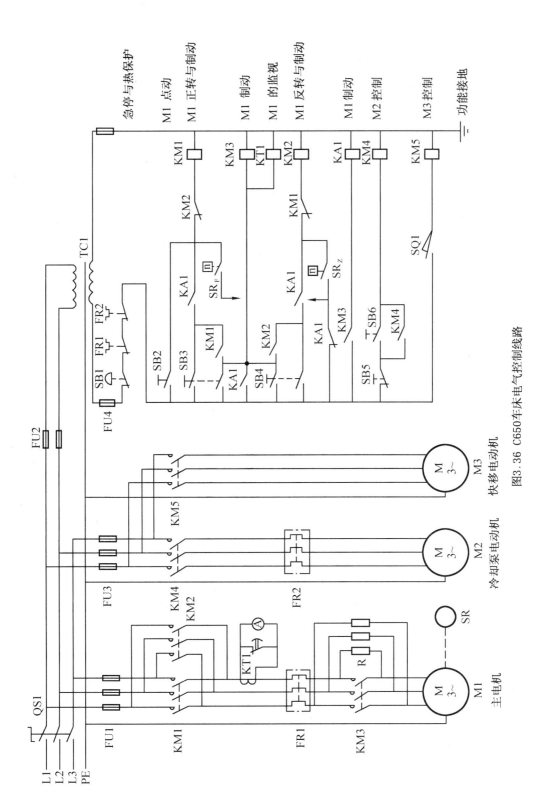

图3.36 C650车床电气控制线路

（2）主轴正反转控制

正向转动由正向启动按钮 SB3 操作，是通过正向接触器 KM1 和接触器 KM3 实现的。按下按钮 SB3，接触器 KM3 首先得电动作，主触点 KM3 闭合，所以正常运转时电阻 R 被短接。同时其常开触点 KM3 闭合，使 KA1 得电。KA1 常开触点闭合，使 KM1 得电动作，主触点 KM1 闭合，电动机接通电源运转。接触器 KM1 是靠中间继电器触点自锁，这是为了实现其点动功能。

主轴反转控制是由 SB4 操作并通过反向接触器 KM2 和接触器 KM3 实现的，也是接触器 KM3 首先得电动作，其辅助触点使 KA1 得电，其常开触点闭合，使接触器 KM2 得电动作，电源反接，电动机反转。显然电动机反转时，由于按钮和互锁环节的保障，不会正向接通。

（3）主轴电动机的反接制动控制

C650 车床采用了电气反接制动方式。当电动机制动接近零速时，用速度继电器控制来切断三相电源。因速度继电器与被控电动机是同轴连接的，所以当电动机正转时，速度继电器正转触点动作闭合；电动机反转时，反转触点动作闭合。

当电动机正向转动时，接触器 KM1、KM3 和继电器 KA1 都处于得电动作状态。速度继电器的正转触点 SR_Z 也是闭合的，从而给反接制动做好了准备。

如需要停车，可按停止按钮 SB1，此时接触器 KM3 失电，其主触点打开，并即刻将电阻 R 接入主回路，以防止制动电流过大。与此同时，KM1 也失电，断开了电动机正转电源，但由于 KA1 失电，其常闭触点闭合，反向接触器 KM2 得电动作，电动机电源反接。此时由于惯性，电动机仍在正向转动，SR_Z 触点仍是闭合的，因此电动机是在主回路串入电阻 R 的情况下进行反接制动。当转速很低时，SR_Z 触点才断开。接触器 KM2 失电，主触点打开，切断电动机电源，从而使电动机停止。

电动机反向运转时的制动情况与正向运转时相似。电动机反转时，速度继电器 SR_F 触点是闭合的。反接时接通了线路，接触器 KM1 得电使电源反接，电动机进入制动。

（4）刀架快速移动控制及冷却控制

M3 为刀架快速移动电动机，M2 为冷却泵电动机。刀架手柄压合限位开关 SQ1，接触器 KM5 得电动作来实现快速移动控制。冷却泵电动机的启停是由按钮 SB6 和 SB5 操作接触器 KM4 来实现的。

此外，C650 车床主回路采用电流表来监视主电动机负载情况，而电流表 A 是通过电流互感器接入的。为了防止启动电流冲击电流表，线路中加一个时间继电器 KT1。当启动时，KT1 接通，而其延时打开的常闭触点尚未动作，则电流互感器副边电流只流经触点回路，因此不影响电流表 A。启动后，时间继电器 KT1 延时完毕，常闭触点打开，此电流经由电流表 A。延长时间长短可根据电动机启动时间来调整，一般为 $0.5 \sim 1$ s 左右，这样电流表就不会受到启动电流的冲击。制动时 KT1 失电，由于其触点是瞬间闭合的，电流表 A 同样不会受冲击。

3.4.2　磨床的电气控制线路

磨床是用砂轮的周边或端面进行加工的精密机床。砂轮的旋转为主运动，工件或砂轮的往复运动为进给运动，而砂轮架的快速移动及工作台的移动为辅助运动。磨床的种类很多,按其工作性质可分为外圆磨床、内圆磨床、平面磨床、工具磨床以及一些专用磨床、导轨磨床与无心磨床等。其中尤以平面磨床应用最为普遍。平面磨床可分为下列几种基本类型:

卧轴矩台平面磨床;立轴矩台平面磨床;卧轴圆台平面磨床;立轴圆台平面磨床。

这些平面磨床有的用砂轮周边进行磨削加工,有的用砂轮端面磨削及用成型砂轮进行磨削加工。我们以 M7130 卧轴矩台平面磨床为例进行分析与讨论。

1. 主要结构及运动情况

图 3.37 为卧轴矩台平面磨床外形图,在箱形床身 1 中装有液压传动装置,工作台 2 通过活塞杆 10 由油压推动作往复运动,床身导轨有自动润滑装置进行润滑。工作台表面有 T 形槽。用以固定电磁吸盘,再由电磁吸盘来吸持加工工件,工作台的行程长度可通过调节装在工作台正面槽中的撞块 8 的位置来改变。换向撞块 8 是通过碰撞工作台往复运动换向手柄面以改变油路来实现工作台往复运动的。

在床身上固定有立柱 7,沿立柱 7 的导轨上装有滑座 6,砂轮箱 4 能沿其水平导轨移动。砂轮轴由装入式电动机直接拖动。在滑座内部往往也装有液压传动机构。

滑座可在立柱导轨上作上下移动。并可由垂直进刀手轮 11 操作,也可由液压传动作连续或间接移动,前者用于调节运动或修整砂轮,后者用于工作进给。

矩形工作台平面磨床工作图如图 3.38 所示。

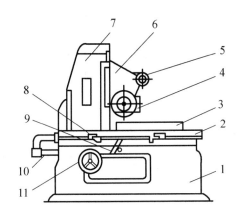

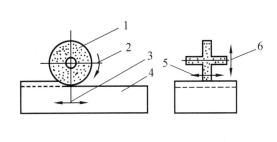

图 3.37 卧轴矩台平面磨床外形图
1—床身;2—工作台;3—电磁吸盘;4—砂轮箱;
5—砂轮箱横向移动手轮;6—滑座;7—立柱;
8—工作台换向撞块;9—工作台往复运动换向手
柄;10—活塞杆;11—砂轮箱垂直进刀手轮

图 3.38 矩形工作台平面磨床工作图
1—砂轮;2—主运动;3—纵向进给运动;
4—工作台;5—横向进给运动;6—垂直进给运动

砂轮 1 的旋转运动是运动 2。进给运动有垂直进给 6,即滑座在立柱上的上下运动;横向进给 5,即砂轮箱在滑座上的水平运动;纵向进给 3,即工作台 4 沿床身的往复运动。工作台每完成一往复运动时,砂轮箱作一次间断性的横向进给;当加工完整个平面后,砂轮箱作一次间断性的垂直进给。

2. 电力拖动的特点及控制要求

M7130 平面磨床采用多电动机拖动,其中砂轮电动机拖动砂轮旋转;液压电动机驱动液壓泵,供壓力油,經液壓傳動機構來完成工作台往復縱向運動,並實現砂輪的橫向自動進給,同時承擔工作台導軌的潤滑;冷卻泵電動機拖動冷卻泵供給磨削加工時需要的冷卻液。這就使磨床具有最簡單的機械傳動。

平面磨床是一種精密機床,為保證加工精度,使其運行平穩,確保工作台往復運動,換向時慣性小無沖擊,因此採用液壓傳動,實現工作台往復運動及砂輪箱橫向進給。

磨削加工時無調速要求,但要求高速,通常採用兩級鼠籠式異步電動機拖動。為提高砂輪主軸剛度,以提高加工精度,採用裝入式籠型電動機直接拖動。

為減小工件在磨削加工中的熱變形,並沖走磨屑,以保證加工精度,需使用冷卻液。

為適應磨削小工件的需要,也為工件在磨削過程中受熱能自由伸縮,採用電磁吸盤來吸持工件。

為此,M7130平面磨床由砂輪電動機、液壓電動機、冷卻泵電動機分別拖動,且只需單方向旋轉。兩者還具有順序聯鎖關系;在砂輪電動機啟動後才可開動冷卻泵電動機;無論電磁吸盤工作與否,均可開動各電動機,以便進行磨床的調整運動;具有完善的保護環節與工件退磁環節和照明電路。

3. M7130型平面磨床電氣控制

圖3.39為M7130型平面磨床電氣控制線路圖。

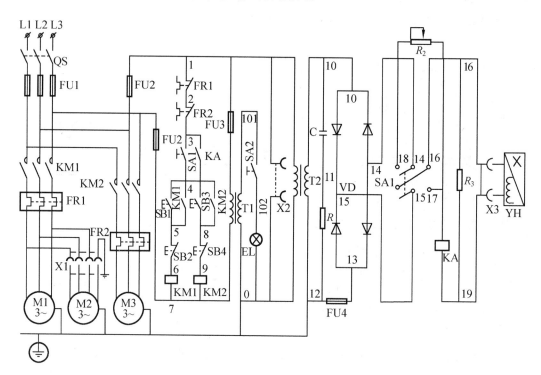

圖3.39 M7130型平面磨床電氣控制線路圖

電氣控制電路圖分為主電路、控制電路、電磁吸盤控制電路及機床照明電路等部分。

(1)主電路

主電路中有砂輪電動機M1、液壓泵電動機M2與冷卻電動機M3。其中M1、M3由接触器 KM1 控制,再经插销 X1 供电给 M3,电动机 M2 由接触器 KM2 控制。

三台电动机共用熔断器 FU1 作短路保护,M1、M2、M3 分别由热继电器 FR1、FR2 作过载保护。

（2）电动机控制电路

由控制按钮 SB1、SB2 与接触器 KM1 构成砂轮电动机 M1 的单向旋转启-停控制电路;由 SB3、SB4 与 KM2 构成液压泵电动机单向自锁、启停控制电路。但电动机的启动必须在电磁盘 YH2 动作,且欠电流继电器 KA 通电吸合,触点 KA(3-4)闭合,或 YH 不工作,但转换开关 SA1 置于"去磁"位置,触点 SA1(3-4)闭合后方可进行。

（3）电磁吸盘控制电路

①电磁吸盘构造及原理。电磁吸盘外形有长方形和圆形两种。它们分别适用于矩台、圆台平面磨床。电磁吸盘工作原理如图 3.40 所示。图中 1 为钢制吸盘体,在它的中部凸起的芯体 A 上绕有线圈 2;钢制盖板 3 被隔磁层 4 隔开。在线圈 2 中通入直流电流。芯将被磁化,磁力线经盖板、工件、盖板、吸盘体、芯体闭合,将工件 5 牢牢吸住。盖极中的隔磁层由铅、钢、黄铜及巴氏合金等非磁性材料

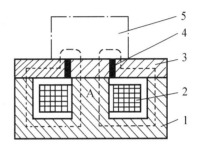

图 3.40　电磁吸盘工作原理

制成,其作用是使磁力线都通过工件再回到吸盘体。不致直接通过盖板闭合,以增强对工件的吸持力。

电磁吸盘与机械夹紧装置相比,具有夹紧迅速、不损伤工件、工件效率高、能同时吸持多个小工件、加工过程工件发热可自由伸延、加工精度高等优点。但也有夹紧力不及机械夹紧、调节不便、需要直流电源供电、不能吸持非磁性工件等缺点。

②电磁吸盘控制电路。它由整流装置、控制装置及保护装置等部分组成。

电磁吸盘整流装置由变压器 T2 与桥式全波整流器 VD 组成,输出 110 V 交流电压对电磁吸盘供电。

电磁吸盘集中由转换开关 SA1 控制。SA1 有三个位置:充磁、断电与去磁。当开关置于"充磁"位置时,触点 SA1(14-16)与触点 SA1(15-17)接通;当开关置于"充磁"位置时,触点 SA1(14-18)、SA1(16-15)及 SA1(4-3)接通;当开关置于"断电"位置时,SA1 所有触点都断开。对应开关 SA1 各位置,电路工作情况如下:

当 SA1 置于"充磁"位置,电磁吸盘 YH 获得 110 V 直流电压,其极性 19 号线为正,16 号线为负,同时欠电流继电器 KA 与 YH 串联,若吸盘电流足够大,则 KA 动作,触点 KA(3-4)闭合,反映电磁吸盘吸力足以将工件吸牢,这时可分别操作按钮 SB1 与 SB3,启动 M1 与 M2 进行磨削加工。当加工完成,按下停止按钮 SB2 与 SB4,M1 与 M2 停止旋转。为便于从吸盘上取下工件,需对工作进行去磁,其方法是将开关 SA1 扳至"退磁"位置。

当 SA1 扳至"退磁"位置时,电磁吸盘中通入反向电流,并在电路中串入可变电阻 R_2,用以限制并调节反向去磁电流大小,达到既退磁又不致反向磁化的目的。退磁结束将 SA1 扳到"断电"位置,便可取下工件,若工件对去磁要求严格,在取下工件后,还要用交流去磁器进行处理。交流去磁器是平面磨床的一个附件,使用时,将交流去磁器插头插在床身的插座 X2 上,再将工件放在去磁器上即可去磁。

③电磁吸盘保护环节。电磁吸盘具有欠电流保护、过电压保护及短路保护等。

（ⅰ）电磁吸盘的欠电流保护。为了防止平面磨床在磨削过程中出现断电事故或吸盘电流减小，致使电磁吸盘失去吸力或吸力减小，造成工件飞出，引起工件损坏或人身事故，故在电吸磁盘线圈电路中串入欠电流继电器 KA，只有当直流电压符合设计要求，吸盘具有足够吸力时，KA 才吸合，触点 KA(3-4)闭合，为启动 M1、M2 进行磨削加工作准备。否则不能开动磨床进行加工，若已在磨削加工中，则 KA 因电流过小而释放，触点 KA(3-4)断开，KM1、KM2 线圈断电，M1、M2 立即停止旋转，避免事故发生。

（ⅱ）电磁吸盘线圈的过电压保护。电磁吸盘匝数多，电感大，通电工作时储有大量磁场能量。当线圈断电时，在线圈两端将产生高电压；若无放电回路，将使线圈绝缘及其他电器设备损坏。为此，在吸盘线圈两端应设置放电装置，以吸收、断开电源后放出磁场能量。该机床在电磁吸盘两端并联了 R_1，作为放电电阻。

（ⅲ）电磁吸盘的短路保护。在整流变压器 T2 二次侧，或整流装置输出装有熔断器作为短路保护。

此外，在整流装置中还设有 R、C 串联支路并联在 T2 二次侧，用以吸收二次侧产生浪涌电压，实现整流装置的过电压保护。

（4）照明电路

由照明变压器 T1 将 380 V 降到 36 V，并且开关 SA2 控制照明灯 EL。在 T1 一次侧装有熔断器 FU3 作短路保护。

3.4.3 钻床电气控制线路

钻床可以进行钻孔、镗孔、攻丝等多种加工，因此要求主轴运动和进给运动有较宽的调速范围。Z3040 型摇臂钻床的主轴调速范围为 50∶1，正转最低转速为 40 r/min，最高为 2 000 r/min，进给调速范围为 0.05～1.60 mm/r。

该钻床的主轴和进给运动由一台交流异步电动机拖动，通过机械齿轮变速。主轴的正反转是通过机械转换实现的，故主轴电动机只有一个旋转方向。

摇臂钻床除了主轴和进给运动外，还有摇臂的上升、下降及立柱、摇臂、主轴箱的夹紧与放松。摇臂的上升、下降由一台交流异步电动机拖动，还有一台交流异步电动机拖动一台液压泵，供给夹紧装置所需的压力油。此外有一台冷却泵电动机对加工的刀具进行冷却。

下面分析 Z3040 摇臂钻床的电气控制线路。

1. 主电路

主电路(见图 3.41)和控制电路的电源均由自动空气开关 QS1 引入，自动空气开关 QS2 能使摇臂的升降及各夹紧运动与主轴运动解裂，以方便维护和调试。

主电动机只有一个旋转方向，故只用一个交流接触器 KM1，而摇臂升降电动机和液压泵电动机要求正反转，故分别采用两个接触器 KM2、KM3、KM4、KM5。冷却泵电动机采用自动空气开关 QS3 人工控制。FR1、FR2 分别为主电动机和液压泵电动机的过载保护用热继电器、摇臂升降电动机 M2 和冷却泵电动机 M4，由于短时工作，因而不设过载保护。

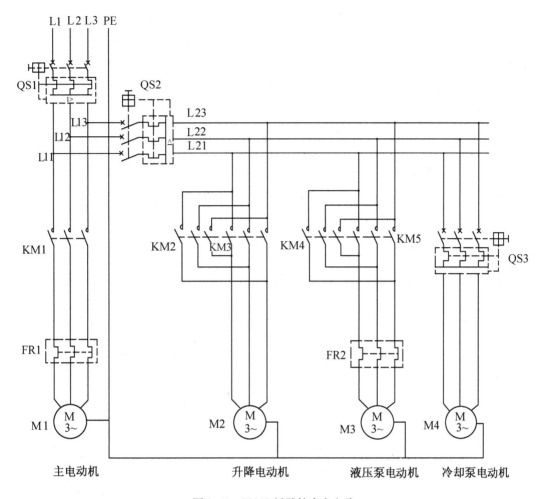

图 3.41 Z3040 摇臂钻床主电路

2. 控制电路

控制电路(见图 3.42)接在自动空气开关 QS2 后面,电压为 220 V。

将自动空气开关 QS1 和 QS2 扳到接通状态,电源指示灯 EL1 亮,表示主电路和控制电路有电,可以进行工作。

按下总启动按钮 SB1,中间继电器 KA1 得电,通过自锁触点(1-3)控制电路得电,完成准备工作。

(1)主轴电动机的控制

按下按钮 SB3,接触器 KM1 得电,主轴电动机转动,同时主轴运行指示 EL4。主轴电动机的停止,由按钮 SB4 来实现。当主轴电动机或液压泵电动机过载时,通过 FR1 或 FR2 使 KM1 或 KM4、KM5 失电,使主轴电动机或液压泵电动机停下来。

(2)摇臂的升降控制

摇臂的上升与下降,属短时的调整工作,因此采用点动工作方式。

按下按钮 SB5,时间继电器 KT1 得电,其瞬动常开触点(29-31)闭合,接触器 KM4 得电,液压泵电动机 M3 启动供给压力油,经分配阀进入摇臂松开油腔,推动活塞使摇臂松开。同时活塞杆通过弹簧片使限位开关 SQ3 的常闭触点(15–29)断开,KM4 失电,液压泵电动机停止,而 SQ3 的常开触点(15–17)闭合,接触器 KM2 得电,摇臂升降电动机拖动摇臂上升。

如果摇臂没有松开,SQ3 的常开触点不能闭合,摇臂升降电动机不能转动,这样就保证了只有在摇臂可靠松开后才可使摇臂上升或下降。

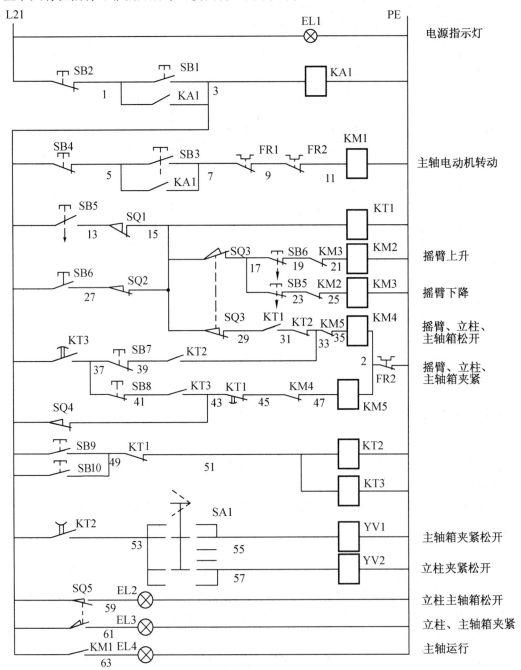

图 3.42　Z3040 摇臂钻床控制电路

当摇臂上升到所需位置时,松开按钮 SB5,KT1 和 KM2 失电,升降电动机 M2 停止,摇臂上升停止。经过时间继电器 KT1 的延时整定值(1~3 s)后,断电延时闭合的常闭触点(43-45)闭合,KM5 得电,M3 反转,使压力油经分配阀进入摇臂的夹紧油腔,夹紧摇臂。同时活塞杆通过弹簧片使限位开关 SQ4 的常闭触点(3-43)断开,KM5 失电,M3 停止,完成了摇臂的松开—上升—夹紧的过程。

摇臂下降是通过按钮 SB6 来实现的,其动作过程为摇臂松开—下降—夹紧。

控制摇臂的上升和下降(即电动机 M2 的正转和反转)的接触器 KM2 与 KM3,不能同时动作,否则引起电源短路。为此,在摇臂上升和下降的线路中加入了按钮互锁和触点互锁。

行程开关 SQ1 和 SQ2 是为摇臂的上升与下降的极限位置保护用的。

(3)立柱和主轴箱的松开与夹紧控制

用来使立柱和主轴箱的松开与夹紧的压力油仍是由 M3 拖动的液压泵提供的。控制主轴箱的松开与夹紧的压力油,需经电磁阀 YV1 进入主轴箱油腔,而控制立柱松开与夹紧用压力油则经电磁阀 YV2 进入立柱油腔。

立柱和主轴箱的松开与夹紧控制,可分别进行,也可同时进行,由组合开关 SA1 和按钮 SB9(或 SB10)实现。SA1 有三个位置,扳到左边时,触点(53-57)接通,YV2 得电,可进行立柱的夹紧或放松;扳到右边时,触点(53-55)接通,YV1 得电,可进行主轴箱的夹紧或放松;扳到中间位置,二者可同时进行。SB7 为立柱和主轴箱的松开控制按钮,SB8 为夹紧控制按钮。

下面以主轴箱的松开与夹紧为例说明它的动作过程。

首先将 SA1 扳向右侧,触点(53-55)接通,(55-57)断开。当要主轴箱松开时,按下按钮 SB9,时间继电器 KT2、KT3 得电,断电延时打开的常开触点(3-53)闭合,电磁阀 YV1 得电,为压力油进入主轴箱油腔打开通路。经过 KT3 的整定时间(1~3 s)后,延时闭合的常开触点(3-37)闭合,KM4 得电,油泵电动机正转使压力油进入主轴箱油腔,推动活塞使主轴放松。活塞杆还使行程开关 SQ5 复位,主轴箱松开指示灯 EL2 亮,至此主轴箱松开过程完成,放开按钮 SB9、KT2、KT3 失电,KM4 也失电,再经 1~3 s 的延时后,触点(3-53)断开,YV1 失电。当要主轴箱夹紧时,按下按钮 SB10,YV1 又得电,经延时后 KM5 得电,油泵电动机反转,压力油推动活塞使主轴箱夹紧,同时压紧行程开关 SQ5,(3-59)断开,(3-61)闭合,主轴箱夹紧,指示灯 EL3 亮,EL2 灭。

将 SA1 扳到左侧后,按下按钮 SB9(或 SB10),磁阀 YV2 得电,实现立柱的松开(或夹紧)。

如果将 SA1 扳到中间位置,触点(53-55)和(53-57)同时接通,再按下 SB9(或 SB10),YV1 和 YV2 同时得电,就可同时进行主轴箱和立柱的松开(或夹紧)。

Z3040 摇臂钻床的电气元件目录如表 3.2 所示。

表 3.2　电气元件目录表

符　号	名 称 及 用 途	符　号	名 称 及 用 途
M1	主轴电动机	SQ3	摇臂夹紧、放松用限位开关
M2	摇臂升降电动机	SQ4	摇臂夹紧用限位开关
M3	液压泵电动机	SQ5	立柱、主轴箱夹紧放松用行程开关
M4	冷却泵电动机	SB1	总启动按钮
QS1	总自动空气开关	SB2	总停止按钮
QS2	分自动空气开关	SB3	主轴启动按钮
QS3	冷却泵自动空气开关	SB4	主轴停止按钮
KM1	主轴接触器	SB5	摇臂上升按钮
KM2	摇臂上升接触器	SB6	摇臂下降按钮
KM3	摇臂下降接触器	SB7	松开时的停止按钮
KM4	主轴箱、立柱、摇臂放松接触器	SB8	夹紧时的停止按钮
KM5	主轴箱、立柱、摇臂放松接触器	SB9	立柱、主轴箱松开按钮
FR1	主轴电动机过载保护热断电器	SB10	立柱、主轴箱夹紧放松用转换开关
FR2	液压泵过载保护热继电器	SA1	立柱、主轴箱夹紧放松用转换开关
KT1	摇臂升降用时间继电器	EL1	电源指示灯
KT2	夹紧放松用时间继电器	EL2	立柱、主轴箱松开指示灯
KT3	夹紧放松用时间继电器	EL3	立柱、主轴箱夹紧指示灯
YV1	主轴箱夹紧放松用电磁阀	EL4	主轴运行指示灯
YV2	立柱夹紧放松用电磁阀		
SQ1	摇臂上升限位开关		
SQ2	摇臂下降限位开关		

3.5　机床电气控制线路的设计

在生产实际中,经常遇到一些自制生产设备为其进行电气控制线路的设计。在学习了电力拖动的有关知识、掌握了控制电路的典型环节以及一些典型生产机械电气控制线路以后,通过一定的实际锻炼,是能够完成设计任务的。本节将介绍继电器-接触器电气控制线路的设计方法和控制电器的选择。

3.5.1　机床电气控制系统设计的基本内容

机床电气控制系统是机床不可缺少的重要组成部分,它对机床能否正确与可靠的工作起着决定性的作用。近代机床高效率的生产方式使得机床的结构与电气控制密切相关,因此机床电气控制系统的设计应与机械部分的设计同步进行、紧密配合,拟订出最佳的控制方案。

机床的控制系统绝大多数属于电力拖动控制系统,因此机床电力装备设计的基本内容有以下几个方面:

①确定电力拖动方案;

②设计机床电力拖动自动控制线路;

③选择拖动电动机及电器元件,制定电器明细表;

④进行机床电力装备施工设计;

⑤编写机床电气控制系统的电气说明书与设计文件。

下面我们对前三个问题重点加以说明。

3.5.2　电力拖动方案确定的原则

对机床及各类生产机械电气控制系统的设计,首要的是选择和确定合适的拖动方案。它主要根据生产机械的调速要求来确定。

1. 不要求电气调速的生产机械

在不需要电气调速和启动不频繁的场合,应首先考虑采用鼠笼式异步电动机。仅在负载静转矩很大的拖动装置中,才考虑采用绕线式异步电动机。当负载很平稳、容量大且启、制动次数很少时,采用同步电动机更为合理。这样既可充分发挥同步电动机效率高、功率因数高的优点,调节激磁使它工作在过激情况下,还能提高电网的功率因数。

2. 要求电气调速的生产机械

应根据生产机械的调速要求(调速范围、调速平滑性、机械特性硬度、转速调节级数及工作可靠性等)来选择拖动方案,在满足技术指标前提下,进行经济性比较(设备初投资、调速效率、功率因数及维修费用等)。最后确定最佳拖动方案。

调速范围 $D = 2$ 至 3,调速级数 $\leq 2 \sim 4$,一般采用改变极对数的双速或多速鼠笼式异步电动机拖动。

调速范围 $D < 3$,且不要求平滑调速时,采用绕线转子感应电动机拖动,但只适用于短时负载和重复短时负载的场合。

调速范围 $D = 3 \sim 10$,且要求平滑调速时,在容量不大情况下,可采用带滑差离合器的异步电动机拖动系统。若需长期运转在低速,也可考虑采用晶闸管电源的直流拖动系统。

当调速范围 $D = 10 \sim 100$ 时,可采用发电机−电动机组系统或晶闸管电源的直流拖动系统。

三相异步电动机的调速,以前主要依靠变更定子绕组的极数和改变转子电路的电阻来实现。现阶段由于电力电子技术和控制理论的发展而出现了新的前景,变频调速和串级调速等已得到较为广泛的应用。

3. 电动机调速性质的确定

电动机的调速性质应与生产机械的负载特性相适应。以车床为例,其主轴运动需恒功率传动,进给运动则要求恒转矩传动。对于电动机,若采用双速鼠笼式异步电动机拖动,当定子绕组由 △ 连接改为 YY 接法时,转速由低速升为高速,功率即变化不大,适用于恒功率传动;由 Y 连接改为双 YY 接法时,电动机输出转矩不变,适用于恒转矩传动,对于直流他激电动机,改变电枢电压调速为恒转矩调速,而改变激磁调速为恒功率调速。

若采用不对应调速,即恒转矩负载采用恒功率调速或恒功率负载采用恒转矩调速,都将使电动机额定功率增大 D 倍(D 为调速范围),且使部分转矩未得到充分利用。所以电动机调速性质是指电动机在整个调速范围内转矩、功率与转速的关系,是容许恒功率输出还是恒转矩输出,为此,在选择调速方法时,应尽可能使它与负载性质相同。

3.5.3 继电器–接触器控制线路的设计方法

设计电器控制线路时,首先要了解生产工艺自动控制线路提出的要求,其次要了解生产机械的结构、工作环境和操作人员的要求等。在进行具体线路的设计时,一般先设计主电路,然后设计控制电路、信号电路及局部照明电路等。初步设计完成后,应仔细检查,看线路是否符合设计要求,并尽可能使之完善和简化,最后进行电器型号和规格的选择。

1. 控制线路设计的一般要求

对于不同用途的自动控制线路,往往有其特殊的要求 ,这里所介绍的是设计控制线路的一般要求如下几方面:

①应能满足生产机械的工艺要求,能按照工艺的顺序准确而可靠地工作。

②线路结构力求简单,尽量选用标准的常用的且经过实际考验过的线路。

③操作、调整和检修方便。

④具有各种必要的保护装置和联锁环节,即使在误操作时也不会发生重大事故。

2. 控制线路的设计方法

电器控制线路的设计方法有两种,一种是经验设计法,它是根据生产工艺的要求,按照电动机的控制方法与典型环节线路直接进行设计。这种方法比较简单,但对比较复杂的线路,设计人员必须具有丰富的工作经验,需绘制大量的线路图并经多次修改后才能得到符合要求的线路,而所得到的方案却并非是最佳方案。另一种为逻辑设计法,它是利用逻辑代数进行设计的。按此方法设计的线路结构合理,可节省所用元件的数量,方案将是最佳的。但这种方法难度较大,因而一般电气设计人员并不用此方法。本节对逻辑设计法只作一般介绍,读者有兴趣可参阅有关书籍阅读。

(1)经验设计法

分析已经介绍过的各种控制线路,可发现它们都有一个共同的规律,就是拖动生产机械的电动机,其启动与停止是由接触器主触头来控制的,而主触头的动作是由控制回路中接触器线圈的"通"电与"断"电来决定的。线圈的"通"电与"断"电则是由线圈所在控制回路中一些常开、常闭触点组成的"与""或""非"等条件来控制,这些"与""或""非"则是由生产工艺来决定的。下面举例来说明经验设计法设计控制线路。

某机床有左、右两个动力头,用以铣削加工,它们各由一台交流电动机拖动,另外有一滑台,可以安装被加工的工件,它由另一交流电动机拖动。加工工艺要求:开始工作时,要求滑台先快速移动到加工位置,然后自动变为慢速进给,进给到指定位置自动停止,再由操作者发出指令使滑台快速返回,当回到原位时自动停车。两动力头电动机在滑台电动机正向启动后启动,而在滑台电动机正向停车时亦停车。

主电路设计:动力头拖动电动机只要单方向旋转,为使两台电动机同步启动,可用一台接触器 KM3 控制。滑台拖动电动机需正、反转,因而,用两台接触器 KM1、KM2 控制。滑台的快速移动由电磁铁 YA 改变机械传动链来实现,由接触器 KM4 来控制。主电路如图 3.43 所示。

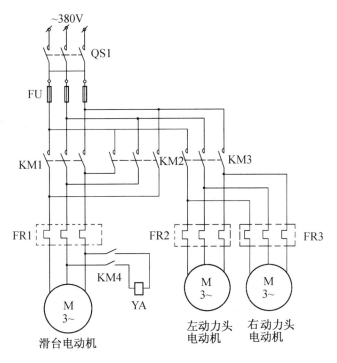

图 3.43　主电路

控制电路设计:滑台电动机的正、反转分别用两个按钮 SB1 与 SB2 控制,停车则分别用 SB3 与 SB4 控制。由手动力头电动机在滑台电动机正转后启动,停车时也停车,故可用接触器 KM1 的常开辅助触点控制 KM3 的线圈,如图 3.44(a)所示。

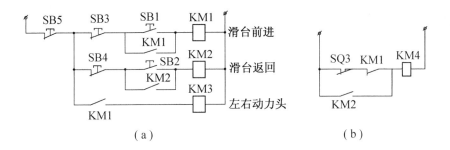

(a)　　　　　　　　　　　　　　　　　(b)

图 3.44　控制电路草图

滑台的快速移动可采用电磁铁 YA 通电时,改变凸轮的变速比来实现。滑台在开始前进和返回时都需要快速,所以分别用 KM1 与 KM2 的辅助触点控制 KM4,再由 KM4 去通断电磁铁 YA。由于滑台快速前进到加工位置时,要求慢速进给,因而在 KM1 触点控制 KM4 的支路上,设置行程开关 SQ3 的常闭触点。此部分的辅助电路如图 3.44(b)所示。

联锁与保护环节设计:用行程开关 SQ1 的常闭触点控制滑台慢速进给终了时的停车;用行程开关 SQ2 的常闭触点控制滑台快速返回至原位时的自动停车。

接触器 KM1 与 KM2 之间应互相联锁。

三台电动机均应用热继电器作过载保护。完整的控制电路如图 3.45 所示。

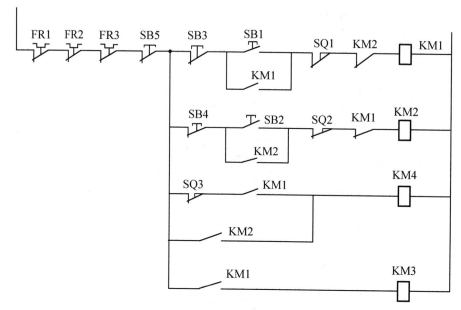

图 3.45　控制电路

线路的完善:线路初步设计完毕后,可能还有不合理的地方,因此须仔细校核。如在图 3.45 中,一共用了 3 个 KM1 的常开辅助触点,而一般的接触器只有两个常开辅助触点。因此,必须进行修改。从线路的工作情况可以看出,KM3 的常开辅助触点完全可以代替 KM1 的常开辅助触点去控制电磁铁 YA,修改后的辅助电路如图 3.46 所示。

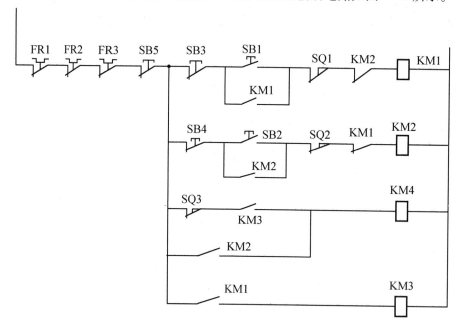

图 3.46　修改后的辅助电路

(2)逻辑设计法

逻辑设计法是利用逻辑代数式这一数学工具来进行线路设计的。逻辑代数是将"通""断"这类互相对立的矛盾抽象化,从而用数学分析法进行分析,找出每一条辅助支路的逻辑代数表达式,即可设计出线路来。一般用"1"代表触点接通,用"0"代表触点断开。在逻辑代数式中,如用 A、B、C、…分别代表各元件的常开触点,则 $\overline{A}$、$\overline{B}$、$\overline{C}$、…代表各对应元件的常闭触点;而逻辑乘("与")表示触点相串联,逻辑加("或")表示触点相并联。这样,电器控制线路就可以用逻辑代数式表示出来,如图 3.47 所示。

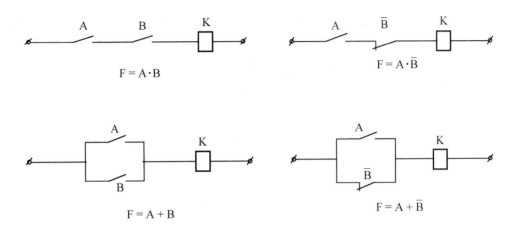

图 3.47　控制电路的逻辑表达式

为了便于用逻辑代数式进行线路的设计,先来讨论如何用逻辑代数来简化一个电器控制线路。

图 3.48(a)为一较复杂的电器控制线路。现将它写成逻辑表达式,并运用逻辑代数基本公式进行简化。

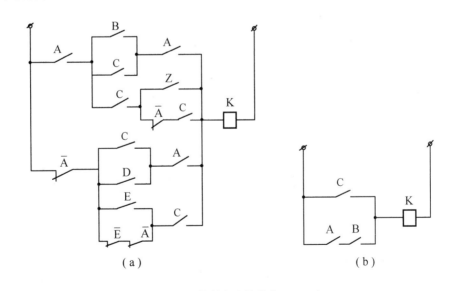

图 3.48　控制电路的简化

$$K=A[(B+C)A+C(Z+\overline{A}\cdot C)]+\overline{A}[(C+D)A+(E+\overline{E}\cdot\overline{A})C]=$$
$$(B+C)A+ACZ+\overline{A}EC+\overline{E}\overline{A}C=AB+AC+ACZ+\overline{A}C=$$
$$AB+AC(1+Z)+\overline{A}C=AB+AC+\overline{A}C=AB+C$$

根据化简后的式子画出的控制电路如图 3.48 所示。可见用逻辑代数来化简控制电路是比较方便的,而且可以得到最简单的电路结构。

下面举一简单例子来说明如何用逻辑代数式来设计电器控制线路的。

如某一电动机只有在继电器 J_A、J_B、J_C 中任何一个或任何两个动作时才能运转,而在其他任何情况下都不运转,试设计其控制电路。

电动机的运行情况由接触器 K 来控制继电器 J_A、J_B、J_C 中的任何一个动作时,接触器 K 动作的条件可写成

$$K_1 = J_A\bar{J}_B\bar{J}_C + \bar{J}_A J_B\bar{J}_C + \bar{J}_A\bar{J}_B J_C$$

当断电器 J_A、J_B、J_C 中任何两个动作时,接触器 K 动作的条件可写成

$$K_2 = J_A J_B\bar{J}_C + J_A\bar{J}_B J_C + \bar{J}_A J_B J_C$$

根据题意,两个条件应是"或"的关系,即电动机动作的条件应该是

$$K = C_1 + C_2 = J_A\bar{J}_B\bar{J}_C + \bar{J}_A J_B\bar{J}_C + \bar{J}_A\bar{J}_B J_C + J_A J_B\bar{J}_C + J_A\bar{J}_B J_C + \bar{J}_A J_B J_C$$

接下来就可用逻辑代数的基本公式,将上面的表达式进行化简,即

$$K = J_A(\bar{J}_B\bar{J}_C + J_B\bar{J}_C + \bar{J}_B J_C) + \bar{J}_A(J_B\bar{J}_C + \bar{J}_B J_C + J_B J_C) =$$

$$J_A[\bar{J}_C(\bar{J}_B + J_B) + \bar{J}_B J_C] + \bar{J}_A[J_B\bar{J}_C + (\bar{J}_B + J_B)J_C] =$$

$$J_A[\bar{J}_C + \bar{J}_B J_C] + \bar{J}_A[J_B\bar{J}_C + J_C]$$

因为

$$\bar{J}_C + \bar{J}_B J_C = \bar{J}_C + \bar{J}_B \qquad J_B\bar{J}_C + J_C = J_B + J_C$$

所以

$$K = J_A(\bar{J}_B + \bar{J}_C) + \bar{J}_A(J_B + J_C)$$

根据上述的逻辑表达式画出的控制电路如图 3.49 所示。

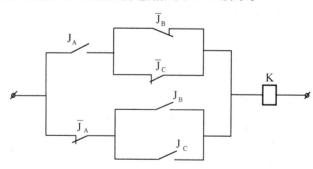

图 3.49　控制电路图

线路设计出来后,应校验继电器 J_A、J_B、J_C 在给定之条件下接触器 K 的动作情况,而在其他条件下(如三个继电器都动作或都不动作时),接触器 K 则应不动作。由图 3.49 可容易地看出,所设计的线路是符合要求的。

3.5.4　设计线路时应注意的问题

为使线路设计简单且准确可靠,在设计具体的线路时,应注意以下几个问题。

1. 尽量减少连接导线

设计控制电路时,应考虑各电器元件的实际位置,尽可能地减少配线时的连接导线。图 3.50(a)是不合理的。因为按钮一般是装在操作台上,而接触器则是装在电器柜内的,这样接线就需要由电气柜二次引出连接线到操作台上,所以一般都将启动按钮和停止按钮直接连接,这样就可以减少一次引出线,如图 3.50(b)所示。

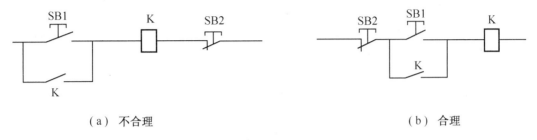

(a) 不合理　　　　　　　　　　　　　(b) 合理

图 3.50　电器连接图

图 3.50(b)所示线路不仅连接导线少,更主要的是它工作可靠,因为如果按钮 SB1、SB2(或接的是行程开关等)发生短路故障时,图 3.50(a)的线路将造成电源短路,而图 3.50(b)则不能。

2. 电器的线圈最好不要串联连接

图 3.51(a)中两个交流接触器的线圈相串联,由于它们的阻抗不同,使两个线圈上的电压分配就不均匀。特别是交流电磁线圈,当衔铁未吸合时,其气隙较大,电感很小,因而吸合电流很大。因此当有一个接触器先动作时,则其线圈阻抗增大很多,就将使另一个接触器不能吸合,严重时将使线圈烧毁。对于直流电磁线圈,只要其电阻相等,一般是可以串联的。

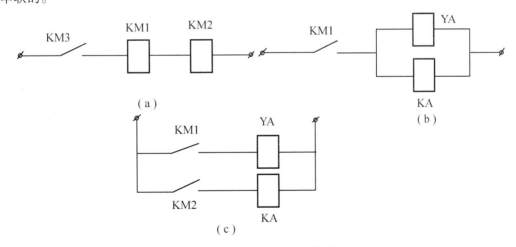

图 3.51　电磁线圈的串、并联

电感量相差悬殊的两个电磁线圈,也不要将它们并联连接。图 3.51(b)中直流电磁铁 YA 与继电器 KA 并联,在接通电源时可正常工作,但在断开电源时,由于电磁铁线圈的电感比继电器线圈的电感大得多,所以断电时,继电器很快释放,但电磁铁线圈产生的自感电势可能使继电器又动作,一直到继电器电压再次下降到释放值时为止,这就造成继电器的误动作。解决的方法可各用一个接触器的触点来控制。如图 3.51(c)所示。

3. 在控制线路中应避免出现寄生电路

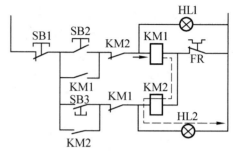

寄生电路(或叫假回路)是在线路动作过程中意外接通的电路。如图 3.52 所示是一个具有指示灯 HL 和热保护的正反向电路。在正常工作时,能完成正反向启动、停止和信号指示。但当热电器 FR 动作时,线路就出现了寄生电路如图中虚线所示,使正向接触器 KM1 不能释放,起不了保护作用。

图 3.52　寄生电路

4. 设计控制电路,应考虑电器触点的断流容量

如容量不够时,可增加触点数目。即在接通电路时用几个触点并联;在断开电路时用几个触点串联。

当控制的支路数较多,而触点数目不够时,可采用中间继电器借以增加控制支路的数量。

5. 多个电器的依次动作问题

在线路中应尽量避免许多电器依次动作,才能接通另一个电器的控制线路。

6. 可逆线路的联锁

在频繁操作的可逆线路中,正反向接触器之间不仅要有电气联锁,而且要有机械联锁。

7. 要有完善的保护措施

在电气控制线路中,为保证操作人员、电气设备及生产机械的安全,一定要有完善的保护措施。常用的保护环节有漏电保护、短路保护、过载、过流、过压、失压保护等,有时还应设有合闸、断开、事故、安全等必需的指示信号。

3.5.5　电动机的选择

电动机是机床电力拖动系统的拖动元件,在电动机的选择内容中,功率的选择是首要的,同时,电动机的转速、形式、电压等的选择也是必要的。正确选择电动机功率的意义很大,功率选得过大,设备投资大将造成浪费,同时由于电动机欠载运行,使之效率和功率因数(对于交流电动机)降低,运行费用也会提高;相反,功率选得过小,电动机过载运行,使之寿命降低。或者在保持电动机不过载的情况下,降低负载使用,这将不能充分发挥机床的效能。

1. 电动机容量的选择

正确选择电动机容量的原则是,电动机在满足生产机械要求的条件下,合理地确定电动机的功率。

选择电动机功率的依据是负载功率。这是因为电动机的容量反映了它的负载能力,它与电动机的容许温升和过载能力有关;前者是电动机负载时容许的最高温度,与绝缘材料的耐热性能有关;后者是电动机的最大负载能力,在直流机中受整流条件的限制,在交流机中由最大转矩决定,实际上电动机的额定容量由允许温升决定。

电动机容量的选择方法通常有两种:一种是分析计算法;另一种是统计类比法。分析计算法是根据生产机械负载图,在产品目录上预选一台功率相当的电动机,再由此电动机的技术数据和生产机械负载图求出电动机的负载图,最后按电动机的负载图从发热方面进行检验,并检查电动机的过载能力是否满足要求。如不行,再选一台电动机重新进行计算,直至合格为止。此法计算工作量较大,负载图的绘制较困难,详细方法可参阅有关资料。

调查统计类比法是在不断总结经验的基础上,选择电动机容量的一种实用方法,此法比较简单,但也有一定局限性。它是将各国同类型、先进的机床电动机容量进行统计和分析,从中找出电动机容量和机床主要参数间的关系,再根据我国实际情况得出相应的计算公式。

我国机床制造厂对不同类型的机床目前采用的拖动电动机功率的统计分析公式如下:

普通车床的主拖动电动机的功率

$$P = 3.65D^{1.54}$$

式中　P——主拖动电动机功率,kW;
　　　D——工件最大直径,m。

立式车床主拖动电动机的功率

$$P = 20D^{0.88}$$

式中　P——主拖动电动机功率,kW;
　　　D——工件最大直径,m。

摇臂钻床主拖动电动机功率

$$P = 0.064\,6D^{1.19}$$

式中　P——主拖动电动机功率,kW;
　　　D——最大钻孔直径,m。

卧式镗床主拖动电动机功率

$$P = 0.004D^{1.7}$$

式中　P——主拖动电动机功率,kW;
　　　D——镗杆直径,mm。

龙门刨床主拖动电动机功率

$$P = \frac{B^{1.15}}{166}$$

式中　P——主拖动电动机功率,kW;
　　　B——工作台宽度,m。

在主拖动和进给拖动用一台电动机的场合,只计算主拖动电动机的功率即可。而主拖动和进给拖动没有严格内在联系的机床,如铣床,一般进给拖动采用单独的电动机拖动。该电动机除拖动进给运动外还拖动工作台的快速移动。由于快速移动所需的功率比进给大许多,所以该电动机的功率常按快速移动所需功率来选择。快速移动所需功率,一般按经验数据来选择,见表3.3。

表 3.3　快速移动电动机的功率

机 床 类 型	运 动 部 件	移动速度/(m·min⁻¹)	所需电动机功率 P/kW
普通车床			
$D_m = 400$ mm	溜　板	6 ~ 9	0.6 ~ 1.0
$D_m = 600$ mm	溜　板	4 ~ 6	0.8 ~ 1.2
$D_m = 1\,000$ mm	溜　板	3 ~ 4	3.2
摇臂钻床			
$D_m = 35 ~ 75$ mm	摇　臂	0.5 ~ 1.5	1 ~ 2.8
升降台铣床	工 作 台	4 ~ 6	0.8 ~ 1.2
	升 降 台	1.5 ~ 2.0	1.2 ~ 1.5
龙门铣床	横　梁	0.25 ~ 0.50	2 ~ 4
	横梁上的铣头	1.0 ~ 1.5	1.5 ~ 2
	立柱上的铣头	0.5 ~ 1.0	1.5 ~ 2

机床进给拖动的功率一般均较小,按经验,车床、钻床的进给拖动功率为主拖动功率的 0.03 ~ 0.05 kW,而铣床的进给拖动功率为主拖动功率的 0.2 ~ 0.25 kW。

2. 电动机额定电压的选择

交流电动机额定电压应与供电电网电压一致。一般车间低压电网电压为 380 V,因此,中小型异步电动机额定电压为 220/380 V(△/Y 连接)及 380/600 V(△/Y 连接)两种,后者可用 Y-△ 启动,当电动机功率较大时,可选用相应电压的高压电动机。

直流电动机的额定电压也要与电源电压相一致。当直流电动机由单独的直流发电机供电时,额定电压常用 220 V 及 110 V;大功率电动机可提高到 600 ~ 800 V,甚至为 1 000 V。当电动机由晶闸管整流装置供电时,为配合不同的整流电路形式,新改进的 Z3 型电动机除了原有的电压等级外,还增设了 160 V(配合单相整流)及 440 V(配合三相桥式整流)两种电压等级;Z_2 型电动机也增加了 180 V、340 V、440 V 等电压等级。

3. 电动机额定转速的选择

对于额定功率相同的电动机,额定转速愈高,电动机尺寸、质量和成本愈小,因此选用高速电动机较为经济。但由于生产机械所需转速一定,电动机转速愈高,传动机构转速比愈大,传动机构愈复杂。因此应通过综合分析来确定电动机的额定转速。

①电动机连续工作时,很少启、制动。可从设备初始投资、占地面积和维护费用等方面,以几个不同的额定转速进行全面比较,最后确定额定转速。

②电动机经常启动、制动及反转,但过渡过程持续时间对生产率影响不大时,除考虑初投资外,主要以过渡过程量损耗最小为条件来选择转速比及电动机额定转速。

4. 电动机结构形式的选择

电动机的结构形式按其安装位置的不同可分为卧式的(轴是水平的)、立式的(轴是垂直的)等等。根据电动机与工作机构的连接方便、紧凑为原则来选择。如:立铣、龙门铣、立式钻床等机床的主轴都是垂直于机床工作台的。那么,这时采用立式电动机更为合适,它比选用卧式电动机减少一对变换方向的伞齿轮。

按电动机工作的环境条件,电动机还可分为不同的防护形式,如防护式、封闭式、防爆式等等,具体要根据电动机的工作条件来选择。粉尘多的场合,如铸造车间、磨削加工等,选择封闭式的电动机;易燃易爆的场合要选用防爆式电动机。按机床电气设备通用技术条件中规定,机床应采用全封闭扇冷式电动机。机床上推荐使用防护等级最低为 IP$_{44}$ 的交流电动机。在某些场合下,还必须采用强迫通风。

机床上常用的 Y 系列三相异步电动机是封闭自扇冷式鼠笼型三相异步电动机,是全国统一设计的新的基本系列,它是中国 80 年代取代 JO$_2$ 系列的更新换代产品。安装尺寸和功率等级完全符合 IEC 标准和 DIN42673 标准。本系列采用 B 级绝缘,外壳防护等级为 IP$_{44}$,冷却方式为 IC0.141。

YD 系列三相异步电动机的功率等级和安装尺寸与国外同类型先进产品相当,因而具有与国外同类型产品之间良好的互换性,便于单机或机床配套出口,也可以作为引进设备中同类型电动机的备品电动机。

3.5.6　常用低压电器的选择

机床常用电器的选择,主要是根据电器产品目录上的各项技术指标(数据)来进行的,正确合理地选择控制电器是电气系统安全运行、可靠工作的保证。下面对一些常用电器的选用作一简单介绍。

1. 接触器的选用

选择接触器主要依据以下数据:电源种类(直流或交流);主触点额定电压和额定电流;辅助触点的种类、数量和触点的额定电流;电磁线圈的电源种类、频率和额定电压,额定操作频率等。

交流接触器的选择主要考虑主触点的额定电流、额定电压,线圈电压等。

交流接触器主触点电流可根据下面经验公式进行选择

$$I_N \geqslant \frac{P_N \times 10^3}{K U_N}$$

式中　I_N——接触器主触点额定电流,A;

　　　K——比例系数,一般取 1～1.4;

　　　P_N——被控电动机额定功率,kW;

　　　U_N——被控电动机额定线电压,V。

交流接触器主触点额定电压一般也要按高于线路额定电压来确定。

根据控制回路(辅助电路)的电压决定接触器的线圈电压。接触器辅助触点的数量,种类应满足线路的需要。为保证安全,一般接触器吸引线圈选择较低的电压。但如果在控制线路比较简单的情况下,为了省去变压器,可选用 380 V 电压。值得注意的是,接触器产品系列是按使用类别设计的,所以要根据接触器负担的工作任务来选用相应的产品系列,交流接触器使用类别有 AC-0～AC-4 五大类。

AC-0 类用于感性负载或阻性负载,接通和分断额定电压、额定电流。

AC-1 类用于启动和运转中断开绕线转子电动机,在额定电压下,接通和分断 2.5 倍额定电流。

AC-2 类用于启动、反接制动、反向与密接通断绕线型电动机。在额定电压下,接通和分断 2.5 倍额定电流。

AC-3 类用于启动和运转中断开笼型异步电动机。在额定电压下接通 6 倍额定电流,在 0.17 倍额定电压下分断额定电流。

AC-4 类用于启动、反接制动、反向与密接通断笼型异步电动机。在额定电压下接通和分断 6 倍额定电流。

2. 继电器的选择

(1)一般继电器的选用

一般继电器是指具有相同电磁系统的又称电磁继电器。选用时,除满足继电器线圈或线圈电流的要求外,还应按照控制需要分别选用过电流继电器、欠电流继电器、过电压继电器、欠电压继电器、中间继电器等。另外电压、电流继电器还有交流、直流之分,选择时也应注意。

(2)时间继电器的选择

时间继电器形式多样,各具特点,选择时应从以下几方面考虑:

根据控制线路的要求来选择延时方式,即通电延时型或断电延时型。

根据延时准确度要求和延时长、短要求来选择。

根据使用场合、工作环境选择。对于电流电压波动大的场合可选用空气阻尼式或电动式时间继电器,电源频率不稳场合不宜选用电动式时间继电器,环境温度变化大的场合不宜选用空气阻尼和晶体管式时间继电器。

(3)热继电器的选用

热继电器主要用作电动机的过载保护,所以应按电动机的工作环境、启动情况、负载性质等因素来考虑。

①热继电器结构形式的选择。星形连接的电动机可选用两相或三相结构热继电器;三角形连接的电动机应选用带断相保护装置的三相结构热继电器。

②根据被保护电动机的实际启动时间选取 6 倍额定电流下的可返回时间。一般热继电器的可返回时间大约为 6 倍额定电流下动作时间的 50% ~70%。

③热元件额定电流的选择。一般可按下式选取

$$I_N = (0.95 \sim 1.05) I_{NM}$$

式中　I_N——热元件的额定电流;

I_{NM}——电动机的额定电流。

对工作环境恶劣、启动频繁的电动机,则按下式选取

$$I_N = (1.15 \sim 1.5) I_{NM}$$

热元件选好后,还需用电动机的额定电流来调整它的整定值。

3. 熔断器的选择

熔断器用于短路保护,其选择内容主要是熔断器种类、额定电压、额定电流等级和熔断体的额定电流。这里熔断体额定电流是个主要的技术参数,如果保护异步电动机,熔断体的额定电流 I_R 可按下列关系选择

$$I_R \geqslant \frac{I_S}{2.5}$$

或

$$I_R = (1.5 \sim 2.5)I_N$$

式中　I_S——异步电动机的启动电流；

　　　I_N——异步电动机的额定电流。

如果用一组熔断器保护多台电动机,熔断体的额定电流可按下式选择

$$I_R \geqslant \frac{I_{max}}{2.5}$$

式中　I_{max}——可能出现的最大电流。

如果几台电动机不同时启动,则 I_{max} 为容量最大的电动机启动电流与其他电动机额定电流之和。

熔断器有 RC1A 系列、RL1 系列、RLS 系列、RTO 系列、RSO 系列、RS 系列等等。

4. 自动开关的选择

(1)自动空气开关

自动空气开关可按下列条件选择:

①根据线路的计算电流和工作电压,确定自动空气开关的额定电流和额定电压。显然,自动空气开关的额定电流应不小于线路的计算电流。

②确定热脱扣器的整定电流。其数值应与被控制的电动机的额定电流或负载的额定电流一致。

③确定过电流脱扣器瞬时动作的整定电流

$$I_z \geqslant KI_s$$

式中　I_z——瞬时动作的整定电流值;

　　　I_s——线路中的尖峰电流。若负载是电动机,则 I_s 即为启动电流;

　　　K——考虑整定误差和启动电流允许变化的安全系数。对于动作时间在 0.02 s 以上的自动空气开关(如 DW 型),取 $K=1.35$;对于动作时间在 0.02 s 以下的自动空气开关(如 DZ 型),取 $K=1.7$。

必要时,还应根据电路中可能出现的最大短路电流校验自动空气开关的分断能力。

(2)直流快速自动开关

直流快速自动开关适用于硅整流机组、可控硅整流机组和直流机组的保护,也用作短路和过载保护。

(3)电源开关联锁机构

电源开关联锁机构与相应的断路器和组合开关配套使用,主要用于电柜接通电源、断开电源和柜门与开关联锁,以达到在切断电源后才能打开门、门关闭好后才能接通电源的效果。当门打开时,电源开关不能闭合,除非采取其他措施。操作者不用机床时,锁住开关和柜门,以起到安全保护作用。电源开关联锁机构有 DJL 系列和 JDS 系列。

第4章 可编程控制器及其系统设计

可编程控制器,全称为可编程序逻辑控制器(Programmable Logic Controller,简称 PLC),是计算机技术与继电器常规控制技术相结合的产物,是近年来发展最迅速、应用最广泛的工业自动控制装置之一。世界第一台可编程控制器出现于 1969 年,那时其功能只是实现逻辑控制。随着科学技术的发展,现代的可编程控制器除了开关量的控制功能外,还具有模拟量控制、智能控制、实时监控、远程控制和联网功能等,而且体积小、可靠性高、编程方法简单。因此,可编程控制器不仅取代继电接触器系统而广泛应用于逻辑控制系统中,还广泛应用于位置控制、过程控制、集散控制系统等众多领域。

目前市场上出售的可编程控制器,品种多,性能、规模各异,指令系统也不同。本章首先介绍可编程控制器的基本结构和工作原理,然后重点介绍日本 OMRON 公司产品 C 系列 200 H 型可编程控制器,最后介绍可编程控制器系统的设计方法和应用例子。

4.1 可编程控制器 PLC 的结构和工作原理

4.1.1 PLC 的基本结构

不同型号的 PLC,其内部结构和功能不尽相同,但其主体结构形式大体相同,如图 4.1 所示。

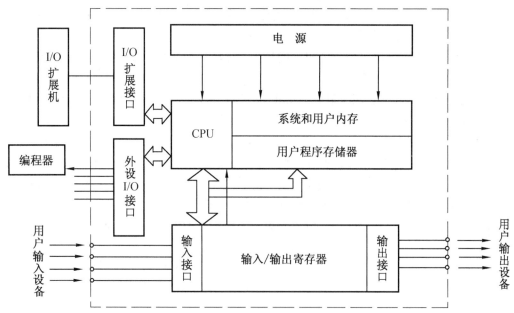

图 4.1 PLC 的基本结构

由图可知,PLC一般由中央控制单元、输入输出部件和电源等三部分组成,在其内部或与外部组件之间的信息交换,均在一个总线系统支持下进行。

1. 中央控制单元 CPU

中央控制单元 CPU 是 PLC 的核心部分。它的主要作用是由微处理器通过数据总线、地址总线、控制总线以及辅助电路连接存储器、接口及 I/O 单元,诊断和监控 PLC 的硬件状态;同时,借助编程器接收键入的用户程序和数据,读取、解释并执行用户程序;按规定的时序接收输入状态,更新输出状态,与外部设备交换信息等。总之,由中央控制单元实现对整个 PLC 的控制和管理。

与一般的微处理机不同的是,可编程控制器常以字(每个字为 16 位)为单位,而不是以字节(8 位/字节)为单位来存储与处理信息。

PLC 中常用的 CPU 主要采用通用微处理器、单片机、位片或处理器等。

在小型 PLC 中,一般采用 8 位机;在中型 PLC 中,一般采用 16 位机;在大型 PLC 中,一般采用 32 位机。

2. 存储器

在可编程控制器中存储器用来存放系统程序、用户程序和工作数据。

(1)系统程序

系统程序是由控制器的制造厂家在研制系统时确定的程序,它包括监控程序、解释程序、故障自诊断程序、标准字程序库及其他各种管理程序等。系统程序一般都固化在 ROM 或 EPROM 存储器中,用户不能访问、修改这一部分存储器的内容。

(2)用户应用程序

用户应用程序是随 PLC 的使用环境而定的,随生产工艺的不同而变动,但是变化并不是经常发生。用户根据实际控制的需要,用 PLC 的编程语言编制应用程序,通过编程器输入到 PLC 的用户程序存储器(区)。为便于程序的调试、修改、扩充、完善,该存储器使用 RAM。

3. 电源

PLC 的电源单元包括系统的电源及备用电池。PLC 一般使用 220 V 交流电源。它配有开关式稳压电源,电源的交流输入端一般接有尖峰脉冲吸收电路,以提高抗干扰能力。有些 PLC 还可以为输入电路和少量的外部电平检测装置提供 24 V 直流电源。备用电池(一般为锂电池)用于掉电情况下保存程序和数据。因此用户在调试过程中,可用 RAM 代替 ROM,以便修改程序,这给程序的调试带来极大的方便。

4. 输入输出接口(简称 I/O 接口)

输入输出接口是 CPU 与工业现场装置之间的连接部件,是 PLC 的重要组成部分。PLC 通过输入接口把工业设备或生产过程的状态或信息读入主机,通过用户程序的运行,把结果通过输出接口输出给执行机构。

与微机的 I/O 接口工作于弱电的情况不同,PLC 的 I/O 接口是按强电要求设计的,即其输入接口可以接收强电信号,其输出接口可以直接和强电设备相连接。因此,I/O 接口除起连接系统内、外部的作用外,其输入接口还有对输入信号进行整理、滤波、隔离、电平转换的作用;输出接口还具有隔离 PLC 内部电路与外部执行元件的作用和功率放大的作用。

对于小型 PLC,厂家通常将 I/O 部分装在 PLC 的本体中,而对于中、大型 PLC,各厂家通常都将 I/O 部分做成可供选取、扩充的模块或模板,用户可根据自己的需要选取具有不同功能、不同点数的 I/O 模块来组成自己的控制系统。

PLC 有多种类型的 I/O 接口模块,它们包括:

①开关量输入模块、开关量输出模块;

②模拟量输入模块、模拟量输出模块;

③专用特殊功能模块。

上述模块又分直流和交流、电压和电流类型。每个类型又有不同的参数等级。在此,我们仅介绍几种常用的开关量输入输出模块。

(1)开关量输入模块

PLC 的输入信号多为开关量信号,分直流和交流开关量输入信号两种,各种开关量输入接口的基本结构大同小异。图 4.2 所示电路是一种直流开关量的输入接口电路,图中所示为 8 点输入接口电路,0 ~ 7 为 8 个输入接线端子,COM 为输入公共端,24 V 直流电源为 PLC 内部专供输入接口用的电源,$K_0 \sim K_7$ 为现场外接的开关。内部电路中,R_1 为限流电阻,R_2 和 C 构成滤波电路,可滤掉输入信号的高频抖动,保证光电隔离器工作的可靠性。发光二极管 LED_0 为输入状态指示灯。例如:当输入开关 K_0 闭合时,经 R_1、VT_0 的二极管、LED_0 构成通路,输入指示灯 LED_0 亮,同时光电耦合器、VT_0 饱和导通,X_0 输出高电平。K_0 打开时,电路不通,LED_0 不亮,VT_0 不导通,$X_0 = 0$,无信号输入到 CPU。

交流开关量输入接口电路与直流开关量接口电路的主要区别是,前者要由现场提供交流电压(AC200 ~ 240 V),输入的交流信号经整流后得到直流,再去驱动光电耦合器。

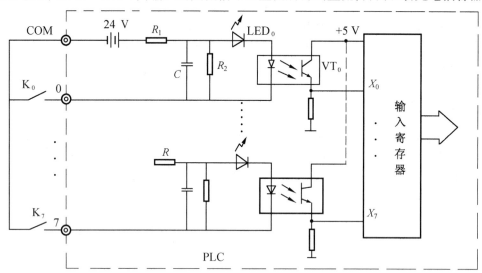

图 4.2 直流开关量输入接口电路

(2)开关量输出模块

为适应工业现场各种执行机构的需要,PLC 备有多种形式的开关量输出模块可供选择。常用的有晶体管输出方式、晶闸管输出方式和继电器输出方式。晶体管输出方式用于直流负载。双向晶闸管输出方式用于交流负载,继电器输出方式可用于直流负载,也可用于交流负载。

图 4.3 所示电路为继电器输出的接口电路。当 PLC 通过输出寄存器在输出点输出高电平时,继电器 KA 得电,其常开触点闭合,负载得电。指示灯 LED 亮。由于继电器本身有电气隔离作用,故电路中不设光电隔离器。外加负载电源根据负载的情况确定,可为交流,也可为直流电源。继电器输出模块为有触点开关式输出模块,使用寿命相对于无触点输出模块较短,开关动作一般为 5 000 万次左右,但其使用比较灵活。因此,在输出动作不是很频繁的场合,通常采用继电器输出模块。

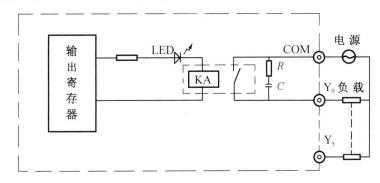

图 4.3 继电器输出接口电路

图 4.4、4.5 为晶体管输出接口电路和晶闸管输出接口电路图。

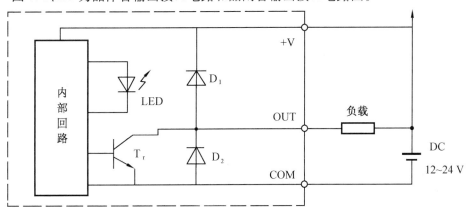

图 4.4 晶体管输出接口电路

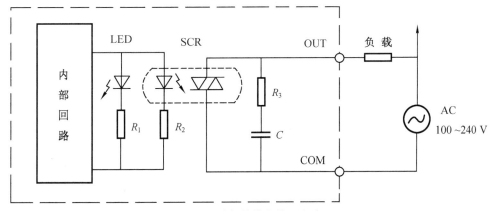

图 4.5 晶闸管输出接口电路

输入输出模块的电路结构并不是唯一的,各个生产厂家都有自己的电路特点,但有两个共同特点值得关注:

①电路中的防干扰隔离措施很突出,如光电隔离,阻容滤波等;

②输入输出模块具有适应生产过程信息的输入与控制能力。

这两点是 PLC 在工业生产过程中得到广泛应用的原因所在。在整个系统中 CPU 存储器等环境与普通计算机是一样的(甚至是同样的芯片)。但是 PLC 可以在相当恶劣的生产环境中正常运行,主要是上述两个条件,前者保证了工作的可靠,后者适应了工作的需要。

在各类 PLC 产品中,还有其他一些功能模块,如模拟量输入、输出模块;用于处理主频开关量信号的高速计数模块;可按多种 PID 算法对模拟量进行控制的 PID 模块;与远程扩展机和主机之间进行信息交换的远程 I/O 模块;以及用于在多台 PLC 之间构成网络的通信模块等等。

扩展接口也是 PLC 的总线接口,主机与扩展机之间利用扩展接口相连接。

5. 编程器

编程器是 PLC 的一种主要外部设备。它的主要任务就是输入程序、调试程序和监控程序的执行。它通过主机上的编程器接口直接与主机相连。手持编程器上有一个方式选择开关,用于控制 PLC 主机的工作方式。当方式选择开关打在编程(PROGRAM)位置时,PLC 主机处于编程方式。此时,用户可以通过编程器向 PLC 输入、查询、修改用户程序,但 PLC 不运行用户程序。当方式选择开关打在监控(MONITOR)位置时,PLC 主机处于监控方式。在监控方式下,PLC 运行用户程序,用户通过编程器不能输入和修改用户程序,但可以查询用户程序,并对用户程序的运行情况进行全面干预。例如,在监控方式下,可通过编程器监视某些内部的状态以及某些通道的内容,也可以强行改变内部位置的状态和通道内容,可以很方便地对用户程序进行调试。当方式选择开关打在运行(RUN)位置时,PLC 主机处于运行方式。在运行方式下,PLC 运行用户程序,用户不能输入和修改用户程序,也不能干预用户程序的运行情况,只能查询用户程序并监视其状态。

现代的 PLC,除了上述手持编程器外,还配备有功能更强的具有显示屏幕的智能型编程器。这种编程器带有编程、监控用的系统程序软件包,为用户的编程输入、在线监控提供极大方便。

4.1.2 PLC 的基本工作原理

PLC 虽具有计算机的许多特点,但它的工作方式却与计算机有很大不同。计算机一般采用等待命令的工作方式,如常见的键盘扫描方式或 I/O 扫描方式,有键按下或 I/O 动作,则转入相应的子程序。无键按下,则继续扫描。PLC 则采用循环扫描的工作方式。

当 PLC 运行时,用户程序中有众多的操作需要去执行,但 CPU 是不能同时去执行多个操作的,它只能按分时操作原理每一时刻执行一个操作。由于 CPU 的运算速度很高,使得外部出现的结果从宏观来看似乎是同时完成的。这种分时操作的过程称为 CPU 对程序的扫描。

扫描从存储地址所存放的第一条用户程序开始,在无中断或跳转控制的情况下,按存储地址号递增的方向顺序逐条扫描用户程序,也就是按顺序逐条执行用户程序,直到程序结束。每扫描完一次程序就构成一个扫描周期,然后再从头开始扫描,并周而复始地重复。

4.1.3　程序执行过程

PLC 的工作过程就是程序执行过程,PLC 投入运行后,便进入程序执行过程,它分为三个阶段进行,即输入采样阶段、程序执行阶段、输出刷新阶段,如图 4.6 所示。

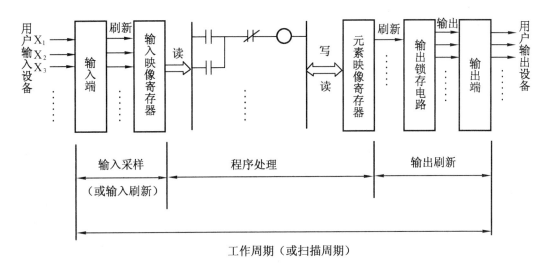

图 4.6　PLC 程序执行的过程

1. 输入采样阶段

在输入采样阶段,PLC 以扫描方式按顺序将所有输入端的信号状态(开或关,即 ON 或 OFF、"1"或"0")读入到输入映像寄存器中寄存起来,称为对输入信号的采样,或称输入刷新。接着转入程序执行阶段,在程序执行期间,即使输入状态变化,输入映像寄存器的内容也不会改变。输入状态的变化只能在下一个工作周期的输入采样阶段才被重新读入。

2. 程序执行阶段

在程序执行阶段,PLC 对程序按顺序进行扫描。如果程序用梯形图表示,则总是按先上后下、先左后右的顺序进行扫描。每扫描到一条指令时,所需要的输入状态或其他元素的状态分别由输入映像寄存器和元素映像寄存器读出,而将执行结果写入到元素映像寄存器中。这就是说,对于每个元素来说,元素映像寄存器中寄存的内容,会随程序执行的进程而变化。

3. 输出刷新阶段

当程序执行完后,进入输出刷新阶段。此时,将元素映像寄存器中所有输出继电器的状态转存到输出锁存电路,再去驱动用户输出设备(负载),这就是 PLC 的实际输出。

4.1.4　扫描周期

PLC 重复地执行上述三个阶段,每重复一次的时间就是一个扫描周期。扫描周期的长短主要取决于下面几个因素:一是 CPU 执行指令的速度;二是每条指令占用的时间;三是指令条数的多少,即程序的长短。

一般情况下常用一个粗略的指标,即每执行一千条指令所需时间(大约 1～10 ms/K 字)来估算。说它是一个粗略的指标是因为不同的指令执行时间是不同的,而且差异较大,有的一条指令执行时间只有几个微秒,而有的指令执行时间可以达到上百微秒,因此选用不同指令需用的扫描时间将会有所不同。另外在组织程序中有条件调用子程序的情况,这时程序中指令条数的计算也很难确定。至于输入输出服务的扫描过程,由于系统中设置有 I/O 映像区,机器执行用户程序所需信息状态及执行结果都是与 I/O 映像区发生联系,只有机器扫描执行到输入、输出服务过程时,CPU 才从实际的输入点读入有关信息状态,存放于输入映像区,并将暂时存放在输出映像区内的运算结果传送到实际输出点。

从以上对扫描周期的分析可知,扫描周期基本由三部分组成:保证系统正常运行的公共操作;系统与外部设备信息的交换;用户程序的执行。第一部分的扫描时间基本是固定的,随机器类型而有不同。第二部分并不是每个系统或系统的每次扫描都有的,占用的扫描时间也是变化的。第三部分随控制对象和工艺复杂性决定的用户控制程序而变化,程序有长有短,而且在各个扫描周期中也随着条件的不同影响着程序长短的变化。因此这一部分占用的扫描时间不仅对不同系统其长短不同,而且对同一系统的不同时间也占用着不同的扫描时间。所以系统扫描周期的长短,除了是否运行用户程序而有较大的差异外,在运行用户程序时也不是完全固定不变的。这是因为执行程序中随变量状态的不同,一部分程序段可能不执行而造成的。为了保证生产系统的正常运行,必须做到最长的扫描周期小于系统电器改变状态的时间。

对于慢速控制系统,响应速度常常不是主要的,故这种工作方式不但没有坏处反而可以增强系统抗干扰能力。因为干扰常是脉冲式的、短时的,而由于系统响应较慢,常常要几个扫描周期才响应一次,而多次扫描后,瞬间干扰所引起的误动作将会大大减少,故增加了抗干扰能力。

但对控制时间要求较严格、响应速度要求较快的系统,这一问题就须慎重考虑。应对响应时间做出精确的计算,精心编排程序,合理安排指令的顺序,以尽可能减少扫描周期造成的响应延时等不良影响。对某些需要输出对输入作快速反应的设备,也可采用快速响应模块和高速计数模块等。

总之,采用循环扫描的工作方式,是 PLC 区别于微机和其他控制设备的最大特点,使用者应充分注意。

4.1.5 PLC 的主要特点

随着科学技术的不断发展,可编程控制技术日趋完善,其功能越来越强。它不但可以代替继电器控制系统,使硬件软化,提高系统的可靠性和柔性,还具有模拟量运算和联网等许多功能。PLC 与计算机系统也不尽相同,它省去了一些函数运算功能,都大大增强了逻辑运算和控制功能。总之,PLC 与其他控制装置相比有如下几个突出特点:

1. 应用灵活、扩展性好

PLC 的用户程序可简单而方便地编制和修改,以适应各种工艺流程变更的要求。PLC 的安装和现场接线简便,可按积木方式扩充控制系统规模和增删其功能,以满足各种应用场合的要求。

2. 标准化的硬件和软件设计、通用性强

PLC 的开发及成功的应用,是由于具有标准的积木式硬件结构以及模块化的软件设计,使其具有通用性强、控制系统变更设计简单、使用维修简便、与现场装置接口容易、用户程序的编制和调试简便及控制系统所需要的设计、调试周期短等优点。

3. 完善的监视和诊断功能

各类 PLC 都配有醒目的内部工作状态、通信状态、I/O 点状态和异常状态等显示。也可以通过局部通信网络由高分辨率彩色图形显示系统,并实时地监视网内各台 PLC 的运行参数和报警状态等。

PLC 具有完善的诊断功能,可诊断编程的语法错误、数据通信异常、PLC 内部电路运行异常、存储器寄偶出错、RAM 存储器后备电池状态异常、I/O 模板配置状态变化等。也可在用户程序中编入现场被控制装置的状态监测程序,以诊断和告示一些重要控制点的故障。

4. 控制功能强

PLC 既可完成顺序控制,又可进行闭环回路控制,还可实现数据处理和简单的生产事务管理。

5. 可适应恶劣的工业应用环境

PLC 的现场连线选用双绞屏蔽线、同轴电缆或光导纤维等。因而 PLC 的耐热、防潮、抗干扰和抗振动等性能较好。通常 PLC 可在 0~60℃ 下正常运行,不需强迫风冷。可承受峰–峰值 1 000 V、脉宽 1 μs 的矩形脉冲串的线路尖峰干扰。

6. 运行速度较慢

PLC 的速度与单片机等计算机相比相对较慢,单片机两次执行程序的时间间隔为 ms 级甚至 μs 级,而一般的 PLC 两次执行程序的时间间隔是 10 ms 级。PLC 的一般输入点当输入信号频率超过十几赫后就很难正常工作,为此,有的 PLC 设有高速输入点,可输入频率数千赫的开关信号。

7. 体积小、质量轻、性能/价格比高、省电

由于 PLC 是专为工业控制而设计的专用微机,其结构紧凑、坚固、体积小巧。以日本三菱公司的 F–40 型为例,它具有 24 点输入、16 点输出、16 个定时器、16 个计数器和 192 个辅助继电器,其尺寸仅为 225×80×100 mm³,质量为 1.5 kg,这是传统的继电器逻辑柜无法与之相比的。同样,其性能/价格比、耗电量也是无法比的。

由于 PLC 具有以上一些特点,它不但在顺序控制中获得了越来越广泛的应用,而且在过程控制、机器人控制和数字采售等领域得到了越来越广泛的应用。

4.2 OMRON–C200H 的硬件资源

OMRON(立石)公司生产的 SYSMAC C 系列 PLC 产品拥有微型、小型、中型和大型四大类十几种型号。微型 PLC 以 C20P 和 C20H 为代表,是整体结构,I/O 容量为几十点,最多可以扩至 120 点。小型 PLC 又分为 C120P 和 C200H 两种,C120 最多可控制 256 点

I/O,是紧凑型整体结构。而 C200H 虽然也是小型 PLC,但它是紧凑型模块式结构,最多可控制 384 点 I/O,同时还可以配置智能 I/O 模块,是一种小型高机能 PLC。中型 PLC 有 C500 和 C1000H 两种,I/O 容量分别为 512 点和 1024 点。此外,C1000H 采用多处理器结构,功能齐全且处理速度快。大型 PLC 目前只有 C2000H 一种,I/O 点数可达 2 048 点,同时多处理器和双冗余结构使得 C2000H 不仅功能全、容量大,而且速度快。下面介绍 OMRON SYSMAC C 系列 C200H 的硬件资源、指令系统及应用。

4.2.1 C200H PLC 的系统结构及特点

1. 系统基本结构

C200H PLC 系统为模块式结构,其结构框图如图 4.7 所示。CPU 单元为系统的核心,包括电源、微处理器、系统存储器,控制逻辑和接口电路等;基本 I/O 单元和特殊 I/O 单元提供现场输入设备和控制输出设备与 CPU 的接口电路,它们都通过统一的标准总线 SYSBUS 与 CPU 单元连接,I/O 单元的个数可根据用户需要配置;另外 CPU 单元上还提供了用户存储器、录音机以及编程器等外设接口。

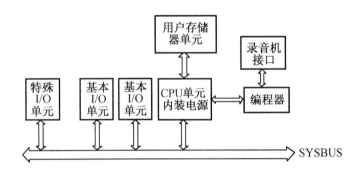

图 4.7 C200H PLC 结构框图

C200H PLC 系统的基本结构是:一个母板(安装机架)提供系统总线和模块插槽,一个 CPU 单元,一个存储器单元,一个编程器及基本 I/O 单元若干个。基本 I/O 单元的个数视系统 I/O 点数及母板上的槽数而定。因为 CPU 单元内装电源,所以系统一般不需再配电源单元。此外,CPU 单元内系统存储器中固化了系统管理程序。

C200H PLC 系统还有两种扩展方式可满足用户的不同需求。一种是在 CPU 单元所在的母板上用电缆连接 I/O 扩展母板,最多可连两个扩展母板,且为串联方式,两母板间最大距离为 10 m,但 CPU 与两个扩展母板的距离总和不得超 12 m,扩展母板上可根据需要配置 I/O 单元,不需要再配 CPU 单元,但要配置扩展电源单元。另一种扩展方式是建立远程 I/O 系统,即在 CPU 母板或扩展母板上配置远程 I/O 主单元,而在另外的扩展母板上配置远程 I/O 从单元,用双绞线或其他通信电缆将远程 I/O 主单元和远程 I/O 从单元连接起来,构成远程 I/O 主从系统,既可扩展系统的 I/O 点数,又可控制远离 CPU 的 I/O 点。每个 C200H PLC 的 CPU 单元最多可配置 2 个远程 I/O 主单元,系统中最多可配置 5 个远程 I/O 从单元。两种扩展方式混合应用的系统配置如图 4.8 所示。

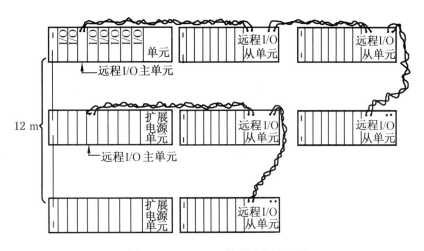

图 4.8　C200H PC 扩展系统配置图

2. 系统指标与参数

C200H PLC 采用模块化结构,能适应多样化的要求,组成系统方便灵活,适用于中小型控制系统。C200H PLC 虽然仍属于小型 PLC,但由于采用了先进的微处理器,使其功能和处理速度都超出了一般小型机,其指标与参数如下:

① 处理速度:基本指令执行时间 0.75 μs/条,高功能指令执行时间一般为 2.25 μs/条。

②编程容量:最大 8K 字。

③指令系统:除 12 条基本指令以外,还拥有 133 条多功能应用指令,可实现多种数据处理,如按位、字、块进行逻辑操作、比较和几种数制的转换等;以 4 位或 8 位 BCD 数和 4 位 16 进制数进行加、减、乘、除运算;浮点除法和平方根运算;微分指令、子程序调用和中断功能等,使得编程简便、灵活、实用。

④编程方式:使用简易编程器时只能用助记符命令语句表编程,使用图形编程器智能编程器时可用梯形图及高级语言编程。

⑤I/O 点数:当系统采用 I/O 扩展母板方式配置时,最大基本 I/O 点数为 384 点,如果采用远程 I/O 系统配置时,则可再扩展 560 点基本 I/O。

⑥定时器和计数器:系统内部提供 512 个定时器和计数器,供用户编程使用。

⑦内部数据存储区:2K 字。

⑧输入类型:开关量、模拟量、脉冲。

⑨输出类型:继电器、晶体管、晶闸管、模拟量、脉冲。

⑩联网能力:既可与 C 系列其他 PLC 组成通信网络,也可以与个人计算机组成主从式通信网络。与个人计算机联网可以通过主机链接单元上 RS-232C、RS-422 标准接口或光纤电缆进行通信。

⑪抗干扰能力:PLC 内装信号调节和滤波电路,具有良好的抗电子噪音干扰性能,不需配备隔离变压器,在 CPU 单元及每个具有光电隔离的 I/O 模块中,对电源进行多重滤波。控制器可抗峰-峰值为 1 000 V 的噪音干扰。

⑫特殊功能 I/O 单元及智能单元:为满足用户对于扩展 I/O、过程控制、运动控制等多方面需要,C200H PLC 还可配置多种特殊 I/O 单元和智能单元,如多点 I/O 单元可提供 32 点 I/O 单元;模数转换单元和数模转换单元可提供模拟量 I/O 通道;温度传感器单元可以连接多种热电偶、热电阻等温度检测元件;位置控制单元可实现对步进电动机和伺服电动机的控制;高速计数单元可连接编码器,对 50KCPS 的高速脉冲输入进行计数;远程 I/O 主、从单元可用来组成远程 I/O 系统,对远离 CPU 的 I/O 进行监控;PLC 链接单元和主机链接单元可以用来组成 PLC 通信网络,实现分级分布控制,等。此外,ASCII 单元,可提供 PLC 与 BASIC 语言的接口,便于实现管理及过程控制。C200H PLC 还可配置打印机接口单元和 EPROM 写入器单元。

综上所述,C200H PLC 具有功能强、体积小、结构灵活、应用范围广等特点。

4.2.2 基本 I/O 单元

为了适应各种工业控制的需要,C200H PLC 系统拥有多种接口单元,包括开关量输入、开关量输出;模拟量输入、模拟量输出;温度检测、高速计数、位置控制、通信等特殊功能单元。其中将开关量输入和输出单元称为基本 I/O 单元。除开关量输入输出单元以外的其他 I/O 和智能接口单元总称为特殊功能单元。这里重点介绍基本 I/O 单元,有关特殊功能单元,读者可查阅 C200H PLC 用户手册。

C200H PLC 的各输入单元和部分输入单元的接线圈,如表 4.1 和图 4.9 所示。

表 4.1　C200H PLC 输入单元一览表

输入形式	型　　号	点数	输入电压		输出电流	点数/1 个公共点
AC 输入	C200H-IA121	8	AC 100~120 V		10 mA/AC100 V	8
	C200H-IA122	16				16
	C200H-IA221	8	AC 200~240 V		10 mA/AC200 V	8
	C200H-IA222	16				16
无电压输入	C200H-ID001	8	接点输入	NPN	7 mA	8 ⊖为公共点
	C200H-ID002	8		PNP		8 ⊕为公共点
DC 输入	C200H-ID211	8	DC 12~24 V		10 mA/DC 24 V	8
	C200H-ID212	16	DC 24V		7 mA/DC 24 V	16
	C200H-ID215	32			4.1 mA/DC 24 V	8(4 回路)
AC/DC 输入	C200H-IM211	8	AC/DC 12~24 V		10 mA/DC 24 V	8
	C200H-IM212	16	AC/DC 24 V		7 mA/AC DC 24 V	16
TTL 输入	C200H-ID501	32	DC 5 V		3.5 mA/DC 5 V	8(4 回路)

C200H PLC 的输出单元和部分输出单元接线图,分别如表 4.2 和图 4.10 所示。

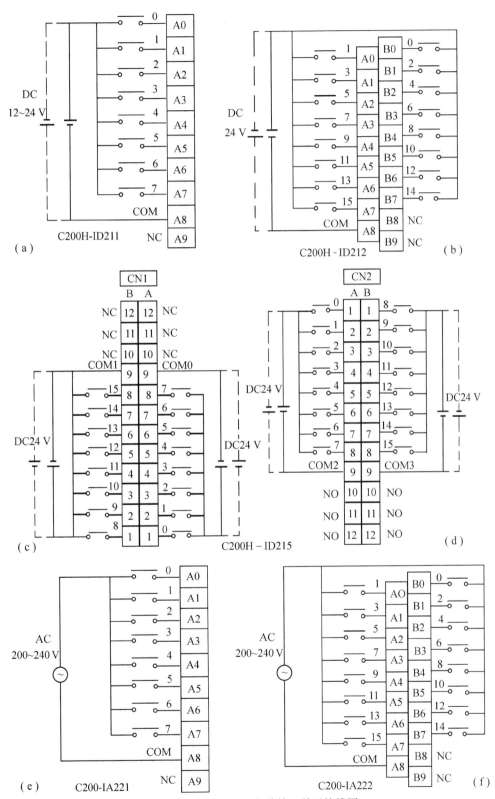

图 4.9 C200H PLC 部分输入单元接线图

表 4.2 C200H PLC 输出单元一览表

输出形式	型 号		点 数	额定负载电压	最大负载电流	点数/1 个公共点
继电器输出	C200H-OC221		8	AC 250 V DC 24V	2 A/点	8
	C200H-OC222		12		2 A/点	12
	C200H-OC225		16			16
	C200H-OC223		5		2 A/点	1
	C200H-OC224		8		2 A/点	
晶闸管输出	C200H-OA221		8	AC 100~240 V	1 A/4 点	8
	C200H-OA222		12		0.3 A/点	12
晶体管输出	C200H-OD411		8	DC 12~48 V	1 A/点	8
	C200H-OD213		8	DC 24 V	2.1 A/点	
	P N P	C200H-OD214			0.8 A/点	8
		C200H-OD216		DC 5~24 V	0.3 A/点	⊕为公共点
	C200H-OD211		12	DC 24 V	0.3 A/点	12
	C200H-OD212		16			16
	P N P	C200H-OD217	12	DC 5~24 V	0.3 A/点	12 ⊕为公共点
	C200H-OD215		32	DC 5~24 V	0.1 A/点	8
TTL 输出	C200H-OD501			DC 5 V	35 mA/点	

4.2.3 继电器区与数据区

C200H PLC 系统的存储器包括系统存储器和用户存储器。其中系统存储器主要是存储系统管理和监控程序,对用户程序做编译处理等。这些管理程序由厂家固化在 EPROM 中,用户不可访问。用户存储器又分为程序区和数据区。程序区是用来存放由编程器或磁带输入的用户编写的控制程序,这部分存储器占去了系统中存储器单元的绝大部分。用户程序区根据所选用的存储器单元类型不同,可以是 RAM、EPROM 或 EEPROM 存储器,但都能实现掉电保护,可以由用户任意修改或增删。用户存储器的数据区主要是用来存放输入、输出数据和中间变量,提供计时器、计数器、寄存器等,还包括系统程序所使用和管理的系统状态、标志信息。

C200H PLC 系统引用了电器控制系统中的术语,用继电器定义数据存储区中的位,相应地,对于用户数据区的分类也采用了××继电器区的命名法。C200H PLC 系统将用户数据区分为九大类:I/O 继电器区、内部辅助继电器区、专用继电器区、暂存继电器区、保持继电器区、辅助存储继电器区、链接继电器区、定时/计数继电器区和数据存储区。

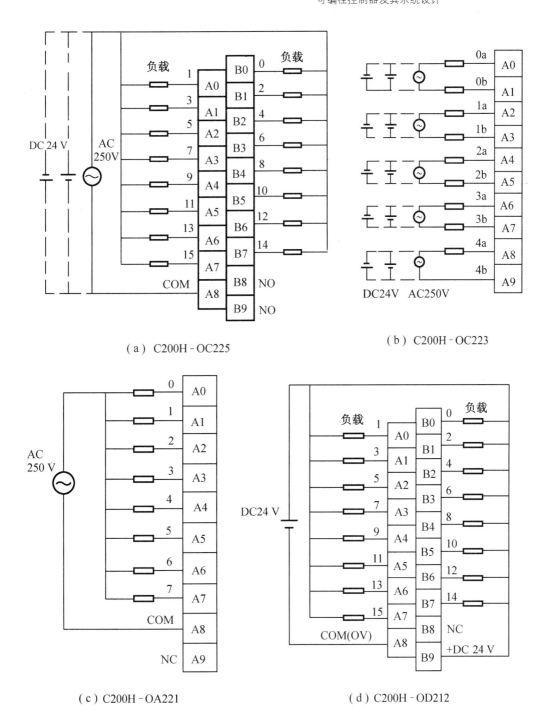

（a）C200H‐OC225

（b）C200H‐OC223

（c）C200H‐OA221

（d）C200H‐OD212

图 4.10　C200H PLC 部分输出单元接线图

对于各区的访问，C200H PLC 系统采用通道的概念寻址，即将各个区都划分为若干个连续的通道，用标识符及 2～4 个数字组成通道号来标识各区的各个通道。通道号后面再加二位数字 00～15 组成继电器号（位号），来标识各通道中的各个位。这样整个数据存储区的任一通道任一继电器或位都可用通道号或继电器号唯一表示。C200H PLC 系统数据区通道号分配如表 4.3 所示。

表 4.3　C200H PLC 数据区通道号分配表

区　域　名　称		通　道　号
I/O 继电器		000～029(不用 I/O 通道可作为内部辅助继电器使用)
内部辅助继电器	IR	030～250
专用继电器	SR	251～255
暂存继电器	TR	TR0～TR7(只有 8 位)
保持继电器	HR	HR00～HR99
辅助存储继电器	AR	AR00～AR27
链接继电器	LR	LR00～LR63
定时/计数继电器	TC	TM000～TM511
数据存储区	DM	MD0000～DM0999(读/写)
		DM1000～DM1999(只读)

下面分别介绍各区的功能和用法。

1. I/O 继电器区

PLC 监测从按钮、传感器和限位开关等设备或元件传来的输入信号,根据存储器中的用户程序进行逻辑解算,然后给外部负载(如继电器、马达控制器、指示灯和报警器等)输出信号以达到控制目的。I/O 继电器区实际上就是这些外部输入输出设备状态的映像区,PLC 机通过 I/O 区中的各个位与外部物理设备建立联系。此区中的每个通道都可以映像一个 I/O 单元的状态。而每个通道中的每个位都可以映像一个 I/O 单元上的一个端子的状态。总之,I/O 继电器区就是为 C200H PLC 系统配置 I/O 单元准备的映像区,共有 30 个通道,编号为 000～029。

I/O 继电器区既可以用通道访问,也可以用位访问,寻址范围如表 4.4 所示。以通道访问时只需给出 3 位数字的通道号即可,若以位访问则需在通道号后再加 2 位数字,用 5 位数表示 I/O 继电器区中的一个位(一个继电器)。

表 4.4　I/O 继电器区位号

CPU 母板	00000 ～ 00015	00100 ～ 00115	00200 ～ 00215	00300 ～ 00315	00400 ～ 00415	00500 ～ 00515	00600 ～ 00615	00700 ～ 00715	00800 ～ 00815	00900 ～ 00915
I/O 扩展 母板	01000 ～ 01015	01100 ～ 01115	01200 ～ 01215	01300 ～ 01315	01400 ～ 01415	01500 ～ 01515	01600 ～ 01615	01700 ～ 01715	01800 ～ 01815	01900 ～ 01915
I/O 扩展 母板	02000 ～ 02015	02100 ～ 02115	02200 ～ 02115	02300 ～ 02315	02400 ～ 02415	02500 ～ 02515	02600 ～ 02615	02700 ～ 02715	02800 ～ 02815	02900 ～ 02915

I/O 继电器区中直接映像外部输入信号的那些位称为输入位,编程时可根据需要按任意顺序、任意次数使用这些输入位,但这些不能用于输出指令。

I/O 继电器区中直接控制外部输出设备的那些位称为输出位,编程时每个输出位只能被输出一次。但可无数次用于输入,用作其他输出的条件。

2. 内部继电器区(IR)

内部辅助继电器区简称 IR 区,寻址范围为通道 030~250。IR 区用作数据处理区,控制其他位、计时器和计数器等。但这些位不能直接与外部输入输出设备相连,它只是中间操作区。IR 区寻址方式与 I/O 继电器区相同,既可以通道访问也可以位访问,其中任何通道任何位都可作为输入通道或输入位使用,次数任意。任何通道任何位作为输出时只能用一次,但仍可用作输入,次数任意。IR 区通道分配如表 4.5 所示。

表 4.5　IR 区通道分配

通道号	030~049	050~099	100~199	200~231	232~246	247~250
用途	用户任意	远程 I/O 从单元	A/D、D/A、温度传感器、位控、高速计数等单元	光纤传输 I/O 单元	用户任意	PLC Link 单元
		不使用这些特殊单元时,可由用户任意使用				不使用 PLC Link 时可由用户任意使用

3. 专用继电器区(SR)

专用继电器区 SR 用于监控系统运行、产生时钟脉冲和发出出错信号。事实上,SR 区和 IR 区是 PLC 的同一数据区,只不过 IR 区供用户使用,SR 区由系统使用而已。SR 区的范围为 24700~25507。其中,247~250 通道在使用 PLC LINK 构成 PLC 网络时用于映像其他 PLC 的 I/O 状态,不使用 PLC LINK 时可用作 IR 区;25100~25507 这些特殊继电器中,除 25100、25207、25209~25215 可以被用户程序改变状态外,其他特殊继电器不能被用户程序改变状态,用户程序只能利用其状态。

(1)远程 I/O、光纤 I/O 出错标志

25100~25115 用于远程 I/O 和光纤 I/O 出错标志。当有多个远程 I/O 出错时,通过改变 25100 位的 ON/OFF 状态,可以将错误模块的机号从 25103~25115 中读出。25101、25102 未用作特殊继电器,可用于内部继电器。

(2)HOST LINK 标志

25206:基板安装的 HOST LINK 模块 1 出错标志。

25207:基板安装的 HOST LINK 模块 1 重新启动标志。

25208:CPU 模块上安装的 HOST LINK 模块出错标志。

25209:CPU 模块上安装的 HOST LINK 模块重新启动标志。

25213:基板安装的 HOST LINK 模块 0 重新启动标志。

25311:基板安装的 HOST LINK 模块 0 出错标志。

(3)数据保持标志 25212

数据保护标志位的状态由用户程序控制。当该位为 ON 时,I/O 位、程序工作位(即内部继电器、保持继电器等用于用户程序的位)、联网位的当前状态被保持。当该位为 OFF 时,用户程序恢复正常执行。

(4)负载关断标志 25215

负载关断标志位的状态由用户程序控制。当该位为 ON 时,所有输出模块上的输出均为 OFF,同时 CPU 模块上的指示灯"OUT INHB"亮。当该位为 OFF 时,输出恢复正常。

（5）故障代码 25300～25307

执行故障诊断指令后，两位 BCD 码表示的故障代码输出到 25300～25307，其中低位数字存放在 25300～25303，高位数字存放在 25304～25307。故障代码由用户编号，范围为 01～99。

（6）后备电池异常标志 25308

当存储器的后备电池电压降低到一定程度时，该位为 ON，同时 CPU 模块上的"ALARM"指示灯闪烁。出现这种情况后，后备电池还可以使用一周，故应在一周内更换后备电池。更换电池时，为防止存储器中的内容丢失，应在 5 min 内完成。

（7）扫描时间出错标志 25309

当扫描时间 T>100 ms 时，该位为 ON，同时 CPU 模块上的"ALARM"指示灯闪烁。这时用户程序仍可继续执行，但定时器的定时将不准确。因此，在编制程序时，程序的扫描时间应尽可能不超过 100 ms。

（8）I/O 校验出错标志 25310

当 I/O 模块的安装位置与登记的 I/O 表不一致时，此位为 ON，同时 CPU 模块上的"ALARM"指示灯闪烁。此时应检查 I/O 模块的安装位置是否正确，若不正确，则改正之；若正确，则重新登记 I/O 表，使之与安装位置相符。

（9）首次扫描标志 25315

当 PLC 开始运行、首次扫描程序时，该位为 ON 一个扫描周期。在断电后执行机构动作的恢复上，经常用到该位。

（10）指令执行出错标志 ER，25503

当执行指令遇到非法数据时，出错标志位 25503 为 ON。该位为 ON 时，当前指令放弃执行。

（11）运算标志

进位标志 CY，25504：运算结果有进位或借位时，该位为 ON。可利用 STC 指令将该位置为 ON，利用 CLC 指令将该位清为 OFF。

大于标志 GR，25505：执行比较指令时，若第一个比较数大于第二个比较数，则该位为 ON。

相等标志 EQ，25506：执行比较指令时，若两个操作数相等，或执行运算指令时运算结果为 0000，则该位为 ON。

小于标志 LE，25507：执行比较指令时，若第一个比较数小于第二个比较数，则该位为 ON。

（12）时钟标志

时钟标志为占空比 1∶1 的方波，利用这些时钟标志可以构成闪烁电路，还可与计数器配合使用，构成当前值断电后可保持的定时器，构成各种周期和占空比的时钟等。C200H 共有 5 个内部时钟标志，周期分别为 0.02 s 到 1 min。

25400：1 min 时钟。

25401：20 ms 时钟。当扫描时间 T_s>10 ms 时，该时钟无法正常使用。

25500：100 ms 时钟。当扫描时间 T_s>50 ms 时，该时钟无法正常使用。

25501：200 ms 时钟。当扫描时间 T_s>100 ms 时，该时钟无法正常使用。

25502：1 s 时钟。

（13）常 ON、常 OFF 位

25313 为常 ON 位,25314 为常 OFF 位。

（14）步启动标志 25407

启动一个单步执行时,该位为 ON 一个扫描周期。

4. 暂存继电器区（TR）

暂存继电器区共有 8 个暂存继电器,范围为 TR0 ~ TR7。暂存继电器用于暂存程序分支点的状态。在同一段程序中,同一个暂存继电器不能重复使用;在不同的程序段中,同一个暂存继电器可多次使用。

5. 保持继电器区（HR）

保持继电器用于断电后保存数据及程序状态。C200H 的保持继电器区共有 100 个通道 HR00 ~ HR99、1 600 个保持继电器。保持继电器均可用作内部继电器,既可以通道为单位使用,又可以位为单位使用。保持继电器只有在以下情况下才具有断电保持功能:

①用作数据通道,即以通道为单位使用;

②以位为单位使用时,与 KEEP 指令配合使用,或者用于本身带有自保的电路。

6. 辅助继电器区（AR）

辅助继电器区共有 28 个通道 AR00 ~ AR27。其中,AR00 ~ AR06、AR23 ~ AR27 用作系统标志,AR00 ~ AR02 用于功能模块错误标志和重新启动标志,AR03 ~ AR06 用于光纤 I/O 模块错误标志,AR23 用于记录 PLC 电源断电次数,AR26 用于记录最大扫描时间（单位 0.1 ms）,AR27 用于记录当前扫描时间（单位 0.1 ms）。AR07 ~ AR22 用户使用,其作用和使用方法与保持继电器（HR）相同。

AR0000 ~ AR0009:功能模块 0 ~ 9 错误标志。当某个功能模块出现错误或两个功能模块设置相同的机号时,对应的错误标志位为 ON。

AR0010、AR0011:系统不用,可用于内部继电器。

AR0012:基板安装的 HOST LINK 模块 1 错误标志。

AR0013:基板安装的 HOST LINK 模块 0 错误标志。

AR0014:远程主站模块 1 错误标志。

AR0015:远程主站模块 0 错误标志。

AR0100 ~ AR0109:功能模块 0 ~ 9 重新启动标志。

AR0110 ~ AR0113:系统不用,可用于内部继电器。

AR0114:远程主站模块 1 重新启动标志。

AR0115:远程主站模块 0 重新启动标志。

AR0200 ~ AR0204:远程从站基板 0 ~ 4 错误标志。当远程从站部分基板出现传输错误或有两个基板的机号相同时,对应的错误标志为 ON。

AR0205 ~ AR0215:系统不用,可用于内部继电器。

AR0300 ~ AR0615:光纤 I/O 模块 0 ~ 31 的错误标志。每个模块有两个标志,即"L"错误的标志和"H"错误标志。如 AR0300 是光纤 I/O 模块的"L"错误标志,AR0301 为光纤 I/O 模块的"H"错误标志。

AR2400 ~ AR2412:系统不使用,可用于内部继电器。

AR2413:基板安装的 HOST LINK 模块 1 连接证实标志。安装时为 ON,不安装时为

OFF。

AR2414:基板安装的 HOST LINK 模块 0 连接证实标志。安装时为 ON,不安装时为 OFF。

AR2415:CPU 模块上安装的外设连接证实标志。安装时为 ON,不安装时为 OFF。

AR2500 ~ AR2515:其作用与 SR 区中的 25100 ~ 25115 相同。

7. 链接继电器区(LR)

链接继电器区共有 64 个通道 LR00 ~ LR63。当用 PLC LINK 联网时,链接继电器区用于 32 台 PLC 间的数据通信。当不使用 PLC LINK 联网时,链接继电器可作为内部继电器使用。

8. 定时器计数器区(TC)

定时器计数器区共有 512 个定时器或计数器,范围为 000 ~ 511。C200H 提供两种定时器、两种计数器:普通定时器,基本延时单位 100 ms,高速定时器,基本延时单位 10 ms;普通计数器,减 1 计数方式,可逆计数器,双向计数方式。同一个 TC 号,既可用于定时器又可用于计数器。但程序中所有定时器计数器的 TC 号不能重复。

9. 数据存储区(DM)

数据存储区用于存储数据,共 2 000 个字,范围为 DM0000 ~ DM1999。其中,DM0000 ~ DM0999 为程序可读写区,利用用户程序可改变其内容;DM1000 ~ DM1999 为程序只读区,用户程序可读其内容但不能改变其内容,利用编程器可预先写入数据。利用 DM 区可进行间接寻址。

4.2.4 CPU 的扫描时序和扫描时间

设计 PLC 控制系统的最重要问题之一是时序。PLC 执行程序中全部指令要花多少时间? PLC 响应输入信号产生控制输出需要多少时间? 为了准确地进行系统操作,必须知道这些值。尽管 C200H 的扫描时间可用编程器自动计算和监视,但在设计和编程控制系统时,理解时序的概念也很重要。

本节旨在说明 C200H PLC 的工作时序即扫描时间和 I/O 响应时间是如何定义的,以及如何计算这些值。各条指令的执行时间,读者可查阅用户手册。

1. 扫描时间和系统可靠性

当 PLC 执行存储器内的程序时,PLC 内部要完成一系列操作。这些内部操作如前所述,可概括为四大类:

①公共操作部分,如复位系统定时器以及故障诊断等。

②数据输入和输出。

③执行用户程序的指令。

④执行外设命令。

扫描时间是指 PLC 完成上述操作所需的全部时间,扫描时间的长短取决于系统配置、I/O 点数、所用的编程指令以及是否接有外设。

可通过编程器显示扫描时间的平均值、最大值和最小值。而且最大扫描时间和当前扫描时间值可以输出至 AR26 和 AR27 通道。

在 PLC 内部,系统定时器用来测定扫描时间并与系统定时器的设定值进行比较。如果扫描时间超出了系统定时器的设定值,则产生 FALS9F 错误且 CPU 停机。系统定时器 (Watch Dog Timer 俗称"看门狗")一般是在系统上电时由系统程序设定为 130 ms,但是也可以根据用户需要用有关的指令修改系统定时器的设定值。

即使扫描时间没有超出系统定时器的设定值,太长的扫描时间也会对系统操作产生不利影响,如表4.6 所示。表4.7 列出了 C200H PLC 内部各种操作所需要的时间。

表 4.6 扫描时间与可能产生的故障

扫描时间/ms	可能产生的不利影响
>10	高速计时器 TIMH 故障
>20	0.02 s 时钟脉冲错误
>100	0.1 s 时钟脉冲错误
>200	0.2 s 时钟脉冲错误
>6500	产生 FALS 9F 且系统停机

表 4.7 C200H PLC CPU 操作时间表

序　号	操　　作	功　　能	时　　间
(1)	公共操作	·复位系统定时器 ·检查 I/O 总线 ·检查扫描时间 ·检查程序存储器	2.6 ms
(2)	Host Link 服务	按受(执行)Host Link Unit(CPU 单元上安装)连接的宿主计算机的命令	最大 8 ms
(3)	外设服务	执行来自外设的命令	$T=(1)+(2)+(3)+(4)+(5)$ $T \leq 13$ ms 时　0.8 ms $T>13$ ms 时　$T \times 0.06$ ms PLC 没有连接外设时 0 ms
(4)	执行指令	运行程序	全部指令执行时间,取决于程序长短和所用的指令(参见用户手册中指令执行时间表)
(5)	数据输入/输出	·IR 区运算结果数据写入输出单元 ·从输入单元读入数据送至 IR 区输入位 ·对远程 I/O 单元进行数据输入/输出操作 ·对特殊 I/O 单元进行数据输入/输出操作	·PLC 的输入输出时间: 输入:0.07 ms/8 点 输出:0.04 ms/8 点 (对 12 点输出单元按 16 点单元计算输出时间) ·远程 I/O 从单元输入/输出时间: 1.3 ms(固定)+0.2 ms×n (n 为远程 I/O 从单元所用的通道数)

将表中(1)、(2)、(3)、(4)和(5)项相加即得扫描时间。

2. 计算扫描时间

计算总的扫描时间时必须考虑到系统配置。也就是说要考虑 I/O 单元的数量,所用的编程指令以及是否使用了外设。本小节举例介绍扫描时间的计算。为简化举例,假设所用的编程指令全部是 LD 和 OUT,这些指令的平均执行时间为 0.94 μs,而且每个程序地址只有一条指令。

①只用 I/O 单元,配置如图 4.11 所示。

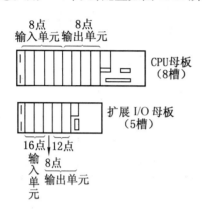

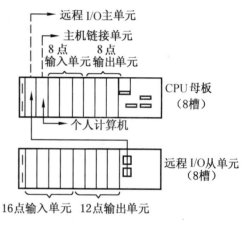

图 4.11 只用 I/O 单元配置图　　　　　图 4.12 多种单元共用配置图

输入单元:四个 8 点单元+两个 16 点单元

输出单元:五个 8 点单元+两个 16 点单元

程序:5K 地址(指令:LD 或 OUT)

计算举例见表 4.8。

表 4.8 计算举例

操　作	计　算	操作时间	
		W/外设	W/O 外设
①公共操作		2.6 ms	2.6 ms
②外设服务		0.8 ms	0 ms
③指令执行	0.94 μs×5120 地址	4.8 ms	4.8 ms
④数据输入/输出	0.07×8+0.04×9=0.92	0.9 ms	0.9 ms
扫描时间	①+②+③+④	9.1 ms	8.3 ms

②同时使用 I/O 单元,远程 I/O 单元和主机链接单元,配置如图 4.12 所示。

输入单元:三个 8 点单元

输出单元:三个 8 点单元

远程 I/O 主单元:一个

主机链接单元:一个

程序:5K 地址(指令:LD 或 OUT)

远程 I/O 从单元:安装了四个 16 点输入单元和四个 12 点输出单元。

计算举例见表 4.9。

表 4.9　计算举例

操　　作	计　　算	操 作 时 间	
		W/外设	W/O 外设
①公共操作		2.6 ms	2.6 ms
②PLC 链接服务		8 ms	8 ms
③外设服务	18.5×0.06＝1.11	1.1 ms	0 ms
④指令执行	0.94 μs×5120 地址＝4 812	4.8 ms	4.8 ms
⑤数据输入/输出	(0.07×3)+(0.04×3)+1.3+(0.2×8)＝3.23	3.2 ms	3.2 ms
扫描时间	①+②+③+④+⑤	19.7ms	18.6ms

3. I/O 响应时间

响应时间是指 C200H 接收到一个输入信号以后输出控制信号所需的时间。响应时间的长短取决于下列因素:系统配置和 CPU 是在扫描开始的何时收到输入信号的。

(1)对单个 PLC 的响应时间

最小 I/O 响应时间:当 PLC 恰巧在一次扫描刚结束之前收到输入信号,则响应最快。此时响应时间等于 PLC 的扫描时间加上输入接通延时和输出接通延时,如图 4.13 所示。

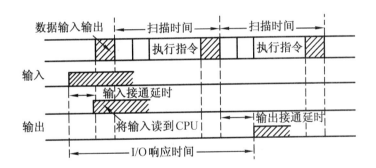

图 4.13　最小 I/O 响应时间
I/O 响应时间=输入接通延时+扫描时间+输出接通延时

最大 I/O 响应时间:当 PLC 恰好在一次扫描刚结束之后收到输入信号,则响应时间最长。这是因为 CPU 要到下一次扫描的末尾才能读取输入信号,所以最大响应时间是最大输入、输出接通延时和两次扫描时间之和,如图 4.14 所示。

计算举例:

输入接通延时　　　1.5 ms

输出接通延时　　　15 ms

扫描时间　　　20 ms

最小 I/O 响应时间=1.5 ms+20 ms+15 ms=36.5 ms

最大 I/O 响应时间=1.5 ms+20 ms×2+15 ms=56.5 ms

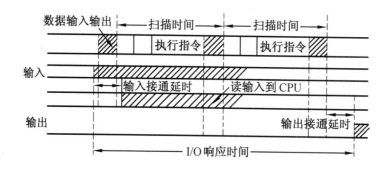

图 4.14 最大 I/O 响应时间

I/O 响应时间=输入接通延时+(扫描时间×2)+输出接通延时

4.3 OMRON−C200H 的指令及编程方法

4.3.1 PLC 的编程方法与一般规则

可编程控制器是专为工业生产过程的自动控制而开发的通用控制器,编程简单是它的一个突出优点,它没有采用计算机高级程序语言,而是开发了面向控制过程、面向问题的简单直观的 PLC 编程语言。由于各制造厂家提供 PLC 硬件的设计构思不尽相同,所以,各厂采用的表达方法也各不相同。下面就目前常用的表达方式作简要说明。

1.继电器梯形图

继电器梯形图的表达方式与传统的继电器控制原理电路图非常相似,不同点是它的特定的元件和构图规则。它比较直观、形象,对于那些熟悉继电器−接触器控制系统的人来说,易被接受。继电器梯形图多半适用于比较简单的控制功能的编程。

2.逻辑功能图

逻辑功能图基本上沿用了半导体逻辑电路的逻辑图的表达形式。这种方式易于描述较为复杂的控制功能,表达直观,查错找漏都比较容易,因此,它是编程时常使用的一种方式,但它必须采用带有显示屏的编程器才能描述。

3.功能流程图

功能流程图类似于计算机常用的程序框图,但有它自己的规则,描述控制过程比较详细具体,包括:每一框前的输入信号,框内的判断和工作内容,框后的输出状态。这种方式容易构思,是一种常用的程序表达方式。

4.逻辑代数表达式

逻辑代数表达式可以与前两种方式相配合写出信号或中间变量的逻辑表达方式,这是一种辅助的程序设计方法。

5.指令语句表

采用类似计算机汇编语言的指令语句表来编程,对熟悉汇编语言的编程者,特别易于接受,且编程方便,编程设备简单。通常都先用上述几种方式表达,然后改写成相应的语句表。主要采用继电器梯形图与指令语句表编程,一般是先按控制要求画出梯形图,再根据梯形图写出相应的指令程序。因 PLC 是按照指令存入存储器中的先后顺序来执行程序的,故要求程序中指令和顺序要正确。为了便于介绍指令系统,先以图 4.15 和表 4.10 为例来介绍编程的一般规则。

表 4.10 指令语句表

地址	指令	数据
00200	LD	00002
00201	OR	00501
00202	AND−NOT	TIM000
00203	OUT	00501
00204	LD	00001
00205	OR	00500
00206	AND−NOT	TIM001
00207	OUT	00500
00208	LD	00500
00209	AND−NOT	00001
00210	TIM	000
		#0010
00211	LD	00000
00212	OR	01000
00213	AND−NOT	TIM001
00214	OUT	01000
00215	LD	01000
00216	AND−NOT	00000
00217	TIM	001
		#0020
00218	END	

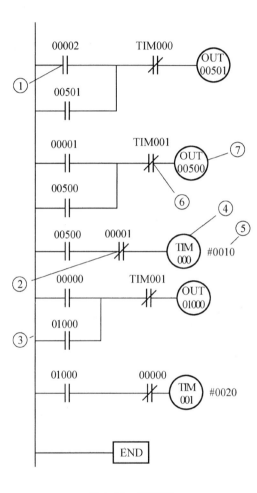

图 4.15 梯形图
①—常开触点;②—常闭触点;
③—母线;④—定时器;⑤—延时秒数设定;
⑥—定时器常闭触点;⑦—输出继电器线圈

①梯形图按自上而下、从左到右的顺序排列。每一个继电器线圈为一个逻辑行,称为一个梯形。每一个逻辑行起始于左母线,然后是触点的各种连接,最后是线圈输出,整个图形呈阶梯形。

②梯形图是 PLC 形象化的编程方式,其母线并不接任何电源,因而,图中各支路也没有真实的电流流过。但为了方便,常用"有电流"或"得电"等语言来形象地描述用户程序

解算中满足输出线圈的动作条件。

③梯形图中的继电器不是继电器控制线路中的物理继电器,它实质上是变量存储器中的位触发器,因此,称为"软继电器",相应某位触发器为"1"态,表示该继电器线圈通电,其常开触点闭合、常闭触点打开。

梯形图中继电器的线圈是广义的,除了输出继电器、内部继电器线圈外,还包括定时器、计数器、移位寄存器等的线圈。

④梯形图中,信息流程从左到右,继电器线圈的右边不能有触点,而左边必须有触点。

⑤梯形图中继电器线圈在一个程序中不能重复使用;而继电器的触点在编程中可以重复使用,且使用次数不受限制。

⑥因 PLC 在解算用户逻辑时,就是按照梯形图从上到下、从左到右的先后顺序逐行进行处理的,既按扫描方式顺序执行程序,不存在几条并列支路的同时动作,这在设计梯形图时,可以减少许多有约束关系的联锁电路,从而使电路设计大大简化。所以,由梯形图编写指令程序时,应遵循从上到下、从左到右的顺序,梯形图中的每个符号对应于一条指令。一条指令为一个步序,在时间继电器、计数器的 OUT 指令后,必须紧跟设定值,设置定时常数和计数常数也是一个步序。

不同类型的 PLC,指令系统是有很大差别的,少则只有基本的 8 条指令,多则有几百条指令。指令系统的复杂程度反映了 PLC 本身结构的复杂性和功能的强弱,因而就有不同档次的可编程控制器。

C200H 可编程控制器具有丰富的指令集,既可实现复杂的控制操作,又易于编程。按功能可将指令分为两大类:基本指令和特殊功能指令。其中基本指令是指直接对输入输出点进行简单操作的指令,包括输入、输出和逻辑"与""或""非"等。在编程器键盘上设有与基本指令的符号和助记符相同的键,因此,输入基本指令时,只要按下相应的键即可。特殊功能指令是指进行数据处理、运算和程序控制等操作的指令,包括定时器与计数器指令、数据移位指令、数据传送指令、数据比较指令、算术运算指令、数制转换指令、逻辑运算指令、程序分支与转移指令、子程序与中断控制指令、步进指令以及一些系统操作指令等。特殊功能指令在表示方法上比基本指令略为复杂,为了使用编程器输入程序时操作简便,C200H PLC 系统为每条特殊功能指令指定了一个功能代码,用两位数字表示。因此,在书写特殊功能指令时,助记符后面要书写该指令的功能代码,并用一对圆括号将代码括起来,具体表示方法见后面的每条指令说明。在用编程器输入特殊功能指令时,只要按下"FUN"键和功能代码即可。

本节将分别介绍 C200H 的基本指令和部分特殊功能指令的梯形图符号、助记符、功能和用法,并附有应用指令的实例。

4.3.2　C200H 的基本指令

1. LD 指令

用于一个逻辑块或一条逻辑线的开始。LD 指令只能以位为单位操作,不影响标志位。

数据区为 IR、SR、HR、TR、AR、LR、TC。

2. AND 指令

用于表示后面的位与前面的状态进行逻辑"与"操作。AND 指令只能以位为单位操作,不影响标志位。

数据区为 IR、SR、HR、AR、LR、TC。

3. OR 指令

用于表示后面的位与前面的状态进行逻辑"或"操作。OR 指令只能以位为单位操作,不影响标志位。

数据区为 IR、SR、HR、AR、LR、TC。

4. OUT 指令

用于改变一个位的状态,使之与前面的操作结果相同。OUT 指令为输出指令,其后的位相当于继电器线路中的线圈。利用 OUT 指令对一个位在程序中只能操作一次,即一个位用作输出只能一次。

数据区为 IR、HR、TR、AR、LR。

5. NOT 指令

用于对一个位的状态取反后参与逻辑运算。NOT 指令总是与 LD、AND、OR、OUT 指令一起使用,跟在这些指令的后面,表示对其后的位取反。NOT 指令不能单独使用。

6. AND LD 指令

用于对前面的逻辑块进行"与"操作。AND LD 前面最多可以有 8 个逻辑块。AND LD 指令没有操作数。

7. OR LD 指令

用于对前面的逻辑块进行"或"操作。OR LD 前面最多可以有 8 个逻辑块。OR LD 指令没有操作数。

8. END(01) 指令

用于表示程序的结束。PLC 执行用户程序时总是从第一条指令开始,遇到 END 结束。所以,PLC 的用户程序中必须有 END 指令。

LD、OUT、AND、OR、NOT 和 END 这 6 条指令对几乎任何程序都是不可缺少的,除 END 以外,其余 5 条指令在编程器上都有各自对应的键可直接键入这些指令,END 指令也可以作为特殊功能指令对待,其功能代码为 01。

上述指令的助记符、梯形图符号和操作内容列于表 4.11 中。

利用这些基本指令可以编制出"与""或"混合基本逻辑控制程序,编程举例如图 4.16 所示。

表 4.11　基本指令表

指令助记符	梯形图符号	操 作 内 容
LD	⊢⊣⊢	每条逻辑线的开始
LD NOT	⊢⊣/⊢	取反逻辑线的开始
AND	⊣⊢	逻辑"与"连接
AND NOT	⊣/⊢	取反逻辑"与"连接
OR	⊣⊢	逻辑"或"连接
OR NOT	⊣/⊢	取反逻辑"或"连接
OUT	○	输出逻辑运算结果
OUTNOT	⊘	将逻辑运算结果取反后输出
AND LD		两个程序块的串联
OR LD		两个程序块的并联
END		程序结束

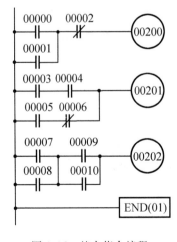

图 4.16　基本指令编程

地　址	指　令	数　据
00000	LD	00000
00001	OR	00001
00002	AND NOT	00002
00003	OUT	00200
00004	LD	00003
00005	AND	00004
00006	LD	00005
00007	AND NOT	00006
00008	OR LD	—
00009	OUT	00201
00010	LD	00007
00011	OR	00008
00012	LD	00009
00013	OR	00010
00014	AND LD	—
00015	OUT	00202
00016	END(01)	

4.3.3 利用基本指令编程时应注意的问题

1. 梯形图的行线、触点

梯形图每一行都是从左边母线开始,线圈接在最右边。触点不能放在线圈的右边,在继电器的原理图中,热继电器的触点可以加在线圈右边,而 PLC 的梯形图是不允许的。如图 4.17 所示。

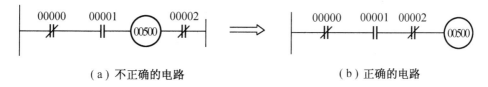

（a）不正确的电路　　　　　　　　　　（b）正确的电路

图 4.17　线圈的位置

2. 线圈不能直接与左边母线相连

如果需要,可以通过一个没有使用的内部辅助继电器的常闭触点或者专用内部辅助继电器来连接。如图 4.18 所示。

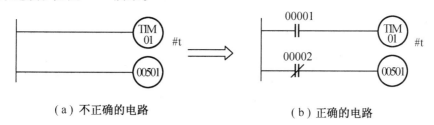

（a）不正确的电路　　　　　　　　　　（b）正确的电路

图 4.18　输出编程

3. 同一编号的线圈不能重复使用

同一编号的线圈在一个程序中使用两次称为双线圈输出,双线圈输出容易引起误操作,应尽量避免线圈重复使用。也就说,同一个位,作为输出只能使用一次,但作为触点可以无限制地重复使用。

例如图 4.19 中的位 00000、00001、00002、00003、00500 作为触点可以在程序中无限制地使用,但 00500 作为输出只能使用一次,图(a)中,00500 作为输出使用了两次,是错误的。对于程序中有多处需改变同一个位的状态(即输出)时,可把这些条件并联到一起,然后输出,如图 4.19(b)所示。

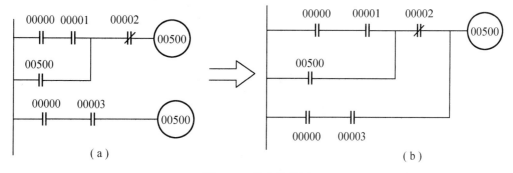

图 4.19　输出的使用

4. 梯形图必须符合顺序执行的原则

梯形图应符合从左到右，从上到下地执行，如不符合顺序执行的电路不能直接编程，例如图4.20(a)所示的桥式电路就不能直接编程。对于确实需要桥式电路的地方，可按其逻辑关系等效成非桥式电路，如图4.20(b)所示。

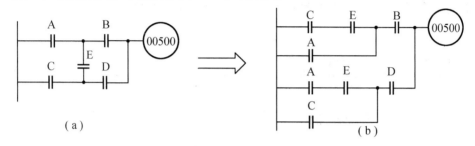

图4.20　桥式电路的等效

5. 编程技巧

①把串联触点较多的电路编在梯形图上方，可减少指令数，如图4.21所示。

（a）图程序：

地　址	指　令	数　据
00001	LD	00002
00002	LD	00000
00003	AND	00001
00004	OR-LD	
00005	OUT	00500

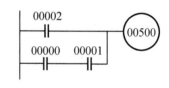

（a）安排不当的电路

（b）图程序：

地　址	指　令	数　据
00000	LD	00000
00001	AND	00001
00002	OR	00002
00003	OUT	00500

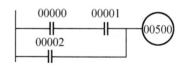

（b）安排得当的电路

图4.21　串联触点的变换

②并联触点多的电路应放在左边，如图4.22所示。

在有几个并联电路相串联时，应将触点最多的并联电路放在最左边，图4.22(b)省去了OR-LD和AND-LD指令。

③并联线圈电路，从分支点到线圈之间无触点，线圈应放在上方，例如图4.23(b)节省了OUT TR0及LD TR0指令，这就节省了编程时间和存储器空间。

④复杂电路的处理。如果电路的结构比较复杂，可以将程序分成简单的程序段，分段按顺序分别编程后，再用NAD-LD、OR-LD等指令连接，完成逻辑编程。如果用AND-LD、OR-LD等指令难以解决，可重复使用一些触点画出它的等效电路，然后进行编程就比较容易了。例如，图4.24、图4.25所示的电路。

（a）图程序

地　址	指　令	数　据
00000	LD	00002
00001	LD	00003
00002	LD	00004
00003	AND	00005
00004	OR-LD	
00005	AND-LD	
00006	OUT	00500

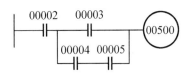

（a）安排不当的电路

（b）图程序：

地　址	指　令	数　据
00000	LD	00004
00001	AND	00005
00002	OR	00003
00003	AND	00002
00004	OUT	00500

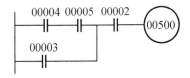

（b）安排得当的电路

图 4.22　并联电路的安排

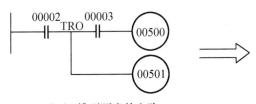

（a）排列不当的电路

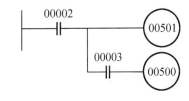

（b）正确的电路

图 4.23　并联线圈电路的安排

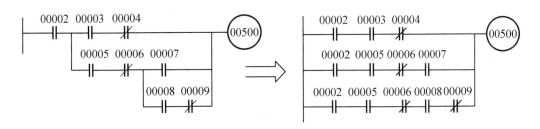

图 4.24　可重新排列的电路例 1

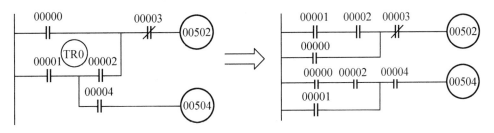

图 4.25　可重新排列的电路例 2

4.3.4　C200H 的特殊功能指令

1. 分支和分支结束指令——IL(02)/ILC(03)

IL(02)总是和 ILC(03)一起使用,分别位于一段分支程序的首尾处。指令括号中的号码为指令功能码,用编程器输入指令时,按键 FUN 0 2,FUN 0 3。

①IL 前面的状态为 OFF 时,IL-ILC 之间的程序不执行。IL 前面的状态为 ON 时,IL-ILC 之间的程序照样执行,与没有 IL、ILC 时一样。

②IL 前面的状态为 OFF 时,IL-ILC 之间程序段中程序状态如下:

输出 OUT:OFF

定时器:复位

计数器、移位寄存器、保持指令输出:状态不变

③IL-ILC 之间的程序段不论 IL 前的状态是 ON 还是 OFF,PLC 都对其进行处理。

④联锁不允许嵌套(如 IL-IL-ILC-ILC),但允许不成对出现(如 IL-IL-ILC)。在程序中使用 IL-IL-ILC 后,进行程序检查时认为出错,但不影响执行。在程序中使用 IL-IL-ILC-ILC 后,进行程序检查时认为出错,程序不执行。IL、ILC 指令在程序中没有使用次数限制。

IL 和 ILC 指令的梯形图符号举例如图 4.26 所示,相应编程如下表。

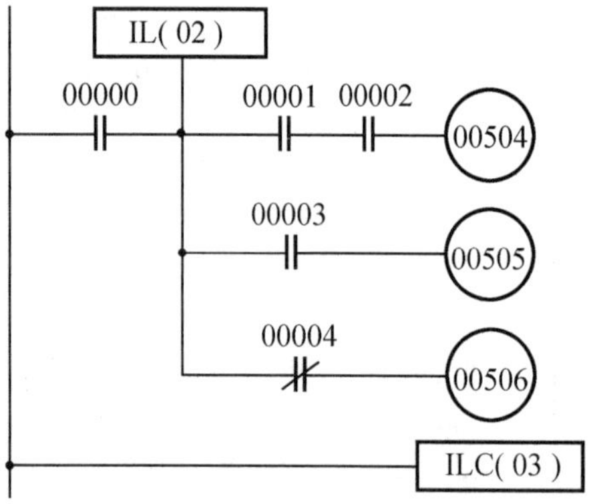

地　址	指　令	数　据
00000	LD	00000
00001	IL(02)	—
00002	LD	00001
00003	AND	00002
00004	OUT	00504
00005	LD	00003
00006	OUT	00505
00007	LD NOT	00004
00008	OUT	00506
00009	ILC(03)	—

图 4.26　IL/ILC 指令举例

2. 暂存指令——TR

暂存继电器 TR0 ~ TR7 用于暂存中间逻辑结果,记录程序分支点的状态。暂存指令 TR 的使用,只是为了方便编程,对程序的执行不产生影响。同一个暂存继电器在同一个程序段中只能使用一次,在不同的程序段中可重复使用。暂存指令的编程如图 4.27 所示。

TR 和 IL/ILC 指令比较:由于 IL/ILC 指令不需要像 LD、TR 那样多占用存储地址数据,所以程序中应尽可能使用 IL/ILC 指令代替 TR 位的使用,这样既可使程序缩短,又可节省存储空间。

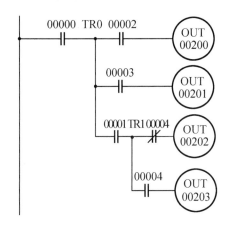

图 4.27 暂存指令编程

地 址	指 令	数 据
00000	LD	00000
00001	OUT	TR0
00002	AND	0002
00003	OUT	00200
00004	LD	TR0
00005	AND	0003
00006	OUT	00201
00007	LD	TR0
00008	AND	00001
00009	OUT	TR1
00010	ANDNOT	00004
00011	OUT	00202
00012	LD	TR1
00013	AND	00004
00014	OUT	00203

3. 跳转指令——JMP(04)/JME(05)

JMP 为跳转开始,JME 为跳转结束。C200H 的跳转指令用跳转号 n 来区分,n 的范围为 00 ~ 99。

①JMP n 前面的状态为 OFF 时,在 JMP n 与 JME n 之间的程序不执行。当 JMP n 前面的状态为 ON 时,在 JMP n 与 JME n 之间的程序执行,与没有跳转指令时相同。

②当 JMP n 前面的状态为 OFF 时,在 JMP n 与 JME n 之间的程序保持 JMP n 前面的状态为 ON 时的状态不变。

③JMP00 与 JME00 之间的程序块在 JMP00 前面的状态是 OFF 时仍然要处理,占用扫描时间。当跳转号 n≠0 时,JMP n 与 JME n 之间的程序块在 JMP n 前面的状态是 OFF 时,不进行处理,不占用扫描时间。

④跳转号 00 在程序中可多次使用,而其他非零跳转号每个号在程序中只能使用一次。

⑤可以不成对地使用 JMP n–JME n,如 JMP01—JMP01—JME01。这样使用后,在进行程序检查时发现出错信息"JMP—JME ERR",但不影响程序执行。

⑥可以嵌套使用,如 JMP01—JMP02—JME02—JME01。

⑦跳转指令编程。在编程时,JMP n 后的程序相当于重新接到母线上。图 4.28 给出了跳转指令的编程方法。

4. 保持指令——KEEP(11)

KEEP 指令用于改变一个位的状态。KEEP 指令有一个置位端、一个复位端。编程时先编置位端,后编复位端,然后编 KEEP 指令。当置位端为 ON、复位端为 OFF 时,KEEP 位的状态为 ON;当置位端为 OFF、复位端为 OFF 时,KEEP 位保持原状态不变;当复位端为 ON 时,KEEP 位的状态为 OFF。KEEP 指令只能以位为单位操作,且不影响标志位。KEEP 指令的编程如图 4.29 所示,其动作时序如图 4.30 所示。

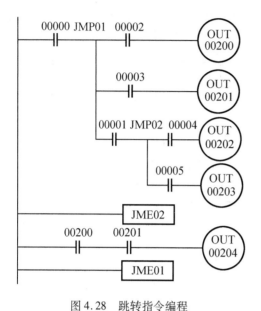

图 4.28　跳转指令编程

地　址	指　令	数　据
00000	LD	00000
00001	JMP	01
00002	LD	00002
00003	OUT	00200
00004	LD	00003
00005	OUT	00201
00006	LD	00001
00007	JMP	02
00008	LD	00004
00009	OUT	00202
00010	LD	00005
00011	OUT	00203
00012	JME	02
00013	LD	00200
00014	AND	00201
00015	OUT	00204
00016	JME	01

地　址	指　令	数　据
00000	LD	00002
00001	LD	00003
00002	KEEP	HR0010

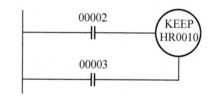

图 4.29　KEEP 指令编程

数据区为 IR、HR、AR、LR。

当 KEEP 指令使用 HR 或 AR 数据区时,断电后可保持断电前的状态;使用 IR 或 LR 数据区时,断电后变为 OFF。

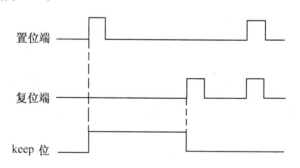

图 4.30　KEEP 指令时序图

5. 微分指令——微分操作指令和 DIFU(13)、DIFD(14)

C200H 配备有微分操作指令,用指令名字前面加前缀@ 来表示。微分操作指令意味着指令案件由 OFF 变为 ON 时,且只在第一次扫描时才执行(相当于上升沿微分)。要把指令从微分变为非微分,或反过来,只需输入功能键 FUN 码和 NOT 键即可。

DIFU 和 DIFD 只在一次扫描时将输出置位。当微分操作指令(即带有前缀@ 的指令)不能用或某条指令希望一次扫描执行时可以用这两条指令。

DIFU(13)指令为上升沿微分(与微分操作指令相同),在输入端检测到一个 OFF→
ON 的跳变信号时,DIFU 输出为 ON。

DIFD(14)指令为下降沿微分,在输入端检测到一个 ON→OFF 的跳变信号时,DIFD
输出为 ON。

微分指令的梯形图符号如图 4.31 所示,相应编程如下表所示。

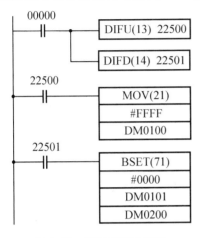

地 址	指 令	数 据		
00000	LD		00000	
00001	DIFU(13)		22500	
00002	DIFD(14)		22501	
00003	LD		22500	
00004	MOV(21)	—	—	
	#		FFFF	
	DM		0100	
00005	LD		22501	
00006	BSET(71)	—	—	
	#		0000	
	DM		0101	
	DM		0200	

图 4.31　DIFU/DIFD 编程

在此例中,输入 00000 从 OFF→ON 的跳变将 22500 置位为 ON,但只在一个扫描周期
内有效,因此 MOV(数据传送)指令也只执行一次。输入 00000 从 ON→OFF 的跳变将
22501 置位为 ON,也只在一个扫描周期内有
效,因此 BSET(数据拷贝)指令也只执行一
次。此例执行时序如图 4.32 所示。

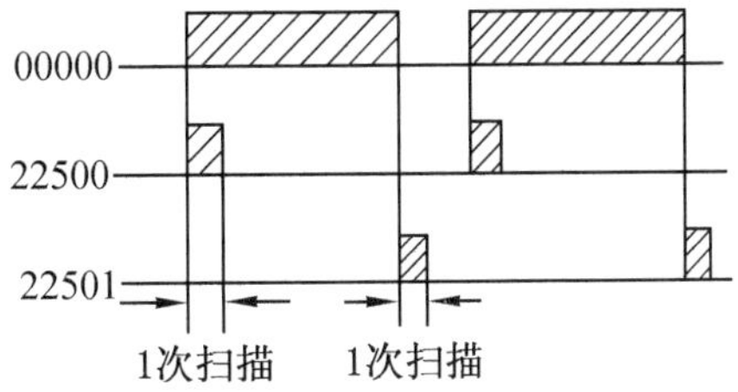

在一个程序中最多可用 512 对 DIFU 和
DIFD。如果使用超过 512 对,则编程器屏幕
上显示错误信息"DIF OVER",并且将第 513
个 DIFU 或 DIFD 以及其后的 DIFU 或 DIFD
作为 NOP 处理(不操作指令)。

数据区:IR、HR、AR、LR。

图 4.32　时序图执行

6. 定时器和计数器指令

C200H 有两种定时器和两种计数器,它们都在 TC 区内,统一编号。定时器计数器的
TC 号范围为 000～511,一个 TC 号只能用于一个定时器或计数器,不可重复使用。定时
器和计数器都有设定值 SV 和当前值 PV,SV 可以使用不同的数据区,其数值为 BCD 数由
用户程序设定;PV 取决于定时器计数器的工作状态和 SV,由 PLC 自动处理,也可由用户
程序进行设定。

(1)定时器 TIM

定时器的梯形图符号如图 4.33 所示。

定时器 TIM 为通电延时,基本延时单位为 0.1 s,延时时间为 SV×0.1 s。

当定时器 TIM 前的状态为 OFF 时,其当前值 PV＝SV,定时器输出为 OFF。当 TIM 前的状态为 ON 时,每过 0.1 s,定时器的当前值 PV 减 1,PV＝0 时,定时器输出为 ON。PV＝0 后,若 TIM 前的状态为 ON,则维持 PV＝0、定时器输出为 ON。

当程序扫描周期 T_s>100 ms 时,TIM 的定时将不准确。

数据区:IR、HR、AR、LR、DM、＊DM、#。

用 DM 单元作定时器计数器的数据区时,DM 单元的内容即为其设定值 SV。用＊DM 作数据区时,以该 DM 单元内容为地址的 DM 单元的内容为其设定值 SV。因此,＊DM 只称为 DM 单元间接寻址。例如,用＊DM0010 作定时器数据区,DM0010 的内容为 0200,DM0200 的内容为 0020,则 DM0200 单元的内容 0020 为设定值,即 SV＝0020。

出错标志位 25503:设定值 SV 不是 BCD 数时为 ON,间接寻址 DM 单元不存在时为 ON。该位为 ON,时该指令不执行。

(2)高速定时器 TIMH(15)。

高速定时器的梯形图符号如图 4.34 所示。

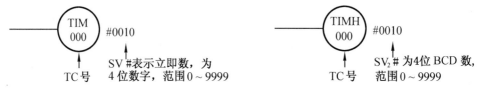

图 4.33　定时器的梯形图符号　　　　图 4.34　高速定时器的梯形图符号

高速定时器 TIMH 为通电延时,基本延时单位为 10 ms,延时时间为 SV×0.01 s。高速定时器 TIMH 的工作过程与定时器 TIM 相同,只不过延时单位为 10 ms。当扫描时间 T_s>10 ms 时,TIMH 的定时将不准确。编程时,TIMH 的触点仍以 TIM 表示。

数据区:IR、HR、AR、LR、DM、＊DM、#。

出错标志位 25503:设定值 SV 不是 BCD 数时为 ON,间接寻址 DM 单元不存在时为 ON。该位为 ON 时,该指令不执行。

(3)计数器 CNT

计数器的梯形图符号如图 4.35 所示。

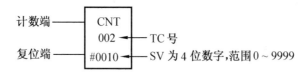

图 4.35　计数器的梯形图符号

计数器 CNT 为减 1 计数。当复位端为 ON 时,计数器 CNT 的输出复位为 OFF,其当前值 PV＝SV,此时计数端的计数脉冲无效。当复位端为 OFF 时,计数端每来一个计数脉冲,在脉冲的上升沿计数器的 PV 减 1。当 PV＝0 时,计算器输出为 ON,此时计数端再来脉冲无效。断电时计数器的 PV 保持不变。

计数器指令编程时,先编计数端,后编复位端,然后编计数器,输入 CNT、TC 号及 SV,如图 4.36 所示。

地　　址	指　　令	数　　据
00000	LD	00002
00001	LD	00003
00002	CNT	002　#0010

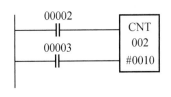

图 4.36　计数器指令的编程

数据区:IR、HR、AR、LR、DM、*DM、#。

出错标志位 25503:设定值 SV 不是 BCD 数时为 ON,间接寻址 DM 单元不存在时为 ON。该位为 ON 时,该指令不执行。

(4)可逆计数器 CNTR(12)

可逆计数器的梯形图符号如图 4.37 所示。

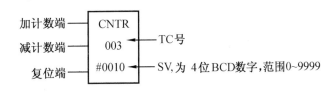

图 4.37　可逆计数器的梯形图符号

可逆计数器 CNTR 为环形计数器。当复位端为 ON 时,CNTR 的输出被复位为 OFF,其当前值 PV = 0,加、减计数端脉冲无效。

当复位端为 OFF、减计数端无脉冲时,加计数端每来一个脉冲,在脉冲上升沿其 PV 加 1,当 PV = SV 时,加计数端再来一个脉冲,则 PV = 0 同时可逆计数器输出为 ON,若此时加计数端再来一个脉冲,则其 PV = 1 且可逆计数器输出为 OFF。当复位端为 OFF、加计数端无脉冲时,减计数端每来一个脉冲,在脉冲上升沿其 PV 减 1,当 PV = 0 时,减计数端再来一个脉冲,则 PV = SV 且可逆计数器输出为 ON,若此时减计数端再来一个脉冲,则 PV = SV−1 且可逆计数器输出为 OFF。当复位端为 OFF,加、减计数端同时来脉冲时,其 PV 不变。PLC 电源断电时,可逆计数器的 PV 不变。

对可逆计数器编程时,先编加计数端,再编减计数端,再编复位端,然后输入CNTR指令及其 TC 号和 SV。CNTR 的触点仍以 CNT 表示。

数据区:IR、HR、AR、LR、DM、*DM、#。

出错标志位 25503:设定值 SV 不是 BCD 数时为 ON,间接寻址 DM 单元不存在时为 ON。该位为 ON 时,该指令不执行。

一个 TC 号只能用于一个定时器或计数器,但定时器或计数器的输出作为触点可以在程序中无限制地多次使用。

定时器/计数器应用举例:

①定时器与定时器串联使用。可将几个定时器连接起来组成扩展定时器。图 4.38 为两个定时器串联组成一个 3 min 定时器。也可用几个定时器和计数器联合使用组成扩展定时器,如图 4.39 所示,TIM001 每 5 s 产生一个脉冲,CNT002 对该脉冲计数,总定时间

隔为 ΔT = (定时器 SV + 扫描时间) × 计数值, 所以, 得到一个 500 s 的定时器。

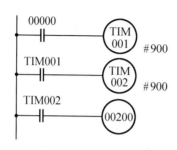

图 4.38　3 min 定时器

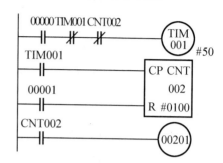

图 4.39　500 s 定时器

还有另一种办法组成扩展定时器, 即利用内部时钟脉冲和一个计数器组成。如图 4.40 所示, 用 C200H 的内部 1 s 时钟脉冲和一个计数器组成一个 700 s 的定时器。如果把系统复位标志 (SR25315) 并联接入计数器的复位端, 该位在 PLC 启动第一次扫描时置为 ON, 则从 PLC 上电时计数器开始从设定值计数。

②计数器与计数器串联使用。将计数器串联编程可将计数值扩大到 9 999^2 以上, 图 4.41 所示为两个计数器串联, 计数值达 20 000 次。

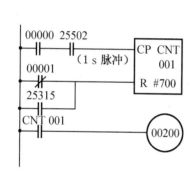

图 4.40　700 s 定时器

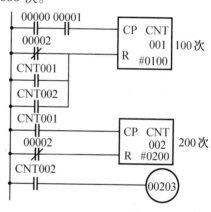
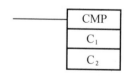

图 4.41　20 000 次计数器

7. 比较指令 CMP(20)

比较指令的梯形图符号如图 4.42 所示。其中 C_1 为比较数据 1, C_2 为比较数据 2。

当 CMP 前面的条件为 ON 时, 比较 C_1 和 C_2 的大小, 比较结果影响标志位。根据标志位的状态, 可以构成程序

CMP
C_1
C_2

分支。比较指令所影响的标志位的状态, 保持到有新的指　图 4.42　比较指令的梯形图符号
令改变了这些标志位的状态为止。因此, 若想在整个程序范围内使用一条比较指令的结果, 应将标志位先输出给一个 IR 位或 HR 位, 然后在整个程序范围使用这个 IR 位或 HR 位。

图 4.43 为一个比较指令程序的梯形图和相应的语句表。

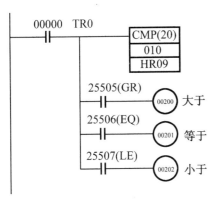

图 4.43 比较指令程序

地址	指令	数据
00000	LD	00000
00001	OUT	TR0
00002	CMP	
		010
		HR09
00003	LD	TR0
00004	AND	25505
00005	OUT	00200
00006	LD	TR0
00007	AND	25506
00008	OUT	00201
00009	LD	TR0
00010	AND	25507
00011	OUT	00202

IR10 通道数据与 HR09 通道数据进行比较,将结果输出到 SR 区中的 GR、EQ 和 LE 标志上。GR 的标志位为 25505,EQ 的标志位为 25506,LE 的标志位为 25507,比较结果与标志状态如表 4.12 所示。

表 4.12 COM 指令比较结果与标志状态表

	$C_1 > C_2$	$C_1 = C_2$	$C_1 < C_2$
EQ	OFF	ON	OFF
LE	ON	OFF	OFF
GR	OFF	OFF	ON

比较指令数据区:IR、SR、HR、TC、DM、#。

8. 数据传送指令 MOV(21)/MVN(22)

MOV 把源数据(或是一个指定通道内的数据,或是一个四位的十六进制常数)传送到一目标通道。MVN 则把源数据取反后,再送到目标通道。传送指令的梯形图符号如图 4.44 所示。

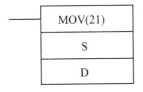
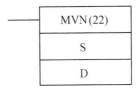

S:源数据   D:目标数据

图 4.44 传送指令梯形图符号

图 4.45 为一个传送指令程序和相应的语句表,当输入 00000 变为 ON 时,MOV 把通道 001 的内容传送到 HR05,而 MVN 又把 HR05 的内容取反后再传送到 HR10。

数据区:S 为 IR、SR、HR、TC、DM、#;

D 为 IR、HR、DM。

C200H 的传送指令,除 MOV、MVN 外,还有块设置指令 BSET(71)、块传送指令 XFER(70)、数据交换指令 XCHG(73)、位传送指令 MOVB(82)、字传送指令 MOVD(83)等,这里不再一一列举。

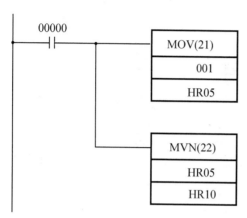

地址	指令	数据
00000	LD	00000
00001	MOV	
		001
	HR	05
00002	MVN	
	HR	05
	HR	10

图 4.45　传送指令程序举例

C200H 型可编程控制器具备了强大而完善的指令系统,除以上介绍的这些指令之外,还有移位指令、转换指令、各种运算指令,通道逻辑指令、子程序与中断字程序指令、步指令等等。它们的编程指令及功能请参阅用户手册。

4.3.5　编程器

编程器可直接安装在 PLC 的 CPU 上,对 PLC 进行编程和调试,是各种类型 PLC 应用最广泛的编程工具。OMRON C200H PLC 可使用的编程器有简易编程器、图形编程器和智能编程器。

简易编程器是 C200H PLC 最常用的编程设备,是一种紧凑型结构,大小与 32 开的书差不多。简易编程器有手持式和安装式两种,这两种编程器在键盘布置、液晶显示、开关设置以及用户操作和各种功能方面几乎完全一样,不同的是与 CPU 的连接方式有差别。安装式编程器必须插在 CPU 单元上的插槽内使用,使用时,编程器是固定的;而手持式编程器则是通过带有接插头的连接电缆与 CPU 单元相连,这样用户可以手持编程器在距PLC 2～4 m 远的地方操作,使用时编程器的放置比较灵活。下面介绍有关简易编程器的内容。

C200H PLC 简易编程器共有 39 个触摸式按键,即 10 个数字键、16 个指令键、13 个功能操作键。液晶显示屏为 2×16 字符,可逐条显示命令语句或监视通道状态,但不能显示梯形图。另外,编程器面板上的开关可用来选择 PLC 工作方式,如运行、监控或编程。简易编程器可以完成以下功能:

1. PLC 工作方式选择

C200H PLC 可以工作于三种方式:运行(RUN)、监控(MONITOR)和编程(PROGRAM)。选择何种方式只需将面板上的开关拨到相应位置即可。

RUN 方式:运行用户程序。当 PLC 工作于 RUN 方式时,用户可以通过编程器上的显示屏监视运行过程中的 I/O 状态、通道状态、系统扫描时间、线路状态以及读出系统故障代码并排除,还可以进行 I/O 登记表的读出和校验、读用户程序、检索指令和继电器接点。但是在运行方式下,用户不能对程序进行编辑、修改以及插入、删除等操作,不能生成 I/O 登记表,也不能对 I/O 状态定时器和计数器的设定值及各通道数据进行修改,只能监视。如果 PLC 系统没有连接编程器等外设时,上电后 PLC 自动选择 RUN 方式,开始执行用户程序。

MONITOR 方式:除具有 RUN 方式下全部功能以外,还可以在 PLC 运行用户程序的同时强制 I/O 状态为复位或置位、改变定时器和计数器的预置值、改变各通道的预置数据。但是,在 MONITOR 方式下,用户也不能对程序进行编辑、修改以及插入、删除等操作。

PROGRAM 方式:PLC 不执行用户程序。在此方式下用户可以读、写用户程序,校验或清除程序,检索指令或继电器接点,插入或删除指令,监测 I/O 状态以及各通道数据,强制 I/O 状态为置位或复位,改变通道数据,读取系统故障代码并排除,生成 I/O 登记表,读出或校验 I/O 登记表。但是不能检查线路状态。如果 PLC 上连接了外设接口单元,如 PROM 写入器或打印机接口单元等,PLC 上电后自动处于 PROGRAM 方式。

若 PLC 上电后再连接任何一种外设,则 PLC 仍处于连接外设以前的方式,但是如果连接的是编程器,则可通过编程器的方式选择开关改变 PLC 的工作方式。为安全起见,应在 PROGRAM 方式下连接外设,最好是在连接好这些外设接口单元以后再给 PLC 上电。

2. 显示信息选择

在编程器背面外部连接器的右边,有一个小开关可用来选择显示信息,即采用日语还是英语。出厂时,小开关设置为 OFF,选择英语信息显示。

3. 录音机接口

在编程器侧面备有录音机接口,在 PROGRAM 方式下,用户可将程序转储到磁带上,也可从磁带中将程序加载到 PLC 程序储器中,还可以对 PLC 程序存储器和录音机磁带中的程序进行校验。

4. 口令字

PLC 上电后或编程器连到 CPU 单元上后,编程器显示屏上显示出口令字提示符 "PASSWORD!"和 PLC 当前所处的工作方式,此时用户必须先输入口令字,才能进入所选方式。口令字可以防止非程序作者访问用户程序,起到程序保密的作用。当出现提示符 "PASSWORD!"时要想进入系统,需先后压下 CLR 键和 MONTR 键作为输入口令字。如果用户要在编程之前写入自己的口令字,则必须在 PLC 工作于 PROGRAM 方式时才可写入。

5. 自诊断

PLC 上电后会对系统存储器和 I/O 配置进行检查,若发现故障,则即使用户输入了保密字也不会进入所选工作方式,而是在显示屏上显示出是存储器错还是 I/O 校验错,提示用户先排除故障。

实现以上各功能的详细操作步骤,请参阅编程器使用手册,此处只是分大类作简单介绍。

简易编程器最大的不足是不能直接用梯形图编程。为此,OMRON C200H PLC 还可配备图形编程器(GPC)和智能编程器(F I T10、F I T20)。GPC 除具有简易编程器的全部功能以外,还可以直接用梯形图编程写程序,并显示在液晶显示屏上,语法检查正确以后,程序装至 PLC 存储器中。GPC 功能的强弱取决于它的系统软件。需要的话,还可选用 CRT 接口单元将 GPC 连到 12 in 或 14 in 彩色 CRT 上。OMRRON 公司还为 GPC 开发了软件包,可实现梯形图或命令语句表编程、调试、磁盘存储和打印输出等。另外,GPC 是便携式的,便于现场编程、调试。

改变编程环境的另一途径是组成两组系统,上级选用个人计算机,配备相应的软件包(SYSMATE 软件),下级 C200H PLC 系统中配置主机链接单元,通过 RS232C 或 RS422 标准接口进行通信,这样可利用个人计算机作为 PLC 的高级智能编程器,能够实现 GPC 的全部功能,同时用户可对上级计算机做二次开发,组成分级分布控制与管理系统,充分利用个人计算机在管理与联网方面的优势,实现控制与管理的一体化。

4.4　西门子 S7-200 可编程序控制器

PLC 的种类和规格很多,它们的基本结构与工作原理大体相同,但不同厂家、不同系列、不同型号的 PLC 的结构功能不尽相同。

西门子 S7-200 系列 PLC 是超小型化的 PLC,它适用于各行各业,各种场合中的自动检测及控制等。S7-200 系列 PLC 的强大功能使其无论在独立运行,或相连成网络都能实现复杂控制功能,使用范围可覆盖从替代继电器的简单控制到更复杂的自动化控制。

4.4.1　S7-200 系列 PLC 的系统结构及特点

1. 型号及系统构成

S7-200 系列 PLC 的型号表示为

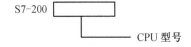

例如,S7-200 CPU214 表示:S7-200 系列的 PLC,它的 CPU 型号是 241。

S7-200 系列可提供 4 种不同的基本单元和 6 种型号的扩展单元。其系统构成除基本单元、扩展单元外,还有编程器、存储器卡、写入器、文本显示器等。

(1)基本单元

S7-200 系列中 CPU21X 的基本单元有 4 种型号,其输入/输出点数的分配如表 4.13所示。

(2)扩展单元

S7-200 系列主要有 6 种扩展单元,扩展单元内部没有 CPU、ROM 和 RAM 等部分,不能单独使用,作为基本单元输入/输出点数的扩充,仅能与基本单元相连接使用。不同的基本单元加上不同的扩展单元,可以方便地构成各种输入/输出点数的控制系统,以适应不同工业控制的需要。S7－200 系列扩展单元型号及输入/输出点数的分配如表 4.14 所示。

表 4.13　S7－200 系列 PLC 中 CPU21X 的基本单元

型号	输入点数	输出点数	可带扩展模块数	可带模拟量扩展模块数
S7－200 CPU212	8	6	2	1
S7－200 CPU214	14	10	7	4
S7－200 CPU215	14	10	7	4
S7－200 CPU216	24	16	7	4

表 4.14　S7－200 系列 PLC 扩展单元型号及输入/输出点数

类型	型号	输入点数	输出点数
数字量扩展单元	EM221	8	无
	EM222	无	8
	EM223	4/8/16	4/8/16
模拟量扩展单元	EM231	3	无
	EM232	无	2
	EM235	3	1

（3）编程器

西门子 PLC 专用的编程器分为简易型和智能型两种。

简易型编辑器是袖珍型的,有简单的操作键及小面积的液晶显示屏,具有用户程序输入、编辑、检索的功能,可在线作系统监控制及故障检测,具有简单实用,价格低廉的优点。但毕竟其显示功能较差,只能用指令表方式输入,所以使用不够方便。

智能型的编辑器,实际上是装有全部所需软件的工业现场用便携式计算机。其程序编辑、管理的功能强。可以挂在 PLC 网络上,对网上各站进行监控、调度和管理,但价格较高。

目前普遍采用的办法是将专用的编辑软件装入通用计算机内,把个人计算机作为智能型的编程器来使用(S7－200 系列的专用编辑软件有 STEP 7－Micro/DOS 和 STEP 7－Micro/WIN 两种)。通过一条 PC/PPI 电缆将用户程序送入 PLC 中。

（4）程序存储卡

S7－200 系列中 CPU214 以上单元设有外接 EEPROM 卡盒接口。通过该接口可以将卡盒的内容写入 PLC 内,也可将 PLC 内的程序及重要参数传到外部 EEPROM 卡盒作备份。程序存储卡 EEPROM 有 6ES7 291－8 GC00－0XA0 和 6ES7 291－8GD00－0XA0 两种型号,存储容量分别为 8 KB 和 16KB 程序步。

（5）写入器

写人器的功能是实现 PLC 和 EPROM 之间程序传送,即 PLC 中 RAM 区程序通过写入器固化到程序存储卡中,或将程序存储卡中程序传送到 PLC 的 RAM 区中去。

（6）文本显示器

文本显示器 TD 200 不仅是一个用于显示系统信息的显示器,还是操作控制单元,它可以在执行程序的过程中修改某个量的参数,也可直接设置输入或输出量。文本信息的显示用选择/确认的方法,最多可显示 80 条信息,每条信息最多 4 个变量的状态。过程参数可在显示器上显示,并随时修改。TD 200 面板上的 8 个可编程序的功能键,每个都已分配了一个存储器位,这些功能键在启动和测试系统时,可以进行参数设置和诊断。

2. 结构特点

S7-200 系列属于整体式结构,其特点是非常紧凑。它将所有的模板都装入一个机体内,构成一个整体。这样体积小巧,成本低,安装方便。一整体式 PLC 可以直接装入机床或电控柜中,它是机电一体化特有产品。例如,S7-200 系列在一个机体内集中了 CPU 板、输入板、输出板和电源板等。

应当指出的是,小型 PLC 的最新发展也开始吸收模块式结构的特点。各种不同点数的 PLC 都做成同宽同高不同长度的模块,这样几个模块拼装起来后就成了一个整齐的长方体结构。西门子 S7-200 系列就是采用这种结构。

4.4.2 S7 系列 PLC 的 STEP7 编程软件简介

近年来,计算机技术发展迅速,利用计算机进行 PLC 的编程、通信更具有优势,计算机除可以进行 PLC 的编程外,还可作为一般计算机的用途,兼容性好,利用率高。因此采用计算机进行 PLC 的编程已成为一种趋势,几乎所有生产 PLC 的企业,都研究开发了 PLC 的编程软件和专业通信模块。

STEP7 编程软件用于 SIMATIC S7、C7、M7 和基于 PC 的 WinAC,是供它们编程、监控和参数设置的标准工具。STEP7-Micro/WIN 编程软件是由西门子公司专为 SIMATIC 系列 S7-200 PLC 研制开发的编程软件,它可以使用个人计算机作为图形编程器,用于在线(联机)或离线(脱机)开发用户程序,并可在线实时监控用户程序的执行状态,是西门子 S7-200 用户不可缺少的开发工具。

单台 PLC 与个人计算机的连接或通信,只需要一根 PC/PPL 电缆,将 PC/PPL 电缆的 PC 端连接到计算机的 RS-232 串行通信口,另一端连接到 PLC 的 RS-485 通信口。在个人计算机上配置 MPI 通信卡或 PC/MPL 通信适配器,可以将计算机连接到 MPI 或 PROFI-BUS 网络,通过通信参数的设置可以对网络上 PLC 上传和下载用户程序和组态数据,实现网络化编程。

STEP7-Micro/WIN 的基本功能是在 Windows 平台编制用户应用程序,它主要完成下列任务:

①离线(脱机)方式下创建、编辑和修改用户程序。在离线方式下,计算机不直接与 PLC 联系,可以实现对程序的编辑、编译、调试和系统组态,此时所有的程序和参数都存储在计算机的存储器中。

②在线(连接)方式下通过联机通信的方式上传和下载用户程序及组态数据,编辑和修改用户程序,可以直接对 PLC 进行各种操作。

③编辑程序过程中具有简单语法检查功能。利用此功能可提前避免一些语法和数据类型方面的错误。

④直接用编程软件设置 PLC 的工作方式、运行参数以及进行运行监控和强制操作等。

使用 STEP7－Micro/WIN 编程软件编辑、调试 S7 －200 PLC 应用程序主要包括以下几步：

1. 以项目的形式建立程序文件

根据实际需要确定 CPU 主机型号、添加子程序或中断程序、更改子程序或中断程序名、上传或下载程序文件等。

2. 编辑程序

①一般采用梯形图编程。编程元素包括线圈、接点、指令框,标号和连线等。

②使用符号表可将直接地址编号用具有实际含义的符号代替,有利于程序清晰易懂。

③使用带参数的子程序调用指令时要用到局部变量表。

④梯形图编辑器中的"网络(Network)"标志每个梯级,同时又是标题栏,可以在此为该梯级加标题或必要的注释说明,使程序清晰易读。

⑤编程软件可实现 STL、LAD 或 FBD 三种编程器之间的切换,使用最多的是 STL 和 LAD 之间互相切换,STL 的编程可以不按网络块的机构顺序编程,但 STL 只有严格按照网络块编程的格式编程才可切换到 LAD,否则无法实现转换。

⑥STEP7－Micro/WIN 提供一些特殊功能配置工具,利用向导(Wizard)使下列特殊功能的编程更加容易,、自动化程度更高:

·PID 向导为闭环控制定义 PID 提供指导。

·NETR/NETW 向导为网络中多个 S7-200 PLC 之间通信配置提供指导。

·HSC 向导根据需要高速计数器应用程序的要求,为不同的模式和中断事件之间进行选择揸导。

·TD200 向导配置选用的 TD200 操作员接口设备,建立 TD200 信息。

·位置控制完成,可进行离线编译,编译无误后,可将程序下载到 PLC 中。

3. 调试及运行监控

成功完成下载程序后,在软件环境下可以调试并监视用户程序的执行。可以采取单次扫描或多次扫描以及强制输出等措施调试程序,三种程序编辑器都可以在 PLC 运行时监视程序的执行过程和各元器件的执行结果,并可监视操作数的数值。

4.4.3 S7–200 系列 PLC 内部元器件

PLC 的逻辑指令一般都是针对 PLC 内某一个元器件状态而言的,这些元器件的功能是相互独立的,每种元器件用一定的字母来表示,例如 I 表示输入继电器,Q 表示输出继电器,T 表示定时器,C 表示计数器,AC 表示累加器等等,并对这些元器件给予一定的编号。这种编号是采用八进制数码,即元件状态存放在指定地址的内存单元中,供编程时调用。在编制用户程序时,必须熟悉每条指令涉及的元器件的功能及其规定编号。

为此,在介绍 S7-200 系列 PLC 指令系统之前,将主要使用的元器件的功能和字母表示及其规定的编址作一介绍。

1. 输入继电器 I

输入继电器是 PLC 中专门用来接收从外部敏感元件或开关元件发来的信号。它与

PLC 的输入端子相连,可以提供许多(无限制)常开常闭接点,供编程时使用(实际上是调用该元件的状态)。输入点的状态,在每次扫描周期开始时采样,采样结果以"1"或"0"的方式写入输入映像寄存器,作为程序处理时输入点状态"通"或"断"的根据。

S7–200 系列 PLC 的指令集还支持直接访问实际 I/O。使用立即输入指令时,绕过输入映像寄存器直接读取输入端子上的通、断状态,且不影响输入映像寄存器的状态。

输入继电器采用"字节.位"编址方式。CPU212、CPU214、CPU215 及 CPU216 输入映像寄存器地址编码如图 4.46 所示。

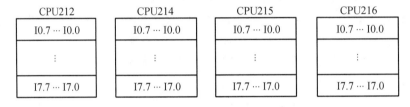

图 4.46　输入映像寄存器

如编号为 I0.0 输入继电器的等效电路图如图 4.47 所示,输入由外部按钮信号驱动,其常开、常闭接点供编程时使用。编程时应注意输入继电器只能由外部信号所驱动,而不能在程序内部用指令来驱动,其接点也不能直接输出带动负载。

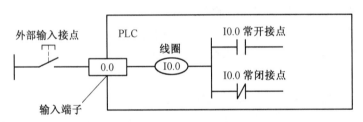

图 4.47　输入继电器电路

2. 输出继电器 Q

PLC 的输出端子是 PLC 向外部负载发出控制命令的窗口。输出继电器的外部输出触点接到输出端子,以控制外部负载。输出继电器的输出方式有三种:继电器输出、晶体管输出和晶闸管输出。

在每次扫描周期的最后,CPU 才以批处理方式将输出映像寄存器(PIQ)的内容传送到输出端子去驱动外部负载。

使用立即输出指令时,除影响输出映像寄存器相应 bit 位的状态外,还立即将其内容传送到实际输出端子去驱动外部负载。

输出继电器采用"字节.位"编址方式。CPU212、CPU214、CPU215 及 CPU216 输出映像寄存器地址编码如图 4.48 所示。

输出继电器由程序执行结果所激励,它只有一对触点输出,直接带动负载。这对触点的状态对应于输出刷新阶段锁存电路的输出状态。同时,它还有供编程使用的内部常开、常闭接点。内部使用的常开、常闭接点对应输出映像寄存器中该元件的状态(内存中)。如输出继电器 Q0.0 的等效电路如图 4.49 所示。

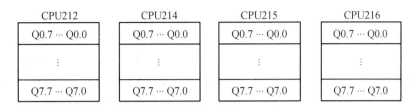

图 4.48 输出映像寄存器

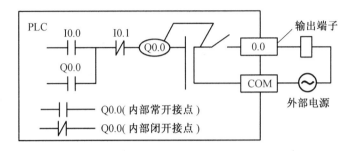

图 4.49 输出继电器的 Q0.0 电路

3. 变量寄存器 V

S7-200 系列 PLC 有较大容量的变量寄存器,用于模拟量控制、数据运算、设置参数等。变量寄存器可以 bit 为单位使用,也可按字节、字、双字为单位使用。其数目取决于 CPU 的型号,CPU212 为 V0.0 ~ 1023.7,CPU214 为 V0.0 ~ V4095.7,CPU215/216 为 V0.0 ~ V5119.7。

4. 辅助继电器 M

在逻辑运算中经常需要一些中间继电器。在 S7-200 系列 PLC 中,中间继电器也称作内部标志位(Marker)。CPU 型号不同其数量也不同,如 CPU212 中有辅助继电器 M 共 16 Byte(即 128 bit),而 CPU214 以上则有 32 Byte(即 256 bit)。辅助继电器电路如图 4.50 所示。

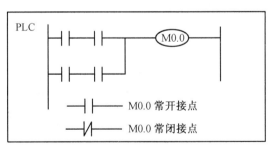

图 4.50 辅助继电器电路

辅助继电器 M 也采用"字节.位"编址方式,例如,M10.3 中 M 为元件符号,10 为字节号,3 为位编号(位编号可为 0 ~ 7)。辅助继电器一般以位为单位使用,即等同于一个中间继电器。也可以字节、字、双字为单位,作存储数据用。

辅助继电器 M 的数目取决于 CPU 的型号,CPU212 为 M0.0 ~ M15.7/MB0 ~ MB15,CPU214/215/216 为 M0.0 ~ M31.7/MB0 ~ MB31。

5. 特殊标志位 SM

特殊标志位(SM)是用户程序与系统程序之间的界面,为用户提供一些特殊的控制功能及系统信息,用户对操作的一些特殊要求也可通过 SM 通知系统。特殊标志位的数目取决于 CPU 的型号,CPU212 为 SM0.0 ~ SM45.7,CPU214 为 SM0.0 ~ SM85.7,CPU215/216 为 SM0.0 ~ SM149.7。特殊标志位分为只读区和可读/可写区两大部分,如表 4.15 所示(以 CPU212、CPU214 为例)。

表 4.15　特殊标志位

	CPU212	CPU214
SM 只读区	SM0.7,…,SM0.0 ⋮　⋮ SM29.7,…,SM29.0	SM0.7,…,SM0.0 ⋮　⋮ SM29.7,…,SM29.0
SM 可读/可写区	SM30.7,…,SM30.0 ⋮　⋮ SM47.7,…,SM45.0	SM30.7,…,SM30.0 ⋮　⋮ SM85.7,…,SM85.0

在只读区的特殊标志位,用户只能利用其接点。例如:

SM0.0 RUN 监控,PLC 在 RUN 状态时,SM0.0 总为 1。

SM0.1 初始脉冲,PLC 由 STOP 转为 RUN 时,SM0.1 ON 一个扫描周期。

SM0.2 当 RAM 中保存的数据丢失时,SM0.2 ON 一个扫描周期。

SM0.3 PLC 上电进入 RUN 状态时,SM0.3 ON 一个扫描周期。

SM0.4 分脉冲,占空比为 50%,周期为 1 min 的脉冲串。

SM0.5 秒脉冲,占空比为 50%,周期为 1 s 的脉冲串。

SM0.6 扫描时钟,一个扫描周期为 ON,下一个周期为 OFF,交替循环。

SM0.7 指示 CPU 上 MODE 开关的位置,0 = TERM,1 = RUN,通常用来在 RUN 状态下启动自由通信口方式。

又如:SMB28 和 SMB29 分别对应模拟调节器。和 1 的当前值犷数值范围为 0 ~ 255。用户用起子旋动调节器也就改变了 SMB28/SMB29 的值。在程序中恰当地安排 SMB28/SMB29 就可以方便地修改某些设定值。

可读/可写特殊标志位用于特殊控制功能用。例如:用于自由通信口设置的 SMB30,用于定时中断间隔时间设置的 SMB34/SMB35,用于高速计数器设置的 SMB36 ~ SMB65,用于脉冲串输出控制的 SMB66 ~ SMB85,其使用详情在各对应功能指令解释时加以说明。

6. 定时器 T

PLC 中的定时器的作用相当于时向继电器。定时器的设定值由程序赋予。每个定时器有一个比 16 bit 的当前值寄存器以及一个状态 bit,称为 T-bit,如图 4.51 所示。

定时器的数目取决于 CPU 的型号,CPU212 为 T0 ~ T63,CPU214 为 T0 ~ T127,CPU215/216 为 T0 ~ T255。定时器的定时精度分别为 1 ms、10 ms 和 100 ms 三种,可由用户编程时确定。表 4.16 列出了定时器有关技术指标。

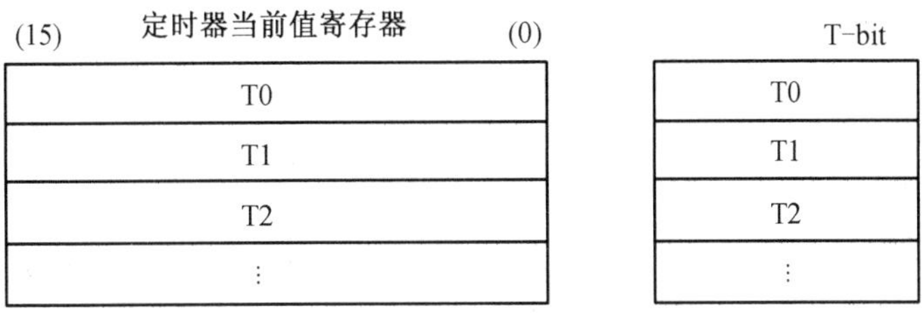

图 4.51　PLC 中的定时器

表 4.16　定时器有关技术指标

型号	CPU212	CPU214	CPU215	CPU216
定时器	64 T0 ~ T63	128 T0 ~ T127	256 T0 ~ T255	256 T0 ~ T255
保持型延时通定时器 1 ms	T0	T0,T64	T0,T64	T0,T64
保持型延时通定时器 10 ms	T1 ~ T4	T1 ~ T4 T65 ~ T68	T1 ~ T4 T65 ~ T68	T1 ~ T4 T65 ~ T68
保持型延时通定时器 100 ms	T5 ~ T31	T5 ~ T31 T69 ~ T95	T5 ~ T31 T69 ~ T95	T5 ~ T31 T69 ~ T95
延时通定时器 1 ms	T32	T32,T96	T32,T96	T32,T96
延时通定时器 10 ms	T33 ~ T36	T33 ~ T36 T97 ~ T100	T33 ~ T36 T97 ~ T100	T33 ~ T36 T97 ~ T100
延时通定时器 100 ms	T37 ~ T63	T37 ~ T63 T101 ~ T127	T37 ~ T63 T101 ~ T255	T37 ~ T63 T101 ~ T255

7. 计数器 C

计数器的结构与定时器基本一样。其设定值在程序中赋予。它有一个 16 bit 的当前值寄存器及一个状态 bit,称为 C-bit。计数器用来数输入端子或内部元件送来的脉冲数。一般计数器的计数频率受扫描周期的影响,不可以太高。高频信号的计数.可用指定的高速计数器(HSC)。计数器数目也取决于 CPU 型号,CPU212 为 C0 ~ C63,CPU214 为 C0 ~ C127,CPU215/216 为 C0 ~ C255。

8. 高速计数器 HSC

高速计数器的区域地址符为 HC。与高速计数器对应的数据只有 1 个,即计数器当前值。它是一个带符号的 32 位(bit)的双字类型的数据。

目前,CPU212 中只有 1 个高速计数器,用 HC0 表示;CPU214 ~ CPU216 中有三个高速计数器,分别用 HC0 ~ HC2 表示,对应的数据共占用 12B。

9. 累加器 AC

S7-200 系列 PLC 提供 4 个 32 bit 累加器(AC0 ~ AC3)。累加器支持字节(B)、字(W)和双字(D)的存取。以字节或字为单位存取累加器时,是访问累加器的低 8 位或低 16 位。

10. 状态元件 S

状态元件 S 是使用步进控制指令编程时的重要元件,通常与步进指令 LSCR、SORT、

SORE 结合使用,实现顺序功能流程图编程即 SFC(Sequential Function Chart)编程。状态元件的数目取决于 CPU 型号。例如:CPU212 中 S 元件的数目为 S0.0 ~ S7.7,CPU214 中 S 元件的数目为 S0.0 ~ S15.7,CPU215/216 中 S 元件的数目为 S0.0 ~ S31.7。

11. 模拟量输入/输出(AIW/AQW)

模拟量信号经 A/D、D/A 转换,在 PLC 外为模拟量,在 PLC 内为数字量。在 PLC 内的数字量字长为 16 bit,即 2 Bytes,故其地址均以偶数表示,如 AIW0,2,4,…;AQW0,2,4,…。地址范围:AIW0 ~ AIW30,AQW0 AQW30。

4.4.4 S7-200 系列 PLC 基本指令

本节以 S7-200 系列 PLC 的基本指令为例,说明指令的含义、梯形图的编制方法及对应的指令表形式。SIMATIC S7-200 系列 PLC 基本指令包括 27 条逻辑指令和 15 条控制指令。

1. S7-200 系列 PLC 的逻辑指令

(1)逻辑取及线圈驱动指令 LD 、LDN、=

LD (Load):常开接点逻辑运算开始。

LDN (Load Not):常闭接点逻辑运算开始。

= (Out):线圈驱动。

上述三条指令的梯形图及指令表的用法如图 4.52 所示。

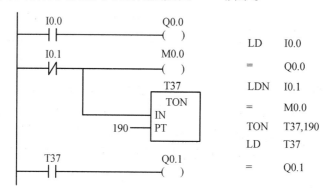

图 4.52 LD、LDN、=指令的应用

LD、LDN、=指令使用说明:

LD、LDN 指令角于与输入公共线(输入母线)相连的接点,也可以与 OLD、ALD 指令配合使用于分支回路的开头。

=指令用于输出继电器、辅助继电器、定时器及计数器等,但不能用于输入继电器。

并联的=指令可以连续使用任意次。

LD、LDN 的操作数为:I,Q,M,SM,T,C,V,S。UT 的操作数为:Q,M,SM,T,C,V,S。

(2)接点串联指令 A、AN

A (And):一常开接点串联连接。

AN (And Not):常闭接点串联连接。

上述两条指令的梯形图及指令表的用法如图 4.53 所示。

A、AN 指令使用说明:

A、AN 是单个接点串联连接指令,可连续使用。

若要串联多个接点组合回路时,须采用后面说明的 ALD 指令。

若按正确次序编程,可以反复使用=指令,如图 4.19 中,=Q0.1。但如果按图 4.54 次序编程就不能连续使用=指令。

A、AN 的操作数为:I,Q,M,SM,T,C,V,S。

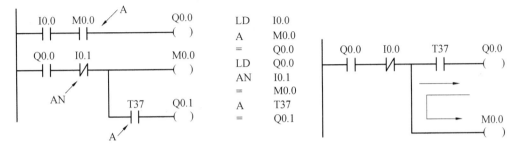

图 4.53　A、AN 指令的应用　　　　图 4.54　编辑错误次序示例

(3)接点并联指令 O、ON

O (Or):常开接点并联连接。

ON (Or Not):常闭接点并联连接。

上述两条指令的梯形图及指令表的用法如图 4.55 所示。

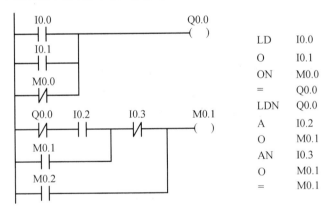

图 4.55　O、ON 指令的应用

O、ON 指令使用说明:

O、ON 指令可作为一个接点的并联连接指令,紧接在 LD、LDN 指令之后,即对其前面 LD、LDN 指令所规定的接点再并联一个接点,可以连续使用。

若要将两个以上接点的串联回路与其他回路并联时,须采用后面说明的 OLD 指令。

O、ON 的操作数为:I,Q,M,SM,T,C,V,S。

(4)串联电路块的并联指令 OLD

OLD (Or Load):用于串联电路块的并联连接。使用 OLD 指令,如图 4.56 所示。

OLD 指令使用说明:

几个串联支路并联连接时,其支路的起点以 LD、LDN 开始,支路终点用 OLD 指令。

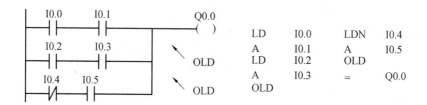

图 4.56 OLD 指令的应用

如需将多个支路并联,从第二条支路开始,在每一支路后面加 OLD 指令。用这种方法编程,对并联支路的个数没有限制。

OLD 指令无操作数。

(5)并联电路块的串联指令 ALD

ALD(And Load):用于并联电路块的串联连接。使用 ALD 指令,如图 4.57 所示。

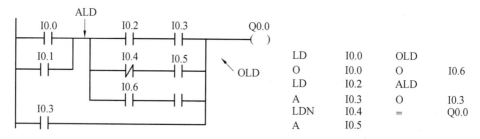

图 4.57 ALD 指令的应用

ALD 指令使用说明:

分支电路(并联电路块)与前面电路串联连接时,使用 ALD 指令。分支的起始点用 LD、LDN 指令,并联电路块结束后,使用 ALD 指令与前面电路串联。

如果有多个并联电路块串联,顺次以 AD 指令与前面支路连接,支路数量没有限制。

ALD 指令无操作数。

(6)置位/复位指令 S/R

S/R 指令表,如表 4.17 所示。

表 4.17 S/R 指令表

STL	LAD	功能
S S-BIT,N	S-BIT ——(S) N	从 S-BIT 开始的 N 个元件置 1 并保持
R S-BIT,N	S-BIT ——(S) N	从 S-BIT 开始的 N 个元件清 0 并保持

如图 4.58 所示例子,I0.0 的上升沿令 Q0.0 接通并保持,即使 I0.0 断开也不再影响 Q0.0。I0.1 的上升沿使 Q0.0 断开并保持断开状态,直到 I0.0 的下一个脉冲到来。

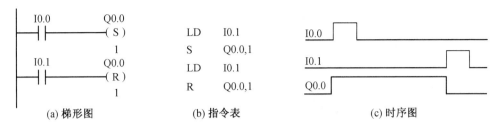

图 4.58　S/R 指令应用示例

对同一元件可以多次使用 S/R 指令(与=指令不同)。实际上图 4.58 所示的例子组成一个 S-R 触发器,当然也可把次序反过来组成 R-S 触发器。但要注意,由于是扫描工作方式,故写在后面的指令有优先权。如此例中,若 I0.0 和 I0.1 同时为 1,则 Q0.0 为 0。R 指令写在后因而有优先权。

S/R 指令的操作数为:Q,M,SM,V,S。

(7)脉冲生成指令 EU/ED

脉冲生成指令表见表 4.18。

表 4.18　脉冲生成指令表

STL	LAD	功能	操作元件
EU (Edge Up)	——| P |——( )	上升沿微分输出	无
ED (Edge Down)	——| N |——( )	下降沿微分输出	无

EU 指令在对应 EU 指令前的逻辑运算结果有一个上升沿时—(由 OFF 到 ON)产生一个宽度为一个扫描周期的脉冲,了驱动其后面的输出线圈,对应图 4.59 所示例子,即为当 I0.0 有上升沿时,EU 指令产生一个宽度为一个扫描周期的脉冲,驱动其后的输出线圈 M0.0。

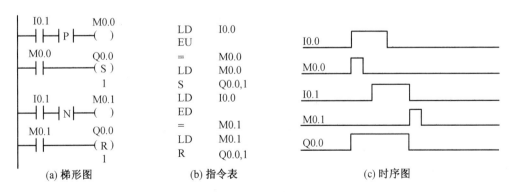

图 4.59　脉冲生成指令应用示例

而 ED 指令则在对应输入(I0.1)有下降沿时产生一宽度为一个扫描周期的脉冲,驱动其后的输出线圈(M0.1)。规范的宽度为一个扫描周期的脉冲常常用作后面应用指令的执行条件。

(8)逻辑堆栈的操作

S7-200 系列 PLC 中有一个 9 层堆栈,图 4.60 所示为逻辑堆栈指令的操作。

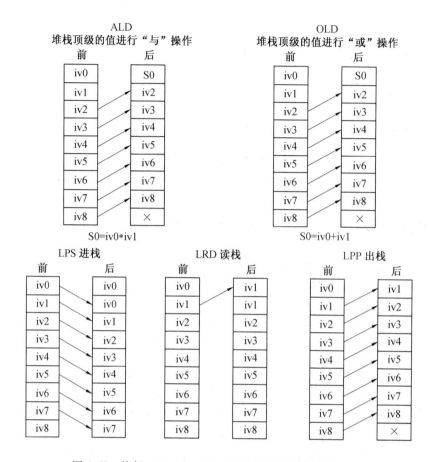

图 4.60　执行 ALD、OLD、LPS、LRD、LPP 指令对堆栈的影响

ALD 指令:ALD 指令把逻辑堆栈第一、第二级的值作"与"操作,结果置于栈顶。ALD 执行后堆栈减少一级。

OLD 指令:OLD 指令把逻辑堆栈第一、第二级的值作"或"操作,结果置于栈顶。OLD 执行后堆栈减少一级。

LPS 指令:LPS 指令把栈顶值复制后压入堆栈,栈底值压出丢失。

LRD 指令:LRD 指令把逻辑堆栈第二级的值复制到栈顶,堆栈没有压入和弹出。

LPP 指令:LPP 指令把堆栈弹出一级,原第二级的值变为新的栈顶值。

图 4.61 所示的例子用以说明这几条指令的作用。其中仅用了两层栈,实际上因为逻辑堆栈有 9 层,故可以连续使用多次 LPS,形成多层分支。注意,LPS 和 LPP 必须配对使用。

(9)定时器

S7-200 系列 PLC 按工作方式分有两大类定时器:

TON:延时通定时器(On Delay Timer)。

TONR:保持型延时通定时器(Retentive On Delay Timer)。

延时通定时器指令应用示例如图 4.62 所示。

每个定时器均有一个 16 bit 当前值寄存器及一个 1 bit 的状态位 T-bit(反映其触点状态)。在图 4.62 所示例中,当 I0.0 接通时,即驱动 T33 开始计时(数时基脉冲);计时到设定值 PT 时,T33 状态 bit 置 1,其常开接点接通,驱动 Q0.0 有输出;其后当前值仍增加,但不影响状态 bit。当 I0.0 分断时,T33 复位,当前值清 0,状态 bit 也清 0,即恢复原始状态。若 I0.0 接通时间未到设定值就断开,则 T33 跟随复位,Q0.0 不会有输出。

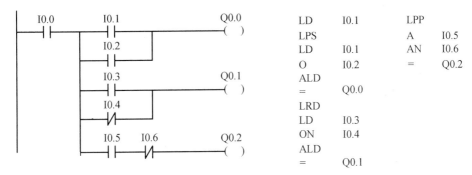

图 4.61　LPS、LRD、LPP 指令应用示例

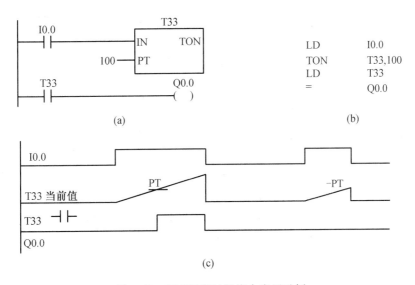

图 4.62　延时通定时器指令应用示例

当前值寄存器为 16 bit,最大计数值为 32 767,由此可推算不同分辨率的定时器的设定时间范围。按时基脉冲分,则有 1 ms,10 ms,100 ms 三种定时器。详细元件类型与元件号对应关系见表 4.16。

保持型延时通定时器指令应用示例如图 4.63 所示。

对于保持型延时通定时器,则当输入 IN 为 1 时,定时器计时(数时基脉冲);当 IN 为 0 时,其当前值保持(不像 TON 一样复位);下次 IN 再为 1 时,13 当前值从原保持值开始再往上加,将当前值与设定值 PT 作比较,当前值大于等于设定值时,状态 bit 置 1,驱动 Q0.0 有输出;以后即使 IN 再为 0 也不会使 T3 复位,要令 T3 复位必须用复位指令。

必须注意的是:对于 S7-200 系列 PLC 的定时器,1 ms、10 ms、100 ms 定时器的刷新方式是不同的。

1 ms 定时器由系统每隔 1 ms 刷新一次,与扫描周期及程序处理无关,即采用中断刷新方式。因而,当扫描周期较长时,在一个周期内可能被多次刷新,其当前值在一个扫描周期内不一定保持一致。

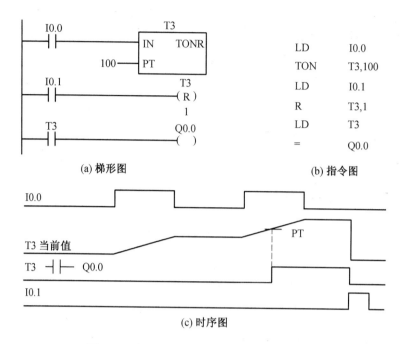

LD　　　I0.0
TON　　T3,100
LD　　　I0.1
R　　　T3,1
LD　　　T3
=　　　Q0.0

(a) 梯形图　　　　　　　　　　　　(b) 指令图

(c) 时序图

图4.63　保持型延时通定时器指令应用示例

10 ms 定时器则由系统在每个扫描周期开始时自动刷新。由于是每个扫描周期只刷新一次,故在每次程序处理期间,其当前值为常数。

100 ms 定时器则在该定时器指令执行时被刷新。因此要注意,如果该定时器线圈被激励而该定时器指令并不是每个扫描周期都执行,那么该定时器不能及时刷新,丢失时基脉冲,造成计时失准。如果同一个 100 ms 定时器指令在一个扫描周期中多次被执行,则该定时器就会多数时基脉冲,此时相当于时钟走快了。

(10)计数器

S7-200 系列 PLC 有两种计数器:

CTU:加计数器。

CTUD:加/减计数器。

计数器的 STL、LAD 形式见表4.19。

表4.19　计算器的 STL、LAD 形式

STL	LAD	操作数
CTU C ×××,PV	C××× CU　CTU R PV	C×××0～255 PV:VW,T,C,IW,QW,MW,SMW,AC,AIW, K,*VD,*AC,SW CTU/CTUD指令使用要点: 　①在 STL 形式中,CU、CD、R 的顺序不能错 　②CU、CD、R 信号可为复杂逻辑关系
CTUD C ×××,PV	C××× CU　CTUD CD R PV	

每个计数器有一个16 bit的当前值寄存器及一个状态位C-bit,CU为加计数脉冲输入端,CD为减计数脉冲输入端,R为复位端,PV为设定值。当R端为0时,计数脉冲有效;当CU端(CD端)有上升沿输入时,计数器当前值加1(减1)。当计数器当前值大于或等于设定值时,C-bit置1,即其常开接点闭合。R端为1时,计数器复位,即当前值清零;C-bit也清零。计数范围为-32 768~32 769,当达到最大值32 768时,再来一个加计数脉冲,则当前值转为-32 768。同样,当达到最小值-32 768时,再来一个减计数脉冲,则当前值转为最大值32 768。计数器应用示例如图4.64所示。

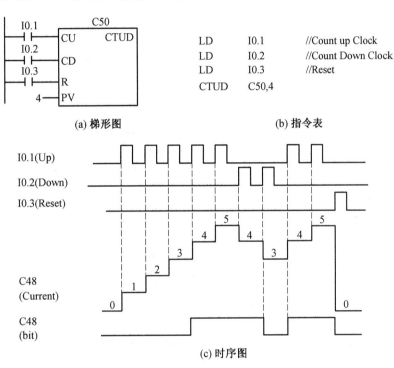

图4.64 计数器应用示例

(11)NOT与NOP指令

NOT及NOP指令见表4.20。

表4.20 NOT及NOP指令

STL	LAD	功能	操作元件
NOT	—| NOT |—	逻辑结果取反	无
NOT	——(NOT)	空操作	无

NOT为逻辑结果取反指令,在复杂逻辑结果取反时为用户提方便。NOP为空操作,对程序没有实质影响。

(12)比较指令

比较指令是将两个操作数按指定的条件作比较,条件成立时,接点就闭合。其STL、LAD形式及功能如表4.21所示。比较指令为上、下限控制等提供了极大的方便。

表 4.21　比较指令的 STL、LAD 形式及功能

STL	LAD	功能
LD□×× n1,n2	 　|—| n1 |—×× □—| n2 |— 	比较接点接起始总线
LD　　　n A□×× n1,n2	 　|—| n |—| n1 |—×× □—| n2 |— 	比较接点的"与"
LD　　　n O□×× n1,n2	 　|—| n |— 　|—| n1 |—×× □—| n2 |— 	比较接点的"或"

表 4.21 中"××"表示操作数 n1,n2 所需满足的条件:

==等于比较,如 LD□==n1,n2,即 n1==n2 时闭合;

>=大于等于比较。如—\| n1 \|—>=□—\| n2 \|—,即 n1>=n2 时接点闭合;

<=小于等于比较。如—\| n1 \|—<=□—\| n2 \|—,即 n1<=n2 时接点闭合;

"□"表示操作数 n1,n2 的数据类型及范围:

B Byte,字节的比较,如 LDB==IB2,MB2;

W Word,字的比较,如 AW>=MF2,VW12;

D Double Word,双字的比较,如 OD<=VD24,MDo;

R Real,实数的比较(实数应存放在双字中,仅限于 CPU214 以上)。

2. S7-200 系列 PLC 的程序控制指令

(1)跳转指令及标号

JMP:跳转指令,把程序的执行跳转到指定的标号。执行跳转后,逻辑堆栈顶总为 1。

LBL:指定跳转的目标标号。

操作数 n:0~255。

表 4.22 所示为跳转指令及标号形式,图 4.65 为跳转指令及标号的例子。

表 4.22　跳转指令及标号形式

LAD	STL
—(JMP)ⁿ	JMP n
|—LBLⁿ	LBL n

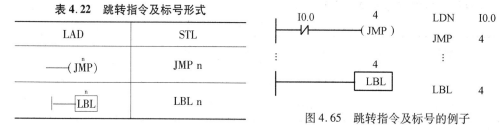

图 4.65　跳转指令及标号的例子

必须强调的是,跳转指令及标号必须同在主程序内,或在同一子程序、同一中断服务程序内,不可由主程序跳转到中断服务程序或子程序中,也不可由中断服务程序或子程序跳转到主程序中。

(2)结束指令 END

END:条件结束指令,执行条件成立(左侧逻辑值为 1)时结束主程序,返回主程序起点。

MEND:无条件结束指令,结束主程序,返回主程序起点。表 4.23 所示为结束指令形式。

表 4.23　结束指令形式

LAD	STL
——(END)	END
├——(END)	MEND

操作数:无。

用户程序必须以无条件结束指令结束主程序。

条件结束指令用在无条件结束指令前结束主程序。

MEND 为无条件结束指令,在编程结束时一定要写上该指令,否则会出错;在调试程序时,在程序的适当位置插入 MEND 指令可以实现程序的分段调试。

必须指出的是,STEP7-Micro/WIN32 没有无条件结束指令,但它会自动加一无条件结束指令到每一个主程序的结尾。

(3)停止指令 STOP

STOP:停止指令,执行条件成立(左侧逻辑位为 1)时停止执行用户程序,令 CPU 状态由 RUN 转到 STOP。

表 4.24 所示为停止指令形式。

操作数:无。

表 4.24　停止指令形式

LAD	STL
——(END)	END
├——(END)	MEND

(4)警戒时钟刷新指令(WDR)

WDR:警戒时钟刷新指令,WDR 把警戒时钟刷新,以延长扫描周期。

表 4.25 所示为警戒时钟刷新指令形式。

表 4.25　警戒时钟刷新指令形式

LAD	STL
——(WDR)	WDR

操作数:无。

使用警戒时钟刷新指令(WDR)时应注意,使用 WDR 指令应当非常小心,若在 FOR、NEXT 循环中写入 WDR 指令,则可能使一次扫描的时间拖得很长。而在第一次扫描结束之前,下面的处理是被禁止的:

通信(自由口通信除外)

I/O 刷新(直接 I/O 除外)

强制刷新

特殊标志位刷新(SM0,SM5～SM29 均不可刷新)

运行时间诊断

扫描时间超过 25 s 时,10 ms,100 ms 定时器不能正确计时

不处理中断程序中的 STOP 指令等。

注:若希望扫描周期超过 300 ms,几或希望中断时间超过 300 ms,则必须用 WDR 指令。

将模式开关拨到 STOP 位置,则 CPU 在 1.4 s 内转到 STOP 状态。

STOP、END 和 WDR 指令应用示例如图 4.66 所示。

当检测到 v0 出错时,强制转到 STOP 状态。

当 M5.6 为 ON 时,刷新警戒时钟,延长扫描时间。

当 M5.0 为 ON 时,结束主程序。

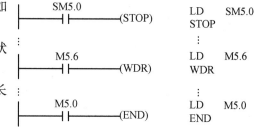

图 4.66 STOP、END 和 WDR 指令应用示例

(5)子程序调用、子程序入口和子程序返回指令

CALL:转子程序调用指令,CALL 将程序执行到子程序 n 处。

SBR:子程序人口指令,SBR 标示 n 号子程序的开始位置。

CRET:子程序条件返回指令,CRET 条件成立时结束该子程序,返回原调用处。

RET:子程序无条件返回指令,RET 无条件结束该子程序,返回原调用处。子程序必须以本指令作结束。

表 4.26 所示为子程序调用、子程序入口和子程序返回指令形式。

操作数 n:0~63。图 4.67 为转子程序示例。

表 4.26 子程序调用、子程序入口和子程序返回指令形式

LAD	STL
——(CALL) ^{n}	CALL n
⊢ SBR ^{n}	SBR n
——(CRET)	CRET
⊢——(RET)	RET

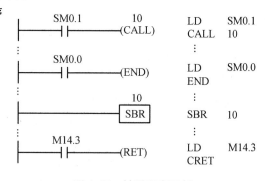

图 4.67 转子程序示例

必须指出的是,STEP7-Micro/WIN32 没有子程序无条件返回指令,但它会自动加一无条件返回指令到每一个子程序的结尾。

当子程序结束时,程序执行应返回原调用指令(CALL)的下一条指令。子程序可以嵌套,嵌套层数可达 8 层。不禁止自调用(子程序 AA 用自己),但使用时应特别小心。

当一个子程序被调用时,整个逻辑堆栈另存别处,然后栈顶置 1,其余栈位置 0,程序执行转到被调用的子程序。子程序执行完毕,逻辑堆栈恢复原调用点的值,程序执行返回到主调用程序。因为调用子程序后,栈顶总为 1,所以跟随 SBR 指令后的输出线圈或功能框可直接接到梯形图左边母线上,在指令表中,跟在 SBR 后的 Load 指令可省略。

累加器值可在主、子程序间自由传递,调用子程序时无须对累加器作存储及重装操作。

(6)中断程序标号、中断程序的返回指令

INT:中断程序标号,INT 标示 n 号中断程序的开始(入口)。

CRETI:中断程序条件返回指令,CRETI 根据前面逻辑条件决定是否返回。

RETI:中断程序无条件返回指令,RETI 是中断程序必备的结束指令。

表 4.27 所示为中断程序标号、中断程序的返回指令形式。

表 4.27 中断程序标号、中断程序的返回指令

LAD	STL
┤—┤INT (n)	INT n
——(RETI)	CRETI
┤——(RETI)	RETI

操作数 n:0 ~ 127(取决于 CPU 型号)。

必须指出的是,STEP7-Micro/WIN32 没有中断程序无条件返回指令,但它会自动加一无条件返回指令到每一个中断程序的结尾。

(7)开中断、关中断指令

ENI:开中断指令,ENI 允许所有中断事件中断。

DISI:关中断指令,DISI 禁止所有中断事件中断。

操作数:无。

表 4.28 所示为开中断、关中断指令形式。

表 4.28 开中断、关中断指令形式

LAD	STL
——(ENI)	ENI
——(DISI)	DISI

CPU 进入 RUN 状态时,禁止中断。但可通过执行 ENI 指令全面开放中断。执行关中断指令 DISI 后,中断队列仍然会产生,但不执行中断程序。

3. PLC 逻辑指令应用示例

(1)延时断开电路

控制要求:输入 I0.0 满足(ON),则输出 Q0.0 接通(ON);当输入条件不满足(I0.0 = OFF),则输出 Q0.0 延时一定时间后才断开。

图 4.68 所示是输出延时断开的梯形图、指令表和时序图。在梯形图中用到一个 PLC 内部定时器,编号为 137 定时值 5 s。该定时器的工作条件是输出 Q0.0 = ON,并且输入 I0.0 = OFF。定时器工作 5 s 后,定时器接点闭合,使输出 Q0.0 断开。图 4.68 中,输入 I0.0 = ON 时,Q0.0 = ON,并且输出 Q0.0 的接点自锁保持,直到 137 定时时间 5 s 到,Q0.0 才断开。

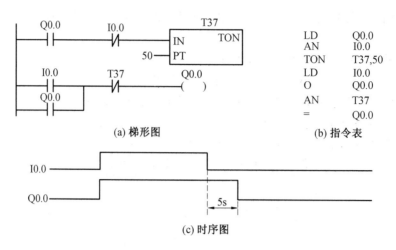

(a) 梯形图   (b) 指令表

(c) 时序图

图4.68 延时断开电路

（2）分频电路

在许多控制场合,需要对控制信号进行分频。下面以二分频为例来说明 PLC 是如何来实现分频的。假设输入 I0.1 引人信号脉冲,要求输出 Q0.0 引出的脉冲是前者的二分频。

图4.69 所示是二分频电路的梯形图、指令表和时序图。在梯形图中用了三个辅助继电器,编号分别是 M0.0、M0.1、M0.2。其工作过程如下:

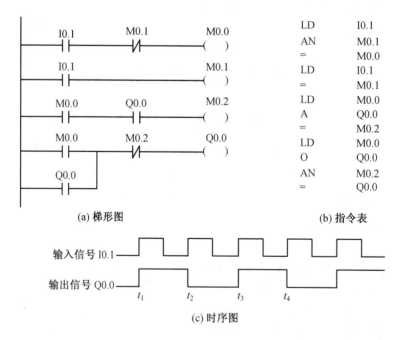

(a) 梯形图   (b) 指令表

(c) 时序图

图4.69 二分频电路

当输入 I0.1 在 t_1 时刻接通(ON),此时内部辅助继电器 M0.0 上将产生单脉冲。然而输出线圈 Q0.0 在此之前并未得电,其对应的常开接点处于断开状态。因此,程序扫描至第三行时,尽管 M0.0 得电,内部辅助继电器 M0.2 也不可能得电。扫描至第四行时,

Q0.0 得电并自锁。此后这部分程序虽多次扫描,但由于 M0.0 仅接通一个扫描周期,M0.2 不可能得电。

等到 t_2 时刻,输入 I0.1 再次接通(ON),M0.0 上再次产生单脉冲。因此,在扫描第三行时,内部辅助继电器 M0.2 条件满足得电。M0.2 对应的常闭接点断开。执行第四行程序时,输出线圈 Q0.0 失电,输出信号消失。

在 t_3 时刻,输入 I0.1 第三次出现(ON),M0.0 上又产生单脉冲,输出 Q0.0 再次接通;t_4 时刻,输出 Q0.0 再次失电,等等,循环往复。输出信号正好是输入信号的二分频。这种逻辑每当有控制信号时就将状态翻转(ON/OFF/ON/OFF),因此也可用作触发器。

(3)振荡电路

图 4.70 为振荡电路。当输入 I0.0 接通时,输出 Q0.0 闪烁,接通和断开交替进行。

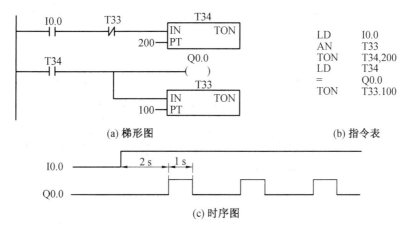

图 4.70 振荡电路

(4)6 位计数电路

PLC 中绝大多数的计数器是 3 一位数计数器。这里介绍将计数器串级构成一个 6 位数的加法计数器。本例中构成的 6 位数是 123 456。计数器输入脉冲 I0.1 计满 123 456 次后输出 Q0.0 接通。图 4.71 是 6 位数计数电路图。

4.4.5 功能图及步进控制指令

1. 功能及步进控制指令简介

采用梯形图及指令表方式编程深受广大电气技术人员的欢迎,且电路工作比较直观。但这种编程方式也有缺点,即对步进控制程序设计很困难,电路工作也不易理解,且编程难度较大。功能图编程就是针对这些问题而问世的。

若利用 IEC 标准的功能图(SFC)语言来编制步进控制程序,则初学者也胆容易编写复杂的步进控制程序,使工作效率大大提高。并且,这种编程方法为调试、试运行带来极本的方便,故深受欢迎。S7-200 系列 PLC 有三条简单的步进控制指令,见表 4.29。

步进控制指令 SCR 仅仅对于状态元件 S 有效,而对于状态元件能够使用,LD、LDN、A、AN、OON、=、S、R 等指令。因此,状态元件 S 具有一般辅助继电器的功能。

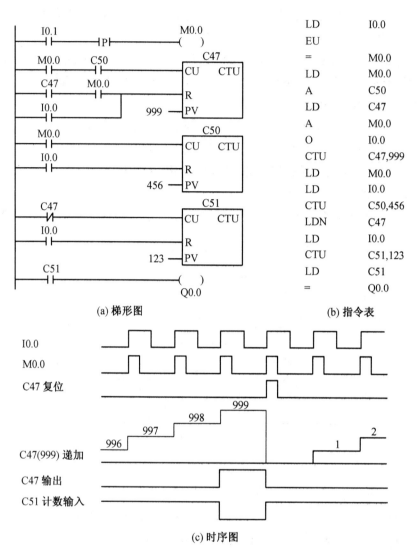

(a) 梯形图   (b) 指令表

(c) 时序图

图 4.71   6 位数计数电路图

表 4.29   步进控制指令的形式及功能

STL	LAD	功能	操作元件
LSCR	├─[SCR]	顺控状态开始	S
SCRT	──(SCRT)	顺控制状态转移	S
SCRE	──(SCRE)	顺控制状态结构	无

步进控制指令 SCR 具有其独特性,与其他指令比较有一定的特点。图 4.72 所示例子说明了 SCR 指令的工作情况。

初始化脉冲 SM0.1 在开机后第一个扫描周期将状态 S0.1 置从这是第一步。

在第一步中要驱动 Q0.4,复位 Q0.5,Q0.6。第一步的工作则可为 2 s,因而开 T37

计时。

2 s 时间到,转移到第二步。通过 T37 常开接点将状态 S0.2 置 1,同时将原工作状态 S0.1 清 0。

在第二步中要驱动 Q0.2。第二步的工作时间为 25 s,因而开 T38 计时。

25 s 时间到,转移到第三步。通过 T38 常开接点将状态 S0.3 置 1,同时自动将原工作状态 S0.2 清 0。

每一个状态提供了三种功能:a. 驱动处理,即在这一步要做什么;b. 转移条件,即满足该条件则转移到下一步;c. 转移后状态自动复位,即置位转移后的状态,并自动复位原状态。

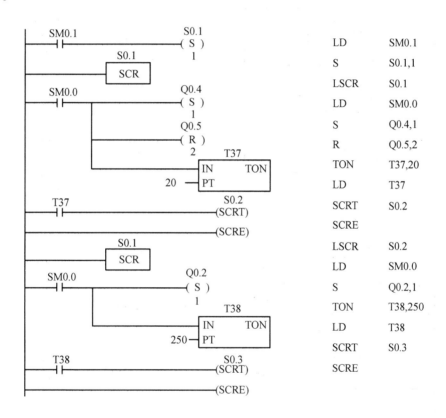

图 4.72　SCR 指令应用示例(单支流程)

2. 功能图主要类型

(1)单支流程

单支流程图如图 4.73 所示,状态号没有必要按过程号的次序安排。

(2)选择分支和连接

图 4.74 是选择分支和连接的功能图、梯形图及指令表。图中,状态元件 S0.2 或 S0.4 接通,则状态元件 S0.1 自动复位。状态元件 S0.6 由状态元件 S0.3 或 S0.5 置位。状态元件 S0.6 置位,则状态元件 S0.3 或状态元件 S0.5 自动复位。

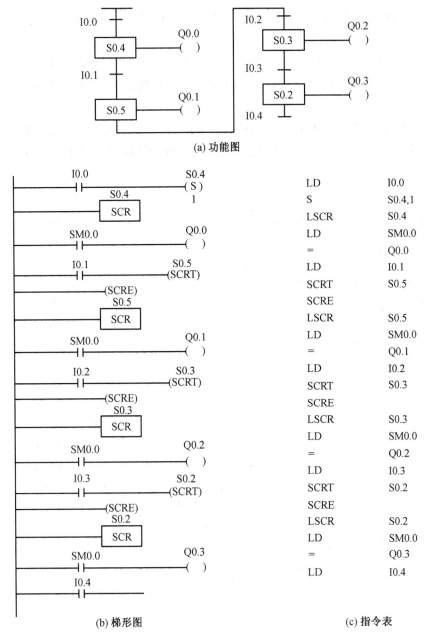

图 4.73 单支流程图

（3）并行分支和连接

图 4.75 为并行分支连接图。图中，状态元件 S0.2 和状态元件 S0.4 同时接通，则状态元件 S0.1 自动复位。状态元件 S0.6 由 状态元件 S0.1 和状态元件 S0.5 置位。在状态元件 S0.3 和状态元件 S0.5 同时接通且转移条件满足的情况下，状态元件 S0.6 被置位。S0.6 置位后，S0.3 和 S0.5 自动复位。

（4）跳转和循环

图 4.76 跳转和循环图。

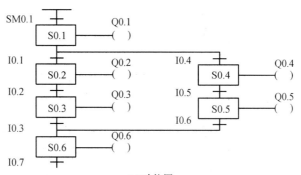

(a) 功能图

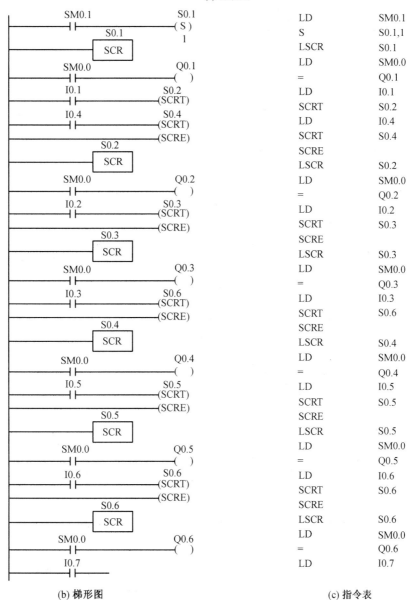

(b) 梯形图

(c) 指令表

图 4.74 选择分支和连接图

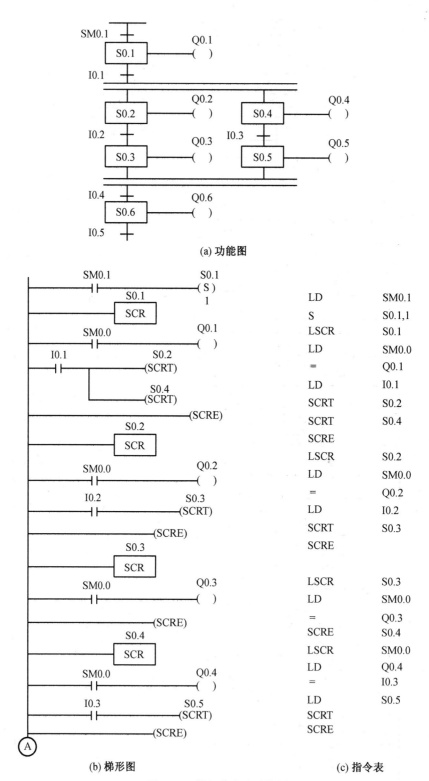

(a) 功能图

(b) 梯形图   (c) 指令表

图 4.75　并行分支和连接图

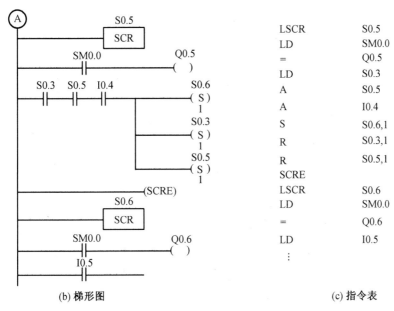

LSCR	S0.5
LD	SM0.0
=	Q0.5
LD	S0.3
A	S0.5
A	I0.4
S	S0.6,1
R	S0.3,1
R	S0.5,1
SCRE	
LSCR	S0.6
LD	SM0.0
=	Q0.6
LD	I0.5
⋮	

(b) 梯形图　　　　　　　　　　　　　　(c) 指令表

续图 4.75

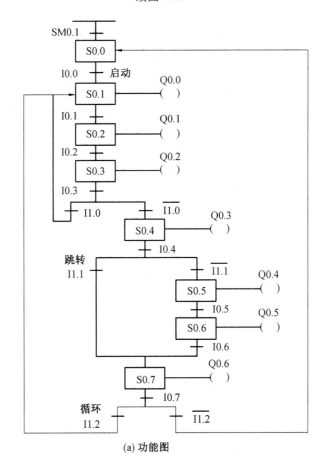

(a) 功能图

图 4.76　跳转和循环图

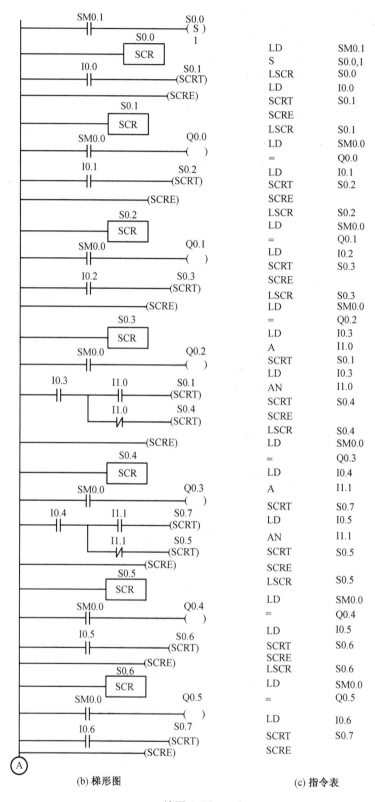

(b) 梯形图

(c) 指令表

续图 4.76

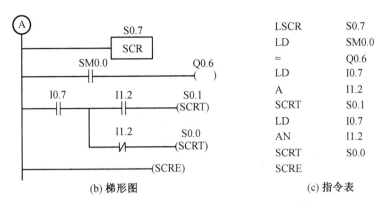

(b) 梯形图	(c) 指令表

续图 4.76

3. 电动机顺序起停应用实例

图 4.77 为电动机顺序起动及反方向顺序停止示意图。

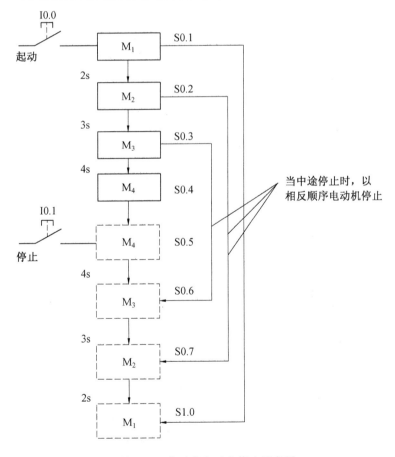

图 4.77　电动机起动和停止示意图

图 4.78 为电动机顺序起动和停止功能图和指令表。图 4.79 是电动机起动和停止梯形图和指令表。表 4.30 为输入、输出点分配。

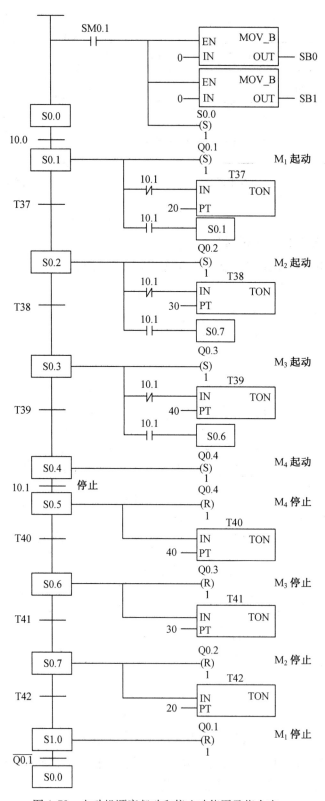

图 4.78　电动机顺序起动和停止功能图及指令表

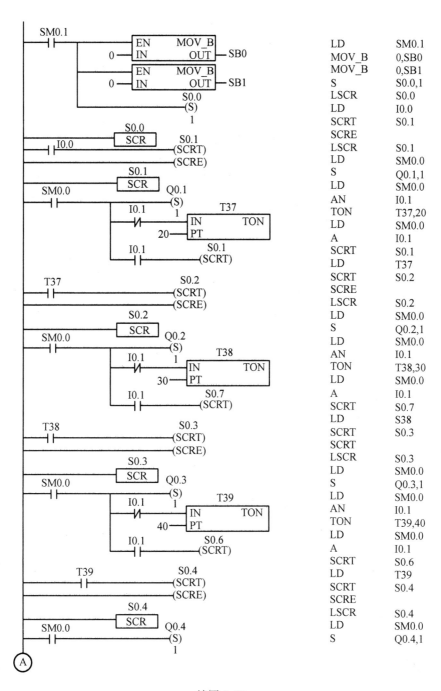

续图 4.78

表 4.30　输入／输出点分配

起动按钮	I0.0	停止按钮	I0.1
电动机 M_1	Q0.1	电动机 M_2	Q0.2
电动机 M_3	Q0.3	电动机 M_4	Q0.4

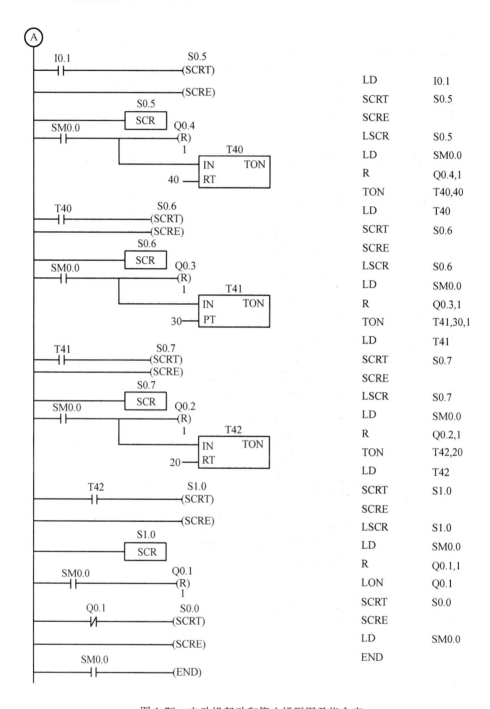

图 4.79　电动机起动和停止梯形图及指令表

　　图中,在状态 S0.2 工作并起动电动机后压下停止按钮,状态步跳到 S0.7。此时,电动机 M_2 停止。之后,电动机 M_1 相继停止。

4.5 可编程控制器系统的设计

4.5.1 PLC 控制系统设计的内容与步骤

当我们确定对被控系统选用可编程控制器的控制方案后,就要开始系统的设计。

应用 PLC 的控制系统设计任务分为硬件和软件设计两部分。

一般的 PLC 控制系统由信号输入元件(如按钮、限位开关、传感器等)、输出执行器件(如电磁阀、接触器、电铃等)、显示器件和 PLC 构成。因此,PLC 控制系统的硬件设计,就是 PLC 和上述这些器件的选取和连接等,再通过软件的编制,实现被控对象的动作关系和功能要求。

PLC 控制系统设计的一般步骤是:

1. 分析被控系统类型

(1)单机控制系统

单机控制系统一般使用一台 PLC 即能完成控制任务,被控对象常常是一台设备或多台设备中的一个功能。这种系统没有 PLC 之间的通信问题,但有时功能要求全面,容量要求变化大,有些还要与原系统中的其他设备相连接。如机床的电气控制部分多属此类系统。

(2)过程控制系统

对运行速度要求不高,但设备间有联锁关系、设备与设备之间距离远、控制动作多的这一类型对象,一般不选用大型机,而采用较复杂的控制任务分块,划成 n 个相对独立的子任务,用多台中小型和低速网络相连接的方案。这样能使系统功能简化,程序编程及调试容易,一旦发生故障,影响面小,且容易查找。

(3)实时控制快速系统

在实时控制的快速系统中,控制器不仅要完成逻辑控制任务,还要进行大量数据的高速运算和信息的高速交换,因而一般的 PLC 是难以胜任的。但是,有些实时控制系统,如位置控制系统、调速系统,可选用 PLC 的位置控制专用模块、高速计数器模块来组成控制系统。

2. 分析控制过程与要求

明确了系统的类型后,就要详细分析被控对象的具体控制过程和要求,全面、清楚地掌握具体的控制任务,确定被控系统必须完成的动作及完成这些动作的顺序,画出工艺流程图。对 PLC 而言,必须了解哪些是输入量,用什么传感器来检测并传送输入信号;哪些是输出量(被控量),用什么执行元件或设备接收 PLC 送出的信息。常见的输入、输出类型的例子如表 4.31 所示。

表 4.31　常见的输入、输出类型

类型		例子
输入	开关量	操作开关,限位开关,光电开关,继电器触点,按钮
	模拟量	流量、压力、温度等传感器信号
	中断	限位开关,事故信号,停电信号等
	脉冲量	串行信号,各种脉冲源
	字输入	计算机接口,键盘,其他数字设备
输出	开关量	继电器,指示灯,电磁阀,制动器,离合器
	模拟量	晶闸管触发信号、流量、压力、温度等记录仪表,比例调节阀
	字输出	数字显示管,计算机接口,CRT 接口,打印机接口

3. 选择 PLC

PLC 产品的品种很多,它们的性能/价格比各有不同。因此,根据被控对象的控制过程和要求,应合理选择 PLC。PLC 的选择包括:CPU 主机、开关量输入输出设备、模拟量输入输出设备、专用功能模块和存储器选择等。

(1)开关量输入、输出点的统计

在一般情况下,PLC 的规模主要取决于输入输出点的需求量。对于输入信号,作为信号来源的每个按钮、限位开关、继电器触点等都占用 PLC 的一个输入点。输入接口电路,可采用本机提供的直流 24 V 电源,也可采用外部引入的交流 220 V 电源。根据输入接口电路的结构不同,有的 4 个输入点对一个公共点、有的 8 点对一个公共点、有的一点对一个公共点……因此,在统计输入点时,必须根据电源电压和能否直接到一个公共点等情况归类统计。

对于输出点,同样需要考虑源电压和公共点问题,同时应考虑输出点的电流容量,大型接触器和电磁阀的线圈一般不易作为 PLC 的直接负载。

在实际安装、调试和应用中,还可能会出现一些未预见到的因素,因此在统计输入输出点时应留有 15%～20% 余量。

(2)专用功能模块选择

现代的 PLC 备有多种专用功能模块,如模拟量输入、输出模块、PID 模块、模糊推理模块、高速计数器模块、位置控制模块等。因此,当控制任务较复杂,含有模拟信号处理、数值计算、位置控制等内容时,可选用上述专用的功能模块。

(3)存储器容量的估算

小型 PLC 的用户存储器是固定的,不能随意扩充选择。因此,选用 PLC 时,要注意它的用户存储容量是否够用。

用户程序占用内存的多少与多种因素有关。例如,输入、输出点的数量和类型,输入、输出量之间关系的复杂程度,需要进行运算的次数、处理量的多少、程序结构的优劣等,都与内存容量有关。因此,在用户程序编写、调试好之前,很难估算出 PLC 所应配置的存储器容量。一般只能根据输入、输出的点数及其类型,控制的繁简程度加以估算。一般粗略的估计方法是:(输入点数+输出点数)×(10～12)=指令语句数。估算后,通常再增加 15%～20% 的备用量,作为选择 PLC 内存容量的依据。

4. 进行 I/O 地址分配,画出输入输出接线图

进行 I/O 地址分配,画出输入输出接线图。选定了 PLC 的输入、输出接口单元之后,还要把它们按通道、继电器位号分配到外部输入、输出设备上,形成一一对应关系,这一工作被称为 I/O 地址分配。

例如选用一台 C200H PLC 来控制 5 台交流电动机,每台电动机的启动、停止和联锁等需要 14 个输入点、6 个输出点。这时可选择 5 个通道的输入单元和 3 个通道的输出单元,形成如表 4.32 的 I/O 地址分配表。

表 4.32　5 台电动机控制 I/O 分配表

输入点	00000～00015	00100～00115	00200～00215	00300～00315	00400～00415
输出点	00500～00507	00508～00515	00600～00607	00608～00615	00700～00707
控制对象	1 号电动机	2 号电动机	3 号电动机	4 号电动机	5 号电动机

对于 PLC 的每个输入、输出接口单元,根据 I/O 地址分配表,需画出与外部输入、输出设备的接线图,以备编程和安装用。

5. 画出梯形图

根据工艺流程,结合输入、输出编号对照表和安装图,画出梯形图,这是程序设计的关键一步,也是比较困难的一步。此时,除应遵守所介绍的编程规则和方法外,这里再着重强调两点。

①设计梯形图与设计继电器接触器控制线路图的方法相类似。若控制系统比较复杂,则可以采用"化整为零"方法,待一个个控制功能的梯形图设计出来后,再"积零为整",完善相互关系。

②PLC 的运行是以扫描方式进行的,它与继电器接触器控制线路的工作不同,一定要遵照自上而下的顺序原则来编制梯形图,否则就会出错,因程序顺序不同,其结果是不一样的。如图 4.80 所示的梯形图中,图(a)和图(b)对于继电器控制线路来说,运行结果是一样的,但对 PLC 而言,运行结果截然不同,这一点从它们的波形图上可以清楚地看出来。

如果用指令语句来将程序送入 PLC,则需将梯形图转换成指令语句表。

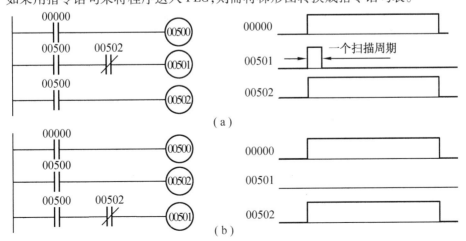

图 4.80　程序的排列顺序

4.5.2　可编程控制系统的设计举例

1.电动机常用控制线路举例

例1　三相异步电动机正反转控制

图4.81是三相异步电动机的正反转继电器控制电路。其工作原理是:合上电源开关QS,按下按钮SB2接触器,KM1线圈通电自锁,电动机M正转;此时若按下按钮SB3,则其常闭触点先断开,KM1线圈断电,然后常开触点闭合,接触器KM2线圈通电自锁,电动机反转。由于双联按钮在结构上保证常闭触点先断开,常开触点后闭合,确保了两接触器的互锁。

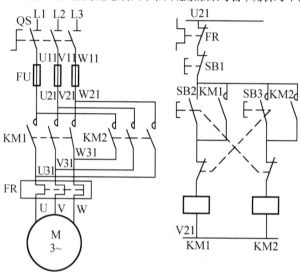

图4.81　三相异步电动机的正反转控制线路

采用PLC控制时,停止按钮SB1、正转按钮SB2、反转按钮SB3、热继电器FR接点是PLC的输入设备;正转接触器KM2、反转接触器RM2是PLC的输出设备。若选用OMRON C40P PLC,其I/O连接图如图4.82所示。由继电器控制电路直接画出梯形图,如图4.83所示。

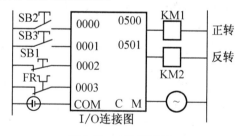

图4.82　I/O连接图

例2　三相异步电动机Y-△降压启动控制。

对于正常运行时定子绕组为△接法的三相异步电动机,为了减少启动电流,可采用Y-△降压启动。其控制要求是:启动时将定子三相绕组接成Y形;启动完毕将定子三相绕组改接成△形。图4.84是三相异步电动机Y-△降压启动控制的继电接触器电路。

启动时,按下启动按钮SB2,接触器KM2、KM1相继吸合,KM1通过其常开接点自保,电动机接成Y形,并接通电源降压启动。同时,时间继电器KT线圈接通,开始计时,经启动延时(设为10 s)后,接触器KM2释放,KM3吸合,电动机改接成△形正常运行。停车时,按下停止按钮,接触器KM1、KM3释放,电动机断电停止运转。

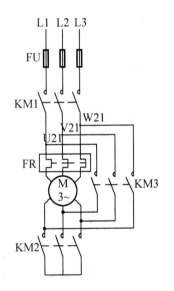

地　址	指　令	数　据
0000	LD	0000
0001	OR	0500
0002	AND NOT	0002
0003	AND	0003
0004	AND NOT	0501
0005	OUT	0500
0006	LD	0001
0007	OR	0501
0008	AND NOT	0002
0009	AND	0003
0010	AND NOT	0500
0011	OUT	0501
0012	END	

图 4.83　三相异步电动机正反转控制 PLC 程序

图 4.84 是三相异步电动机 Y-△降压启动的继电器电路。

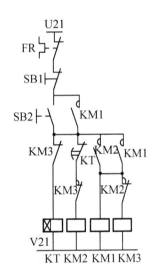

图 4.84　三相异步电动机 Y-△降压启动控制的继电接触器电路

采用 OMRON C40P PLC 控制时,先画出 PLC 的 I/O 连接图,如图 4.85 所示。

设计梯形图时,一种办法是根据已知的继电器控制电路直接改画成梯形图,如图 4.86(a)所示;另一种办法是根据控制要求重新设计梯形图。设计时,依据 PLC 是以扫描方式按顺序执行程序的基本原理,按照动作的先后顺序,从

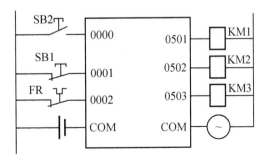

图 4.85　I/O 连接图

上下到逐行绘制梯形图。这样设计出的梯形图如图 4.86(b)所示。它比由继电器控制电路改画而成的梯形图往往更加清楚,因而更容易掌握。

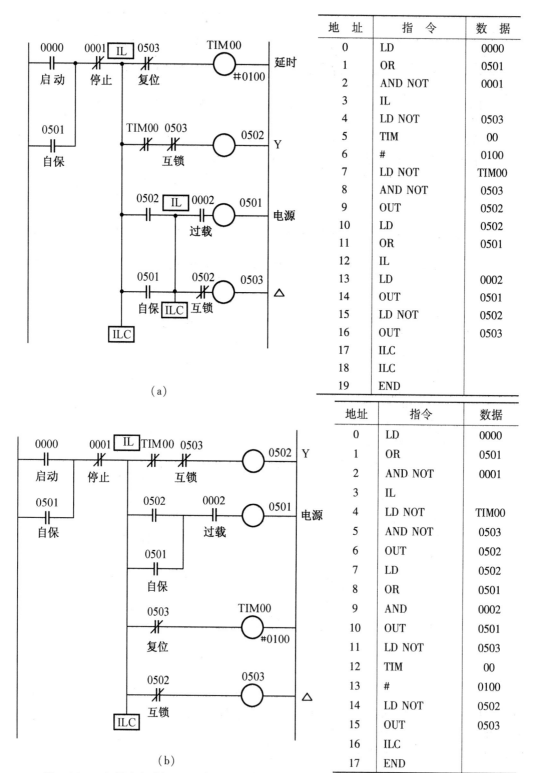

地　址	指　令	数　据
0	LD	0000
1	OR	0501
2	AND NOT	0001
3	IL	
4	LD NOT	0503
5	TIM	00
6	#	0100
7	LD NOT	TIM00
8	AND NOT	0503
9	OUT	0502
10	LD	0502
11	OR	0501
12	IL	
13	LD	0002
14	OUT	0501
15	LD NOT	0502
16	OUT	0503
17	ILC	
18	ILC	
19	END	

（a）

地　址	指　令	数　据
0	LD	0000
1	OR	0501
2	AND NOT	0001
3	IL	
4	LD NOT	TIM00
5	AND NOT	0503
6	OUT	0502
7	LD	0502
8	OR	0501
9	AND	0002
10	OUT	0501
11	LD NOT	0503
12	TIM	00
13	#	0100
14	LD NOT	0502
15	OUT	0503
16	ILC	
17	END	

（b）

图 4.86　三相异步电动机 Y-△ 降压启动控制梯形图

2. PLC 在多工步机床控制上的应用

（1）多工步机床控制要求

某多工步机床用于加工棉纺锭子锭脚,其加工工艺比较复杂。零件加工前为实心坯件,整个机械加工过程由七把刀具分别按七个工步要求,依次进行切削,其加工工步如图4.87 所示。

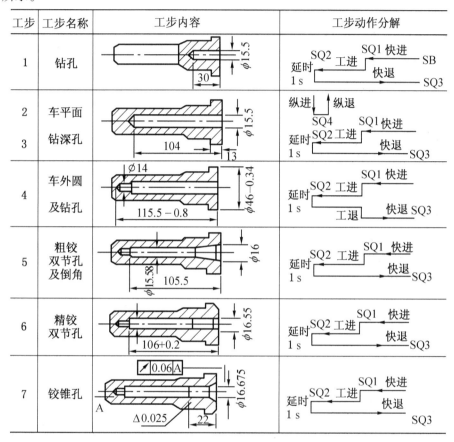

工步	工步名称	工步内容	工步动作分解
1	钻孔	φ15.5 30	SQ2 工进 SQ1 快进 SB 延时 1 s 快退 SQ3
2 3	车平面 钻深孔	φ15.5 104 13	纵进 纵退 SQ4 SQ1 快进 延时 1 s SQ2 工进 快退 SQ3
4	车外圆 及钻孔	φ14 φ46-0.34 115.5-0.8	SQ2 工进 SQ1 快进 延时 1 s 工退 快退 SQ3
5	粗铰 双节孔 及倒角	φ16 φ15.58 105.5	SQ2 工进 SQ1 快进 延时 1 s 快退 SQ3
6	精铰 双节孔	φ16.55 106+0.2	SQ2 工进 SQ1 快进 延时 1 s 快退 SQ3
7	铰锥孔	0.06 A φ16.675 A Δ0.025 22	SQ2 工进 SQ1 快进 延时 1 s 快退 SQ3

图 4.87　多工步机床加工工步

加工时,工件由主轴上的夹头夹紧,并由主轴电动机 M1 驱动做旋转运动,大拖板载着六角回转工位台作横向进给运动,其进给速度由双速电动机控制,可实现工进(慢速)和快进(快速)。小拖板载着工位台作纵向进给运动。其运动由单线圈两位置电磁阀控制。当电磁阀线圈得电时,工位台纵向进给;失电时,工位台纵向后退。工位台纵向运动为气动。在七个工步中,除第二工步由小拖板纵向运动切削外,其余六工步均由大拖板载着六角回转工位台横向运动切削。这六个工步每完成一个工步,六角回转工位台由电动机 M3 驱动转动一个工位,进行下一工步的工作。

（2）动作过程分析

将该多工步机床的动作原点定在工步一开始工作之前,即六角回转工位台处在工位一,大拖板处在原点,SQ3 压合,按下启动按钮 SB1 后,工件旋转,机床按工步一动作。工步一完成,大拖板回到原点压合 SQ3 时,工作停止旋转,六角回转工位台旋转,进入工位二。进入工位二后,工件旋转,机床先按工步二动作,工步二完成后按工步三动作。然后,工位台依次进入工位三、四、五、六,执行工步四、五、六、七。工步七完成后,工位台进入工位一,回到动作原点停止。换完工件再按下启动控钮 SB1,重复上述动作。为便于调试和维修,在该系统中增加了工位台手动旋转和大拖板手动回位。按下大拖板手动回位按钮 SB2,自动工作停止,大拖板回到原点位置。当大拖板在原点位置时,按下工位台手动旋转按钮 SA,工位台转动至下一个工位。

(3)控制系统硬件设计

控制系统硬件设计中共有 13 个输入信号、7 个输出信号,可选用 C40P 型 PLC 来实现该任务。其输入输出信号及 I/O 分配如下:

输入信号(全部常开)	位号
启运按钮 SB1	0000
工作位置限位 SQ1	0001
横向进给限位 SQ2	0002
大拖板原点位置 SQ3	0003
纵向进给限位 SQ4	0004
工位 1 限位 SQ5	0005
工位 2 限位 SQ6	0006
工位 3 限位 SQ7	0007
工位 4 限位 SQ8	0008
工位 5 限位 SQ9	0009
工位 6 限位 SQ10	0010
工位台手动旋转 SA	0011
大拖板手动回位 SB2	0012

输出信号	位号
主轴旋转	0500
横向工进	0501
横向快进	0502
横向工退	0503
横向快退	0504
纵进	0505
工位台旋转	0506

系统硬件原理如图 4.88 所示,动作指示利用发光二极管,与输出接触器并联。图中参数选择从略。

主回路电气原理图如图 4.89 所示,参数选择从略。

(4)控制系统软件设计

根据动作过程分析可以发现,大拖板双速电动机每完成一次工进、快进、工退、快退循环,工位台旋转一个工位进入下一工步。因此,可以把该任务分为大拖板双速电动机控制和工位台控制。根据图 4.87 工步图和图 4.88,编制出系统控制程序如图 4.90 所示。

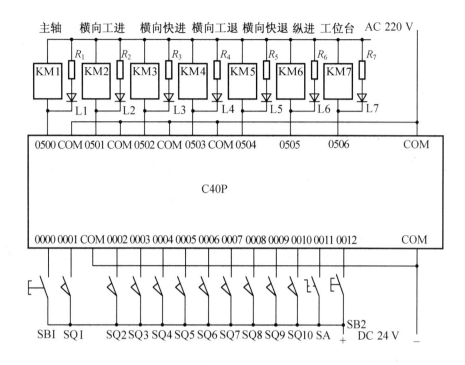

图 4.88 多工步机床控制系统硬件原理图

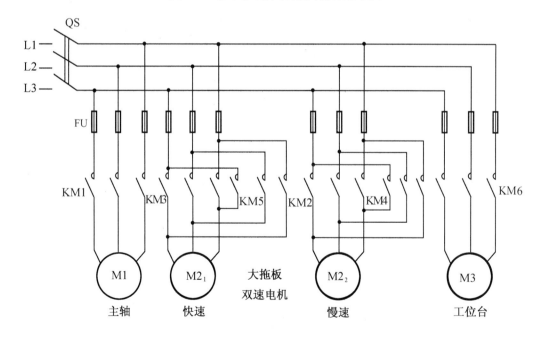

图 4.89 主回路电气原理图

该程序的控制原理简述如下：

在大拖板处在原位、回旋工位台处在工位一时，按下"启动"按钮 SB1，则 0000 为 ON。
0000 为 ON，使得 1003 保持为 ON，输出 0502 变为 ON，从而使大拖板载着回旋工位台横

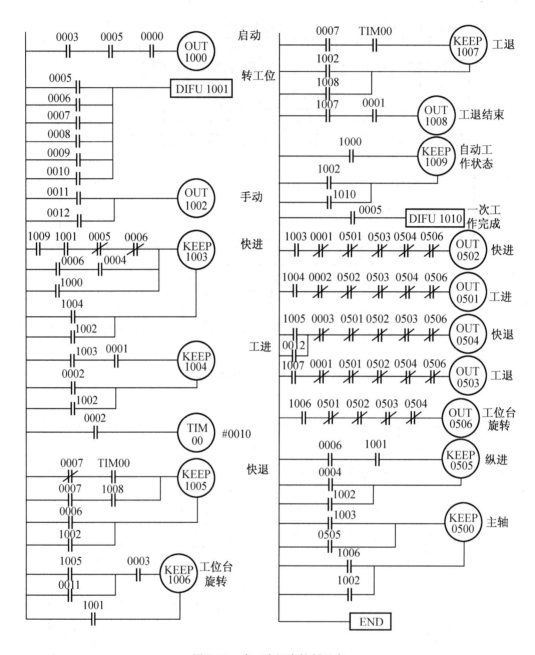

图4.90 多工步机床控制程序

向快速进给,同时输出0500变为ON,主轴旋转。当进给到工件位置时,SQ1压合,0001为ON,使得1004为ON,并将1003置为OFF,快进停止,工进开始。工进至横向进给限位时,SQ2压合,0002为ON,使1004复位停止工进,同时TIM00开始延时。延时1 s后,TIM00为ON,使1005为ON,快退开始,快退至大拖板原点位置时压合SQ3,0003为ON,使得1006为ON,复位1005,停止快退,并复位0500,主轴停止旋转。至此,一工步结束,工位台开始旋转。当工位台转至工位二时,工位二限位开关SQ6压合,0006变为ON,转工位脉冲1001为ON,复位1006,并使得0505、0500为ON,工位台停止旋转,主轴旋转,纵进开始。纵进到位压合限位开关 SQ4 时,0004 为 ON,使得 1003 为 ON,并复位 0505,停止纵进,二工步结束,快进开始,进入三工步。三工步的工作过程与一工步相同。在四工步中,TIM00 延时 1 s 为 ON 后,使得 1007 为 ON 开始开退,压合 SQ1,使得 1008 为 ON,复位 1007,使得 1005 为 ON,工退结束,快退开始。四工步的其他过程同一工步。五、六、七工步的工作过程同一工步。七工步完成,回旋工位台回到工位一后,虽然也发出 1001 转工位脉冲,但 1003 不再变为 ON,所有输出全部处在复位状态,一次工作完成。

在自动工作过程中,若按下"工位台手动旋转按钮 SA",则 0011 为 ON,使得 1002 为 ON,纵、横向进给及主轴均停止工作,工位台旋转到下一工位。若按下"大拖板手动回位按钮 SB2",则 0012 为 ON,使得 1002 为 ON,自动工作过程停止,大拖板快退回原位。

3. PLC 在 Z3040 摇臂钻床中的应用

Z3040 型摇臂钻床的继电接触器控制电路,已在前面的第三章中作了介绍(见图 3.41、3.42)。如果把 PLC 应用到该控制系统中,可减少继电器的数量,还可提高控制系统的可靠性。

将图 3.42 的继电接触器控制系统改造为 PLC 控制系统,首先要确定输入元件和输出元件,其次根据输入、输出点的个数和逻辑关系的复杂程度选择 PLC 的型号,最后将原继电接触器电路改为 PLC 的梯形图就可以了。下面按步骤说明设计过程。

(1)输入/输出元件的确定

根据图 3.42 的分析,Z3040 摇臂钻的输入元件共有 16 个,其中按钮 8 个,限位开关 5 个,转换开关三个位置设 3 个;输出元件共 11 个,其中接触器线圈 5 个,电磁阀 2 个,信号灯 4 个。原继电接触器电路中的热继电器,不必作为输入元件,而将其触点串接到相应接触器的线圈回路里更为简便。

(2)PLC 的选择

根据输入/输出点的个数,并考虑到电路的逻辑关系比较简单,可选择 OMRON C40P-CDR-A 型 PLC。

C40P 拥有 24 个输入点和 16 个输出点,内部继电器 136 点,时间继电器 48 点,可完全满足设计需要。输入侧电源采用直流 24 V,输出侧电源采用交流 220 V,以便直接驱动接触器和电磁阀。输入点的开关容量为 AC,250 V/2A(cos φ),因此,完全可驱动接触器和电磁阀线圈。

供用户使用的位号范围如下:

输入点:0000～0015,0100～0107;

输出点:0500～0515;

内部继电器:1000～1715,1800～1806;

时间继电器:TIM00～TIM47,计时单位为 0.1 s。

(3)梯形图设计

在设计梯形图之前,需先将各输入/输出元件的位号确定下来,并画出 PLC 的连接图,如图 4.91 所示。为便于比较,图中各元件的符号采用了原继电接触器电路中的符号。

根据继电接触器电路的逻辑关系设计的梯形图如图 4.92 所示,相应的语句表列于表 4.33 中。

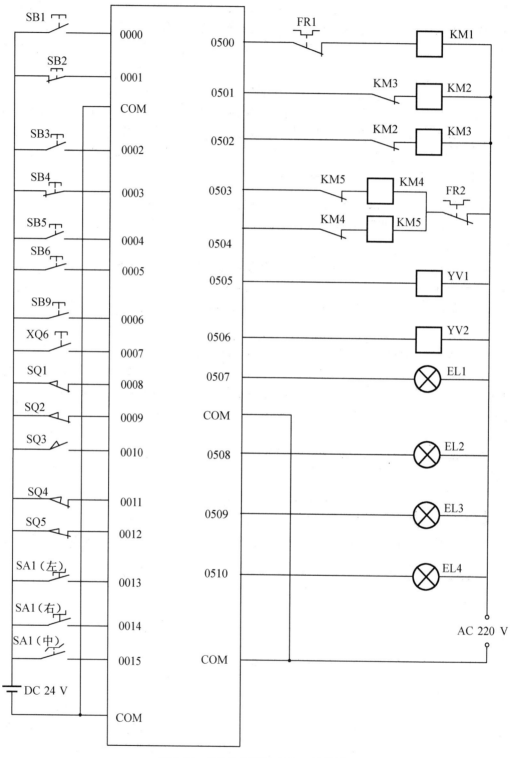

图 4.91　Z3040 摇臂钻床 PLC 接线图

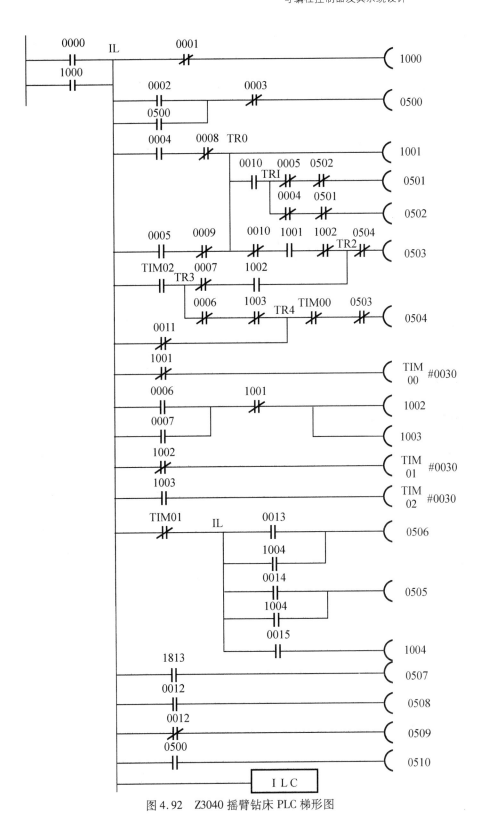

图 4.92　Z3040 摇臂钻床 PLC 梯形图

表 4.33　Z3040 摇臂钻床 PLC 语句表

地　址	指　令	数　据	地　址	指　令	数　据
0000	LD	0000	0043	ANDNOT	0006
0001	ORP	1000	0044	AND	1003
0002	IL		0045	ORNOT	0011
0003	LDNOT	0001	0046	OUT	TR4
0004	OUT	1000	0047	LD	TR4
0005	LD	0002	0048	ANDNOTP	TIM00
0006	OR	0500	0049	ANDNOT	0503
0007	ANDNOT	0003	0050	OUT	0504
0008	OUT	0500	0051	LDNOT	1001
0009	LD	0004	0052	OUT	TIM00
0010	ANDNOT	0008	0053		#0030
0011	LD	0005	0054	LD	0006
0012	ANDNOT	0009	0055	OR	0007
0013	ORLD		0056	ANDNOT	1001
0014	OUT	TR0	0057	OUT	1002
0015	LD	TR0	0058	OUT	1003
0016	OUT	1001	0059	LD NOT	1002
0017	LD	TR0	0060	OUT	TIM01
0018	AND	0010	0061		#0030
0019	OUT	TR1	0062	LD	1003
0020	LD	TR1	0063	OUT	TIM02
0021	ANDNOT	0005	0064		#0030
0022	ANDNOT	0502	0065	LD NOT	TIM01
0023	OUT	05001	0066	IL	
0024	LD	TR1	0067	LD	0013
0025	ANDNOT	0004	0068	OR	1004
0026	ANDNOT	0501	0069	OUT	0506
0027	OUT	0502	0070	LD	0014
0028	LD	TR0	0071	OR	1004
0029	ANDNOT	0010	0072	OUT	0505
0030	AND	1001	0073	LD	0015
0031	ANDNOT	1002	0074	OUT	1004
0032	LD	TR3	0075	LD	1813
0033	NADNOT	0007	0076	OUT	0507
0034	AND	1002	0077	LD	0012
0035	OR LD		0078	OUT	0508
0036	OUT	TR2	0079	LD NOT	0012
0037	LD	TR2	0080	OUT	0509
0038	ANDNOT	0504	0081	LD	0500
0039	OUT	0503	0082	OUT	0510
0040	LD	TIM02	0083	ILC	
0041	OUT	TR3	0084	END	
0042	LD	TR3			

第5章 电力拖动调速系统

5.1 机床的速度调节

5.1.1 机床对调速的要求和实现

机床在加工工件时,刀具是按一定的进给速度与工件做相对运动中进行切削的。刀具对工件的相对运动速度被称为切削速度。切削速度是由工件的运动速度和刀具的进给速度决定的。如车床加工长圆柱形工件时,根据加工要求,必须选择好工件转速、纵向走刀量和吃刀深度。为了提高机床的工作效率,在满足加工精度与光洁度的前提下,对于不同的工件材料和不同的刀具,应选择各自不同的最合理的切削速度。

另一方面,机床的快速进刀、快速退刀和对刀调整等辅助工作,也需要不同的运动速度。因此,为了保证机床能在不同的速度下工作,要求包括主拖动和进给拖动在内的电力拖动系统,必须具备调节速度的功能。

为了满足上述机床对调速的要求,一般采用下列调速系统。

1. 机械有级调速系统

在机械有级调整系统中,电动机采用不调速的鼠笼异步电动机,而速度的调节是通过改变齿轮箱的变速比来实现的。图5.1为某机床采用的机械有级调速系统及其转速图。

从图中可以看出,电动机的单一转速,通过9对齿轮的变速,在负载侧得到12个转速。

机械有级调速系统的速度不能连续可调,因而常常得不到最合理的速度,也就不能保证机床的最高效率。此外,为获得比较多的速度,不得不采用很多机械转动机构,使机械系统变得复杂,影响了机床的加工精度。在这种系统中,负载转矩是经机械传动机构传到电动机轴上的,电动机轴上转矩只等于负载转矩的传动比倒数倍,因此在降速系统中可以选择转矩较小的电动机。在普通车床、钻床、铣床和小镗床中一般都采用这种机械有级调速系统。

2. 电气–机械有级调速系统

在机械有级调整系统中,用多速鼠笼式异步电动机代替不能调速的鼠笼式异步电动机,就可简化机械传动机构,这样的系统就是电气–机械有级调整系统。多速电动机一般采用双速电动机,少数机床采用三速、四速电动机。中小型镗床的主拖动系统多采用双速电动机。

3. 电气无级调速系统

通过直接改变电动机转速来实现机床工作机构转速的无级调节的拖动系统,被称为电气无级调速系统。这种调速系统具有调速范围宽、可以实现平滑调速、调速精度高、控制灵l活等优点,还可大大简化机床的机械传动机构,因而广泛应用于机床的主拖动和进给拖动系统中。

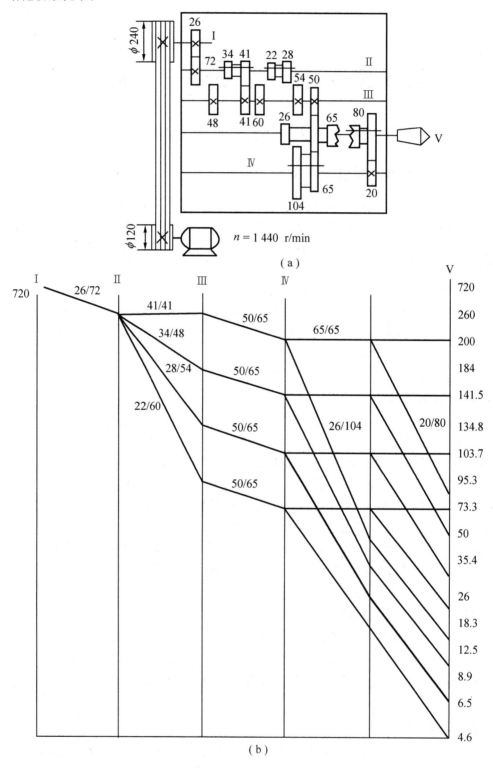

图 5.1 机械有级调速系统和转速图

电气无级调速系统可分为直流调速系统和交流调速系统,这部分内容在下一节再作详细介绍。

5.1.2 调速系统性能指标

调速系统的性能是评价机床性能的重要指标,常用下列指标来评价机床调速系统的性能。

1. 调速范围

调速范围是指电动机在额定负载下的最高转速 n_{max} 与最低转速 n_{min} 之比,即

$$D = \frac{n_{max}}{n_{min}} \qquad (5.1)$$

金属切削机床的主拖动和进给拖动系统,都要求有一定的调速范围。如某重型铣床的进给拖动系统,要求最低速度为 2 mm/min,最高速度为 600 mm/min,则要求进给拖动系统的调速范围为

$$D = \frac{600}{2} = 300$$

一般机床的主拖动和进给拖动系统的调速范围如表 5.1 所示。

表 5.1

机 床 类 别	D(主拖动)	D(进给拖动)
一 般 车 床	20～50	50～200
中型和重型车床	40～100	50～150
立 式 车 床	40～60	40～100
摇 臂 钻 床	20～100	5～40
铣 床	20～60	20～100
中 型 卧 式 镗 床	25～60	30～150
中小型龙门刨床	4～10	10～50
大 型 龙 门 刨 床	10～30	10～50
数 控 车 床	100 以上	1 000 以上

有些现代机床,如数控机床的调速范围要求很高,其进给拖动系统的调速范围要求 1 000 以上。

2. 静差度

静差度是用额定负载时的转速降落与理想空载转速之比来表示的,即

$$S = \frac{n_0 - n_1}{n_0} = \frac{\Delta n_N}{n_0} \qquad (5.2)$$

式中 n_0——理想空载转速;

n_1——实际运行转速;

Δn_N——额定负载时的转速降。

可以看出,静差度 S 代表着调速系统在负载变化时产生的转速降的大小程度。静差

度与系统机械特性密切相关,机械特性越硬,静差度越小,然而静差度和机械特性硬度又是有区别的。如图 5.2 所示,两条硬度相同的机械特性曲线,在额定负载下的转速降相同,但因两个空载转速不同,静差度却不同,即因 $\Delta n_{N1} = \Delta n_{N2}$,$n_{01} > n_{02}$,有 $S_1 > S_2$。

为了使机床在加工过程中负载变化时电动机转速不致有很大变化,机床对静差度是有一定要求的。如一般车床的主拖动系统,要求静差度为 $S = 0.2 \sim 0.3$;龙门刨床工作台拖动系统 $S = 0.1$。

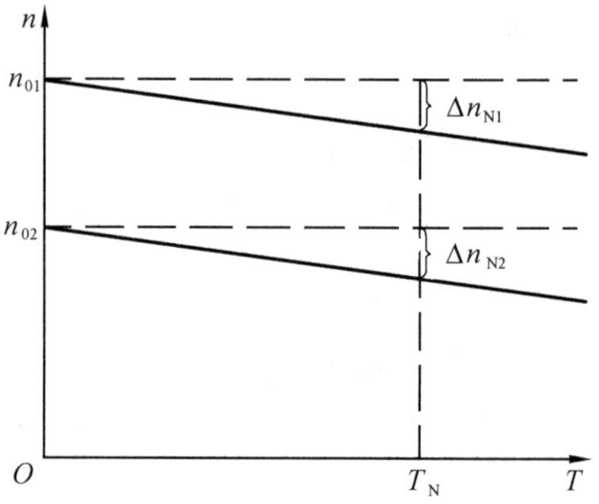

从图 5.2 还可以看出,对一个调速系统而言,静差度要求越高,系统调速范围越窄,即静差度的要求限制了调速范围。

3. 调速的平滑性

调速的平滑性可用两个相近转速之比来表示,即从某一个转速可能调节到的最近转速来评价,即

$$\varphi = \frac{n_i}{n_{i-1}} \qquad (5.3)$$

图 5.2　不同转速下的静差度

这个比值越接近 1,调速的平滑性越好。在有级调速系统中,调速范围一定时,调速的平滑性越好,可调转速的级数就越多。很显然,无级调速系统的平滑度 $\varphi = 1$。

4. 动态性能

上述三项指标是评价调速系统的静态性能指标。有些调速系统除了静态指标要求外,还要求一定的动态性能。动态性能指标主要是,在阶跃给定信号下的超调量、响应时间和振荡次数等。

5.2　直流调速系统

直流电动机的整流子需要经常维护,而且体积大、价格高,但直流调速系统具有调速范围宽、调速精度高等优点,因此广泛用于各类机床的调速系统中。

他激直流电动机的调速,可通过控制电枢电压或控制激磁电流来实现,在机床的调速系统中,多采用控制电枢电压的方式。

直流电动机的电源,过去一般采用直流发电机,但在现代机床中多采用由晶闸管(SCR)、绝缘栅双极性晶体管(IGBT)、功率场效应管(P-MOSFET)等电力电子器件组成的变流装置。这种变流装置是静止的,且体积小、效率高。

本节将介绍由晶闸管变流装置供电的直流调速系统(以下简称晶闸管-电动机直流调速系统)和绝缘栅双极性晶体管变流装置供电的直流调速系统(以下简称 IGBT-电动机直流调速系统)。

晶闸管-电动机直流调速系统,多用于重型机床的主拖动中,而 IGBT-电动机直流调速系统则多用于机床的进给拖动中。

5.2.1 晶闸管-电动机直流调速系统

1. 系统的基本结构

根据电动机运行的可逆性、能量回馈等情况,晶闸管-电动机直流调速系统可分为如表 5.2 所示的结构方式。

表 5.2 晶闸管-电动机直流调速系统结构分类

结构方式	回 路 结 构	直流电压	直流电流	能量回馈	电动机旋转方向
桥式整流	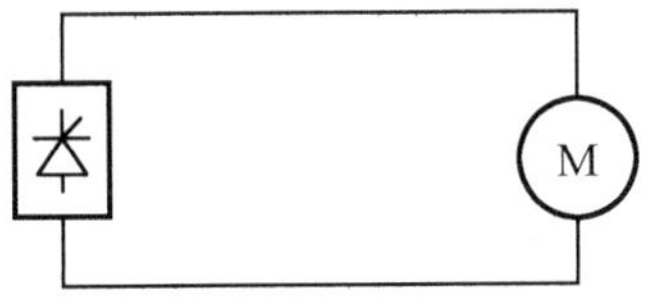	可逆	不可逆	不能	不可逆
激磁切换	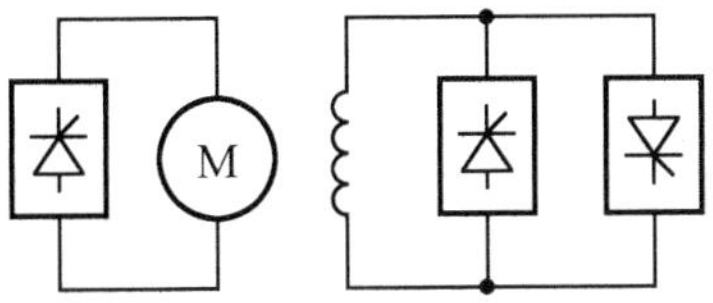	可逆	不可逆	能	可逆
主回路切换	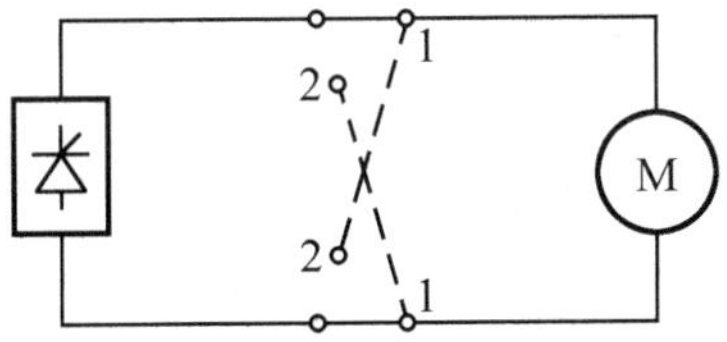	可逆	可逆（电动机）	能	可逆
反向并联连接	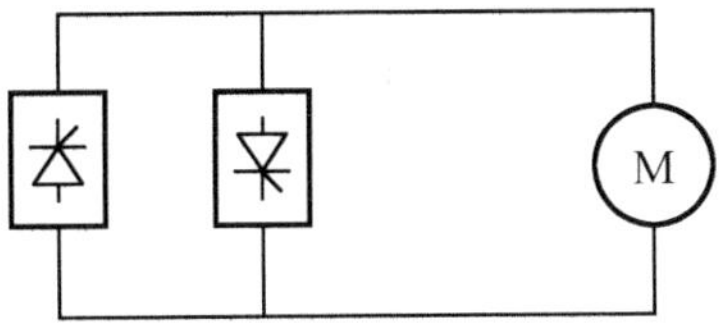	可逆	可逆	能	可逆
十字变换连接（循环电流）	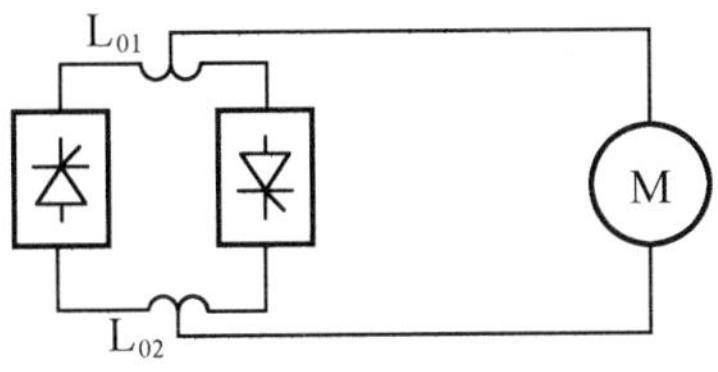	可逆	可逆	能	可逆

在单方向运行的不可逆调速系统中,一般采用三相桥式整流方式。在这种系统中,整流器本身可以产生负向电压,但电动机电枢电流是不能反向的。在激磁切换方式中,通过切换电动机激磁电流方向来实现逆向运行或能量回馈制动,而此时电枢电流方向是不变的。在主回路切换方式中,逆向运行和能量回馈是在激磁电流方向不变的情况下,通过切换电枢回路来实现的。将开关从"1"位置切换到"2"位置时,电动机从电动工作状态改变到发电工作状态,电动机在能量回馈制动中速度很快降到零。如果此时将电枢电流继续维持下去(续流),则产生逆向转矩,使电动机反向运行。在现代机床中,一般多采用反并

联可逆控制方式。这种方式将两个正负整流回路相并联连接,因而不通过开关切换也可实现逆向运行和能量回馈。十字变换连接方式也称循环电流方式,利用直流电抗器 L_{01} 和 L_{02} 的续流作用维持循环电流,实现整流电路的平滑切换。

晶闸管-电动机直流调速系统,一般采用具有电流反馈和速度反馈的双闭环控制结构。图 5.3 为一个不可逆调速系统的结构方框图。

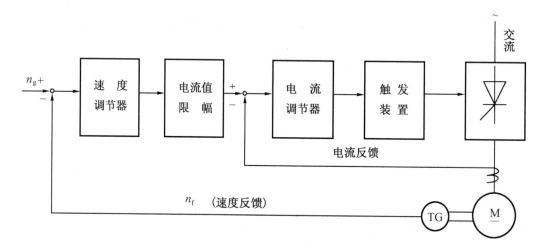

图 5.3   不可逆直流调速系统

电动机 M 的速度是用测速发电机 TG 来检测的。速度调节器将速度的指令值和实际值相比较得出偏差,然后输出与该偏差值相应的电流指令。电流指令值被限制在最大容许电流值以下。电流调节器将电流指令值和实际电流相比较,并输出与其偏差值相应的电压信号给晶闸管的相位控制触发装置。当相位控制输入信号为正时,晶闸管的导通角在 $0° \sim 90°$,电动机从电源获得能量。相位控制输入信号为负时,导通角在 $90° \sim 180°$,直流输出电压变成负,但不能进行回馈制动,可用来使电流的快速衰减。

2. 不可逆调速系统

在一些不要求正反向运行和回馈制动的场合,可以采用不可逆的晶闸管-电动机直流调速系统。这种系统结构简单、投资少。

(1)基本结构和工作原理

常用不可逆的晶闸管-电动机直流调速系统,一般采用电流、转速双闭环结构,如图 5.3 所示。主回路采用三相桥式全波整流电路,如图 5.4 所示。

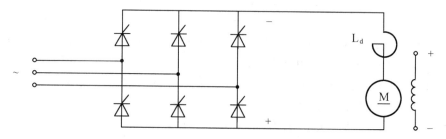

图 5.4   不可逆直流调速系统主电路

　　为了在小负载时也能维持电流连续,在电枢电路中串联一个平波电抗器 L_d。用来进行电流反馈的主回路电流是用电流互感器或霍尔效应电流变换器来检测的,而反馈用的电动机转速是由测速机来测得的。电流调节器和速度调节器均采用如图5.5所示的具有限幅电路的比例积分调节器(PI 调节器)。

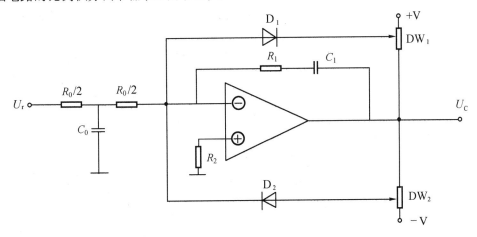

图 5.5　比例积分调节器

　　PI 调节器的传递函数可表示为

$$W_{PI}(s) = \frac{U_C(s)}{U_r(s)} = K_p \frac{\tau_i S + 1}{\tau_i S} = K_p + \frac{K_P}{\tau_i S} \tag{5.4}$$

式中　　$K_p = \dfrac{R_1}{R_0}, \tau_i = R_1 C_1$。

　　当输入 $U_r = \varepsilon$ 时,输出 U_C 为

$$U_C = K_p \varepsilon + \frac{K_p}{\tau_i} \int \varepsilon \, dt \tag{5.5}$$

输入为阶跃信号时的输出响应过程,示于图5.6中。阶跃输入信号 ε 加到调节器后,比例部分突跳为 $K_p\varepsilon$,积分部分按线性增长,经过时间 t_m 达到限幅值 U_m。

　　下面讨论一下速度指令 U_{gn} 为阶跃信号时的系统动态响应过程。对于图5.3系统,速度调节器输出电压 U_{gi},电流调节器输出电压 U_k,电动机电枢电流 I_d 和转速 n 的动态响应波形示于图5.7上。启动过程可分为三个阶段,在图中分别标以 Ⅰ、Ⅱ和Ⅲ。

　　第 Ⅰ 阶段是电流上升阶段。加上速度指令电压 U_{gn} 后,由于电动机的机电惯性较大,转速增长较慢,速度调节器的输出很快达到限幅值 U_{gim}。这个电压加在电流调节器的输

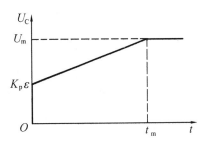

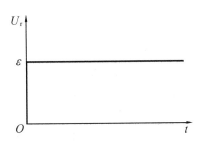

图 5.6　*PI* 调节器的阶跃信号响应

入端,使 U_k 上升,因而晶闸管整流电压、电枢电流都很快升高,直到电流升到设计时所选定的最大值 I_{dm} 为止。这时电流负反馈电压与其指令电压相平衡,即

$$\beta I_{dm} = U_{gim} \tag{5.6}$$

速度调节器的输出限幅值 U_{gim} 正是按照这个关系确定的。

　　第Ⅱ阶段是恒流升速阶段。从电流升到最大值 I_{dm} 开始,一直到转速升到指令值为止,这是启动过程的主要阶段。在这个阶段中速度调节器一直处于饱和状态,速度负反馈不起作用,速度环相当于开环状态。在这个阶段里,电流保持恒值 I_{dm},也就是说系统的加速度恒定,所以转速和反电势都按线性规律上升。值得注意的是,在整个启动过程中,电流调节器是不应该饱和的,这就要求电流调节器的积分时间常数不能太小。

　　第Ⅲ阶段是转速调节阶段。在这个阶段速度调节器才开始起作用。转速升到指令值后,速度调节器的指令和反馈电压相平衡,输入偏差为零,但其输出却由于积分作用还维持在限幅值 U_{gim},因此电动机仍在最大的电流下加速,使转速超调。超调后,速度调节器的输入端出现负偏差电压,输出电压 U_{gi} 从限幅值降下来,调节器退出饱和,电流 I_d 也因而下降。但是,由于 I_d 仍大于负载电流 I_p,在一段时间内转速仍继续上升,直到 $I_d = I_p$ 时,电动机才开始在负载阻力下减速,直到稳定。在这个阶段中,速度调节器和电流调节器同时起作用,但电流环的响应比速度环快得多,以保证 I_d 尽快地跟随速度调节器的输出 U_{gi}。

　　稳态时,转速等于给定的指令值,电流等于负载电流,速度调节器和电流调节器的输入偏差都是零,但由于积分作用,它们都有恒定的输出电压。速度调节器的输出电压为

$$U_{gi} = \beta I_p \tag{5.7}$$

电流调节器的输出电压为

$$U_k = \frac{C_e n_{gd} + I_p R}{K_s} \tag{5.8}$$

式中　R——电枢电路内阻;
　　　　K_s——晶闸管触发器和整流装置的放大倍数。

　　应该指出,上述启动过程只是在突加较大指令信号时发生的。如果指令信号只是在小范围内变化,则速度调节器来不及饱和,整个过渡过程只有第Ⅰ、Ⅲ两个阶段,没有第Ⅱ

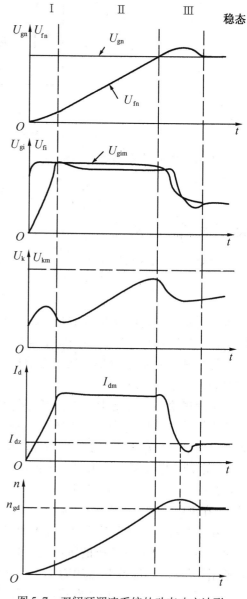

图 5.7　双闭环调速系统的动态响应波形

阶段。在速度调节器不饱和的情况下,整个系统表现为两个调节器的线性串级调节系统。如果干扰作用在电流环以内,如电网电压的被动,则电流环内环能够及时调节,以减少转速的变化,这是串级调节的优点。如果干扰作用在电流环之外,如负载扰动,则靠速度环进行调节,这时电流环表现为电流的随动系统,电流反馈加快了跟随作用。

由于速度调节器采用 PI 调节器,该调速系统是无静差的,没有必要去计算它的静特性,只需根据 PI 调节器在稳态时指令电压与反馈电压相平衡的特点来计算反馈系数。当速度调节器的指令电压为最大值 U_{gnm} 时,电动机应达到最高转速 n_{max},因此 $U_{gnm} = \alpha n_{max}$,所以转速负反馈的反馈系数为

$$\alpha = \frac{U_{gnm}}{n_{max}} \text{ V/r} \tag{5.9}$$

电流调节器的最大指令电压就是速度调节器的输出限幅值 U_{gim},对应的最大电流为 I_{dm}(取决于电动机的允许过载能力和系统最大的加速度的需要),则电流反馈系数为

$$\beta = \frac{U_{gnm}}{I_{dm}} \text{ V/A} \tag{5.10}$$

(2)调速系统的调节器设计

电流、转速双闭环调速系统是一种多环系统,设计时一般从内环开始,逐步向外扩大,一环一环地进行设计。因此,先从电流环入手,首先设计好电流调节器,然后把电流环看作转速调节系统的一个环节,再设计速度调节器。

图 5.3 所示电流、转速双闭环调速系统的动态结构图如图 5.8 所示。

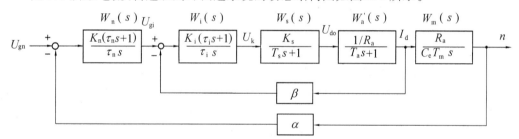

图 5.8 双闭环调速系统的动态结构图

图中,$W_n(s)$、$W_i(s)$ 分别为速度调节器和电流调节器传递函数;$W_s(s)$ 为晶闸管触发器和整流装置的传递函数;$W_a(s)$ 为电动机自电枢电压至电枢电流的传函,其中 R_a 为电枢回路内阻,T_a 为电枢回路电磁时间常数;$W_m(s)$ 为电动机的自电枢电流至转速的传函,其中 T_m 为电动机机电时间常数。

①电流调节器的参数选择。电流调节器采用 PI 调节器,因此从静态上看,电流环是无静差的。从动态要求上看,电流调节器应使电枢电流尽快跟上电流的指令值(速度调节器输出值),同时要保持电枢电流在启动过程中不超过允许值。从这个要求出发,一般取

$$\tau_i = T_a \tag{5.11}$$

$$K_i = 0.5 \frac{R_a}{K_s \beta} \left(\frac{T_a}{T_{\Sigma i}} \right) \tag{5.12}$$

式中　β——电流反馈系数;
　　　$T_{\Sigma i} = T_s + T_{oi}$;

T_{oi}——电流反馈回路滤波电路时间常数。

这样选择设计的电流调节器,能保证电流环超调不超过 4.3%,剪切频率在 $\omega_c = 100(1/s)$ 左右。

②速度调节器的参数选择。在设计速度环时,将设计好的电流环看成一个等效环节 $W_{io}(s)$。工程上电流环的等效传递函数可表示为

$$W_{io}(s) = \frac{1/\beta}{2T_{\Sigma i}s+1} \tag{5.13}$$

这时速度环的动态结构图如图5.9所示。

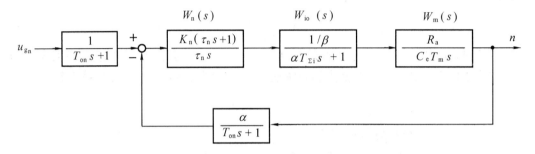

图5.9 速度环的动态结构图

图中,$1/(T_{on}s+1)$ 为速度指令回路和速度反馈回路滤波电路的传递函数,α 为速度反馈系数。

速度调节器采用 PI 调节器,其传递函数为

$$W_n(s) = K_n \frac{\tau_n s+1}{\tau_n s} \tag{5.14}$$

速度调节器的主要作用是保证系统具有良好的跟踪性和抗干扰性能。良好的跟踪性要求系统在阶跃指令下,超调要小,振荡次数要少,响应时间要快。在速度环设计中,一般将超调控制在20%以下。速度环的干扰,主要来自负载的扰动。良好的抗干扰性应保证在富载有波动时,电动机速度变化要小,速度恢复要快。从上述要求出发,速度调节器的参数一般取

$$\tau_n = hT_{\Sigma i} \tag{5.15}$$

$$K_n = \frac{h+1}{2h} \frac{\beta}{\alpha} \frac{C_e T_m}{R_a T_{\Sigma i}} \tag{5.16}$$

式中 $T_{\Sigma i} = \alpha T_{\Sigma i} + T_{on}$;

h——表示速度环中频带宽度的参数,一般取 $h = 4 \sim 6$。

3. 可逆调速系统

在前面所讨论的调速系统中,电动机只是朝着一个方向旋转的。然而有许多机床要求其电力拖动既能正转、又能反转。如龙门刨床工作台的往返运动,进给系统中的进刀与退刀等。晶闸管-电动机调速系统的可逆线路有多种方案。在频繁正反转的可逆拖动中,经常采用两组晶闸管装置反并联的可逆线路,如图5.10所示。

电动机正转时,由正组晶闸管 ZKZ 供电,反组 FKZ 提供逆变制动;反转时反组供电,正组用来逆变制动。

晶闸管反并联的可逆调速系统,可分为有环流可逆系统和无环流可逆系统,这里只介绍有环流可逆调速系统。

图 5.11 为配合控制的有环流可逆调速系统结构图。

主回路采用如图 5.10 所示的反并联线路,两组晶闸管装置具有各自的触发电路。控制上也采用电流、转速双闭环控制。

电动机正转时,由正组晶闸管 ZKZ 供电,反组 FKZ 处于逆变状态,逆变电压 U_{dof} 与正组整流电压 U_{doz} 极性相同,平均值相同,以防止直流环流产生。这时反组 FKZ 既不输出电流、又没有回馈电流,实际上并没有电能的逆变,它只是等待着逆变。当需要制动时,同时降低 U_{dof} 和 U_{doz},待电动机的反电势 $E>U_{\text{dof}}=U_{\text{doz}}$ 时,正组整流电流被截止,反组才真正进入逆变状态,将能量回馈电网。当反组

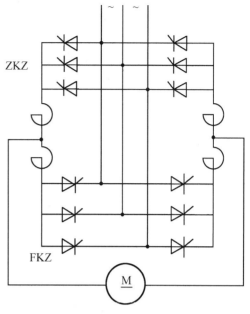

图 5.10 反并联可逆线路

处于逆变状态时,由于 U_{doz} 和 U_{dof} 极性相同、平均值相同,在两组晶闸管装置之间不会有直流环流产生,但实际上由于 U_{doz} 和 U_{dof} 波形不一样,瞬时电压并不相等,因此还会有脉动环流产生。此环流不经过负载电动机,只是在两组晶闸管装置之间流动,增加了晶闸管的负担,必须设法限制它。一般在环流流过的电路中串入均衡电抗器,把脉动环流的平均值限制在负载额定电流的 5% ~ 10% 以内。

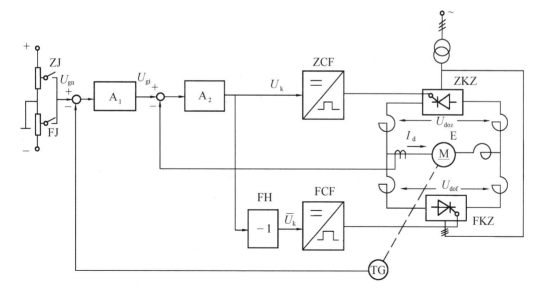

图 5.11 配合控制的有环流可逆调速系统

为了在任何情况下都保证 $U_{dof} = U_{doz}$，正组的控制角 α_z 和反组控制角 α_f 应满足 $\alpha_z + \alpha_f = 180°$ 关系，或正组控制角 α_z 和反组的逆变角 β_f 应相等 $\alpha_z = \beta_f$。

当控制电压 $U_k = 0$ 时，两组触发器的控制角都是 90°，晶闸管输出电压 $U_{doz} = U_{dof} = 0$，电动机处于停止状态。需要正向运转时，接通正向继电器 ZJ，给定电压为 $+U_{gn}$，稳定后在 ZCF 的输入端得到 $+U_k$，则正组触发器控制角 $\alpha_z < 90°$，U_{doz} 为正。这时，反组的待逆变电压的平均值应为 $U_{dof} = U_{doz}$，因此反组的控制角应为 $\alpha_f > 90°$，且 $\alpha_z + \alpha_f = 180°$，为此在反组的触发器 FCF 前面设置了一个反号器 FH，以使反组的控制电压成为 $-U_k$。

值得注意的是，晶闸管装置在逆变状态下工作时必须防止逆变颠覆，以致逆变组在同一相电源下连续导通，从而造成电源短路。为此，需采取限制最小逆变角 β_{min} 的保护措施。对于锯齿波触发器，只要在电流调节器和反号器的输出电压上设置限幅电路，就可达到此目的。限幅值 U_{km} 一般按 $\beta_{min} = 30°$ 选取。为了保持配合控制，同时应使 $\alpha_{min} = 30°$，电流调节器和反号器应设正、负限幅。

可逆调速系统的启动过程与不可逆系统没有什么区别，这里不再重复。

下面分析一下正向制动过程（参看图 5.12）。

当 $U_{gn} = 0$ 时，速度调节器在转速

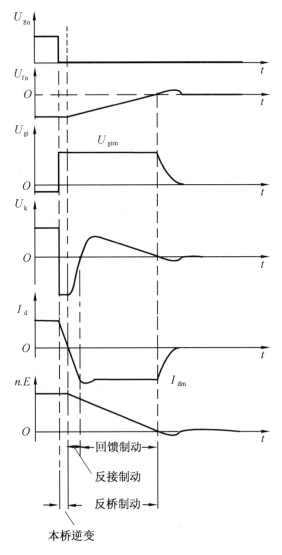

图 5.12　正向制动过程各量波形

负反馈的作用下，其输出由 $-U_{gi}$ 突变到 $+U_{gim}$，使电流调节器输出也由 U_k 突变到 $-U_{km}$（限幅值），正组桥由整流状态暂时处于逆变状态，反组桥由待逆变状态暂时处于整流状态，电枢电流 I_d 迅速下降至零。这一阶段被称为本桥逆变阶段。

电流 I_d 过零并开始反向后，在反组的整流电压和电动机反电势的作用下，反向电流很快增长，电动机承受反接制动。经过很短时间的反接制动后，随着反向电流的上升，电流调节器输出 U_k 急剧减小，然后反向，使反组桥重新回到逆变状态，正组桥回到整流状态（此时不能输出电流）。此后，在电流调节器的作用下，维持最大反向电流 $-I_{dm}$，实现回馈制动，将动能转换成电能，通过反组桥逆变回馈电网，而转速则降至零。从本桥逆变之后，直至转速降至零的上述阶段，被称为反桥制动阶段。所以，本桥逆变阶段是电流降落

阶段,而反桥制动阶段则是转速降落阶段。

如果制动时 $U_{gn} \neq 0$,而是某一负值,则转速下降到零后紧接着反向启动,直到转速达到负的指令值后,速度调节器退出饱和,转速渐趋稳定。这就是正向制动紧接着反向启动的反转过程。可逆调速系统的电流调节器和速度调节器的设计,与不可逆系统完全一样,故不再重复。

5.2.2　IGBT-电动机直流调速系统

绝缘栅双极型晶体管(IGBT),是集大功率晶体管(GTR)和功率场效应管(P-MOS-FET)优点的新型半导体功率器件,具有开关频率高(10~40 kHz)、饱和压降小(2~5 V)、输入阻抗高、电压驱动等特点。采用 IGBT 做成的变流装置,比晶闸管性能更加优良,效率更高。

在调速系统中,一般用由 IGBT 组成的脉宽调制放大器(称 PWM 放大器),作为直流电动机的电源。称这种系统为 IGBT-PWM 直流调速系统。下面先介绍由 IGBT 组成的 PWM 放大器,然后再介绍调速系统。

1. IGBT-PWM 放大器

图 5.13(a)为最简单的 PWM 放大器。在 IGBT 管 T_r 的栅极加以如图 5.13(b)所示的方波信号时,在 $0 \leq t \leq t_1$ 期间,T_r 导通,集电极电流流过电动机电枢,而在 $t_1 \leq t \leq T$ 期间 T_r 关断,续流二极管 D 续流,电动机电枢仍有电流流过,电枢电压和电流波形如图 5.13(b)所示。

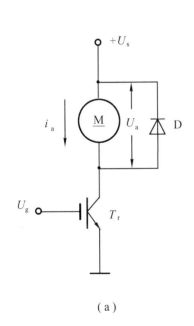

（a）

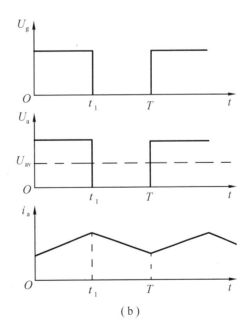

（b）

图 5.13　PWM 放大器及其电压、电流波形

可以看出,如果改变栅极输入电压信号的方波宽度,就可改变电枢上的平均电压,进而可以实现调速。实际上,由于放大器的开关频率很高,电枢电压和电流的波动是很小的。

如上所述,PWM 放大器是利用半导体功率器件的开关作用,将电源电压转换成高频方波电压,通过对方波脉冲宽度的控制,改变输出电压平均值的一种放大器。

在 PWM 放大器中,将输出电压的平均值 U_{av} 与电源电压 U_s 之比,定义为占空比,用 ρ 表示,即

$$\rho = \frac{U_{av}}{U_s} \tag{5.17}$$

由于平均电压 U_{av} 与时间 t_1 成比例,所以占空比又可表示为

$$\rho = \frac{t_1}{T} \tag{5.18}$$

若令 PWM 放大器的输入电压为 U_g,最大输入电压为 U_{gmax},则根据线性关系,占空比也可表示为 $\rho = U_g / U_{gmax}$。

PWM 放大器的电压增益为

$$K_{PWM} = \frac{U_{av}}{U_g} = \frac{\rho U_s}{U_g} = \frac{U_s}{U_{gmax}} \tag{5.19}$$

上式表明,PWM 放大器的放大倍数 K_{PWM} 是一个常值,与电源电压成正比。提高电源电压,可以提高 PWM 放大器的电压放大倍数。

上述 PWM 放大器输出电压极性是单方向的,因此被称为单极性 PWM 放大器。

在可逆调速系统中,多采用双极性 PWM 放大器。下面介绍采用 H 型电路的双极性 PWM 放大器。

双极性 PWM 放大器的主电路如图 5.14 所示。

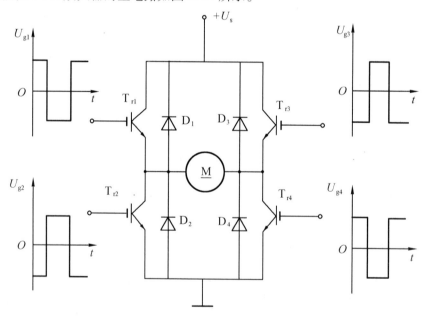

图 5.14 双极性 PWM 放大器主电路

四个 IGBT 管组成 H 型电路,T_{r1} 和 T_{r4} 为一组,T_{r2} 和 T_{r3} 为另一组,同一组的两个管同时导通或关断,而两组之间是相互交替导通或关断的。放大器的输入电压 U_{gx}、输出电压 U_a 和电流 i_a(电枢电流)波形如图 5.15 所示。

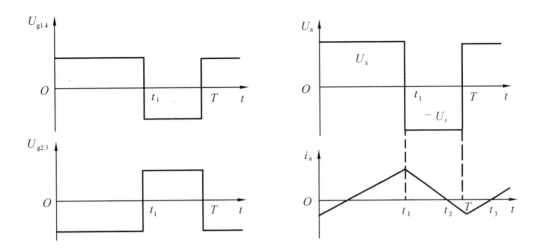

图 5.15　双极性 PWM 放大器电压、电流波形

设在 $0 \leq t \leq t_1$ 期间，U_{g1} 和 U_{g4} 为正，U_{g2} 和 U_{g3} 为负，这时 T_{r1} 和 T_{r4} 导通，T_{r2} 和 T_{r3} 关断。当电源电压 U_s 大于电动机反电势 E 时，电动机 M 经 T_{r1} 和 T_{r4} 工作在正向电动状态。在 $t_1 < t \leq T$ 期间，U_{g1} 和 U_{g4} 为负，U_{g2} 和 U_{g3} 为正，电枢电流 i_a 在电枢电感的作用下，经过 $D_3 \to$ 电源 $\to D_2$ 续流，电动机仍工作在电动状态。这时 T_{r2} 和 T_{r3} 得到正向栅极偏压，但由于 D_2 和 D_3 的正向压降的钳制仍不能导通。如果在 $t = t_2$ 时刻正向电流 i_a 衰减到零，那么在 $t_2 < t \leq T$ 期间，T_{r2} 和 T_{r3} 在电源电压 U_s 和电动机反电势 E 的作用下导通，电枢电流反向，电动机工作在反接制动状态。在 $T < t \leq t_3$ 期间，栅极电压改变极性，T_{r2} 和 T_{r3} 关断，电枢电流经 D_1 和 D_4 续流，电动机仍工作在制动状态。如果在 $t = t_3$ 时刻反向电流衰减到零，则在 $t_3 < t \leq (T + t_1)$ 期间，T_{r1} 和 T_{r4} 导通，重复上述过程。

从上面分析可知，不管电动机工作在什么状态，在 $0 \leq t < t_1$ 期间，放大器输出电压（电动机电枢电压）U_a 总是等于 $+U_s$，而在 $t_1 \leq t < T$ 期间，总是等于 $-U_s$。因此，放大器输出电压的平均值应等于下式

$$U_{av} = \frac{t_1}{T} U_s - \frac{T - t_1}{T} U_s = \left(2 \frac{t_1}{T} - 1 \right) U_s \qquad (5.20)$$

利用上式，放大器的占空比 ρ 可表示为

$$\rho = \frac{U_{av}}{U_s} = 2 \frac{t_1}{T} - 1 \qquad (5.21)$$

上式表明，这种 PWM 放大器的占空比 ρ 的值，可在 $-1 \sim 0 \sim +1$ 之间变化。当 $t_1 = T/2$ 时，$\rho = 0$，放大器输出电压平均值 $U_{av} = 0$，电动机停止不动，但放大器输出电压的瞬时值不等于零，而是正负脉冲电压方波的宽度相等，电枢电路流过一个交变电流。这种交变电流虽然增加了电动机的空载损耗，但能使电动机产生高频微动，从而减小静摩擦力矩，对提高低速性能是有好处的。

放大器的电压增益可用下式表示

$$K_{PWM} = \frac{U_{av}}{U_g} = \frac{\rho U_s}{U_g} = \frac{U_s}{U_{gmax}} \qquad (5.22)$$

上述双极性 PWM 放大器的控制电路，应输出四个 IGBT 管所需的栅极电压波形，

可采用如图 5.16(a)所示的电路结构。图 5.16(b)为控制电压 U_g 由正逐渐变为负时,相应变化的四个栅极电压波形。

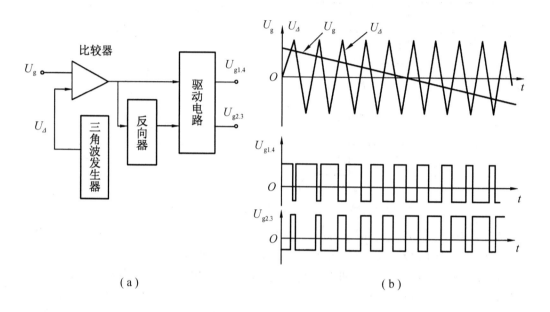

（a）　　　　　　　　　　　　（b）

图 5.16　双极性 PWM 放大器控制电路及其波形

上述双极性 PWM 放大器,其输出电压上始终有正负脉冲方波电压存在,因此这种放大器被称为双极性双极式 PWM 放大器。

对于 H 型电路上的四个 IGBT 管,如果采用如图 5.17 所示的输入方式,情况就不同,放大器输出电压上就不会有正负脉冲方波出现,而只是单方向的脉冲方波电压,成为双极性单极式 PWM 放大器。

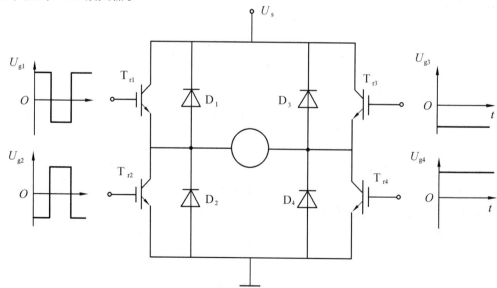

图 5.17　双极性单极式 PWM 放大器输入方式

设控制电压 U_g 为正时,四个管栅极电压波形如图 5.17 所示。这时,T_{r1} 和 T_{r2} 交替导通,而 T_{r3} 和 T_{r4} 则一直导通或一直关断,电枢电压 U_a 和电流 i_a 波形如图 5.18 所示。当控制电压 U_g 极性变负时,*IGBT* 管栅极电压 U_{g1} 和 U_{g2} 对换,U_{g3} 和 U_{g4} 对换,电枢电压 U_A 变成负向的方波脉冲电压。

2. PWM 直流调速系统

采用上述 IGBT-PWM 放大器的直流调速系统,如图 5.19 所示。系统仍采用电流、速度双闭环结构,电流调节器的输出作为 PWM 放大器输入电压。两个调节器的设计方法与晶闸管调速系统基本相同,不再重复。下面介绍 IGBT 管驱动电路设计问题。

由于 IGBT 具有与 P-MOSFET 相似的输入特性,输入阻抗高,因此驱动电路比较简单,驱动功率也比较小。

IGBT 管的驱动电路应满足下列要求:

① 输出的驱动电压信号,应具有充分陡

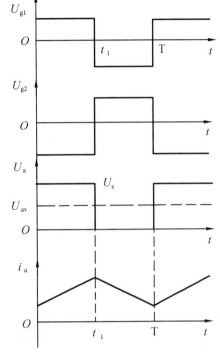

图 5.18　双极性单极式 PWM 放大器波形

的脉冲上升沿和下降沿,以保证 IGBT 管的快速导通或快速关断,减小开关损耗。

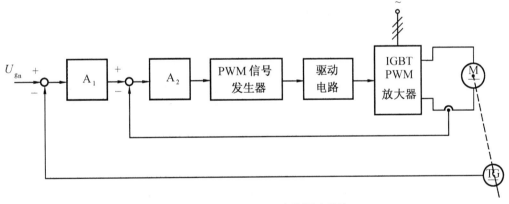

图 5.19　IGBT-PWM 直流调速系统

② 正向驱动电压幅值和反向偏压值要适当,一般正向电压取 15 V,反向偏压取 $-2 \sim -10$ V。

③ 要有足够的驱动功率,以保证 IGBT 管处于饱和导通状态。

④ 驱动电路要与控制电路在电位上隔离,以增强抗干扰性。

⑤ 选择好开关频率。IGBT 管的开关频率,应使电动机最小负载电流连续,即应满足下式

$$f \geqslant \frac{U_s}{8 L_a I_{pmin}} \tag{5.23}$$

式中 L_a——电枢回路电感；

I_{pmin}——电动机最小负载电流。

开关频率一般可取 1 ~ 10 kHz,过高的开关频率会增加开关损耗。

IGBT 管驱动电路,可采用市场上出售的集成驱动电路(如 EXB 系列)。

IGBT-PWM 直流调速系统一般采用小惯量永磁直流宽调速电动机,这有利于提高调速系统的快速性和调速范围。

5.3   交流调速系统

直流电动机通过控制电枢电流的方法,可以获得优良的调速特性。但是,由于直流电动机是依靠整流子和炭刷来进行整流,而对这些机械式整流装置必须定期维修,且所要求的环境条件苛刻,容量有限,成本也高。

交流电动机与直流电动机比较,结构简单、成本低、维护也简单。因此,长期以来人们一直努力研究交流电动机的调速问题,设法开发出性能良好的交流调速系统来。随着电力电子、计算机等自动化技术的发展,近年交流调速系统有了很大发展,性能上已达到与直流调速系统可以媲美的程度,在很多领域里正在取代着直流调速系统。

交流调速系统类型很多,如同步电动机的变频调速、无刷整流子电动机调速、感应电动机的电压调速、变频调速和矢量控制调速等。

本节将介绍在机床电力拖动系统中常用的变频调速、无刷整流子电动机调速和矢量控制调速系统。

5.3.1   变频器及其在交流调速中的应用

1. 变频器工作原理

变频器是将交流电源转变为直流电源后,再转变为频率可调的交流电压的频率变换装置。变频器由整流电路、滤波电路、逆变电路和控制电路组成,如图 5.20 所示。

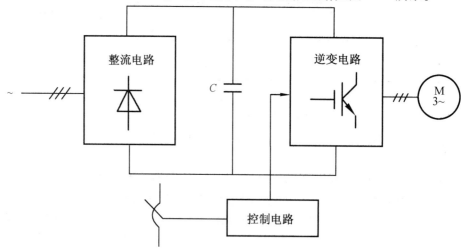

图 5.20   电压型变频器结构图

整流部分采用由二级管组成的三相(或单相)桥式整流电路。滤波电容 C 的容量要足够大,以保证直流侧两端电压基本保持不变。逆变部分采用由 IGBT 管组成的三相桥式逆变电路,图 5.21 所示为电压型变频器基本电路和其输出电压波形。

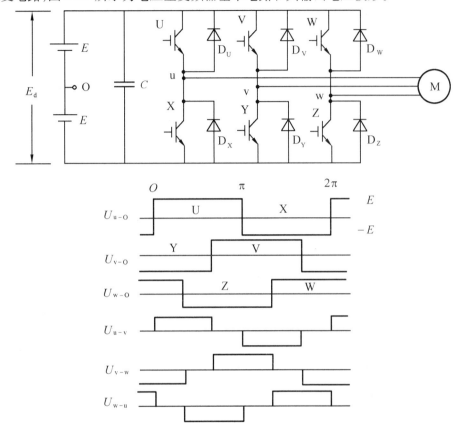

图 5.21　电压型变频器基本电路和输出电压波形

下面分析三相桥式逆变电路的工作原理。u 相桥(U 和 X)、v 相桥(V 和 Y)、w 相桥(W 和 Z)是以相互 120°的相位差工作的。u、v、w 各点对假想中性点 O 的电压 U_{u-O}、U_{v-O}、U_{w-O},在 U、V、W 导通时成为 E,在 X、Y、Z 导通时等于$-E$。线间电压 U_{u-v}、U_{v-w}、U_{w-v} 可由下式求得,即

$$U_{u-v} = U_{u-O} - U_{v-O} \qquad U_{v-w} = U_{v-O} - U_{w-O} \qquad U_{w-u} = U_{w-O} - U_{u-O}$$

U 相的相电压和流过 IGBT 管及二极管电流的关系示于图 5.22 中。

u 点电压 U_{u-O},在 $0 \sim \pi$ 期间等于 E,在 $\pi \sim 2\pi$ 期间等于$-E$。就相电压 U_u 来看,只有 U 管导通时的电压和 U 与 W、U 与 V 管搭接供电时的电压是不同的,而且由于搭接供电时电流两相分流,二者的电压成为 $2:1$ 关系。在 $\pi \sim 2\pi$ 期间也有同样关系。通过相电压 U_u 和线电流 I_u 的关系,可以知道 IGBT 管和二极管的电流分配情况。即

$U_u > 0$,$I_u > 0$:U 导通,电源提供电流 I_u。

$U_u < 0$,$I_u > 0$:D_x 导通,I_{DX} 流过,将负载的电磁能量回馈给电源。

$U_u < 0$,$I_u < 0$:X 导通,电源提供电流 I_X。

$U_u > 0$,$I_u < 0$:D_u 导通,I_{DU} 流过,将负载的电磁能量回馈给电源。

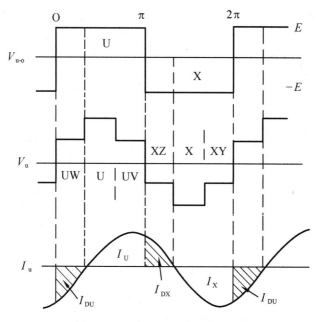

图 5.22　U 相电压和各元件电流

上述具有电容滤波电路的变频器,被称为电压型变频器,若采用电感串联滤波的变频器,称为电流型变频器。两种变频器都可用于交流电动机的速度调节,但后者体积大,主要应用在快速性要求较高的系统中,一般情况下多采用电压型变频器。

变频器的控制电路示于图 5.23 中。正弦波发生器接受经过电压、电流反馈调节的信号,输出一个具有与输入信号相对应频率与幅值的正弦波信号,此正弦波信号被称为调制信号。PWM 放大器将三角波信号(称载波信号)与调制信号相比较,输出 PWM 信号,作为 IGBT 管驱动电路的输入信号。

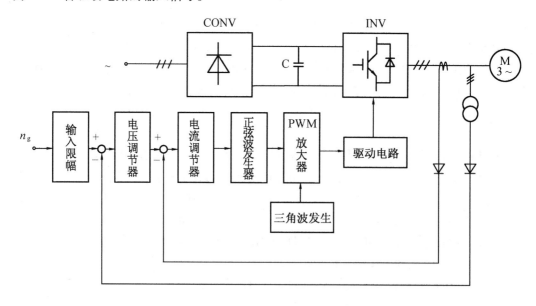

图 5.23　变频器控制电路

采用正弦波输入的 PWM 电路,可以使变频器的输出为正弦波电压,并减少高次谐波的影响。为了进一步说明 PWM 变频器的工作原理,下面通过如图 5.24 所示最简单的单相桥式逆变电路加以分析。

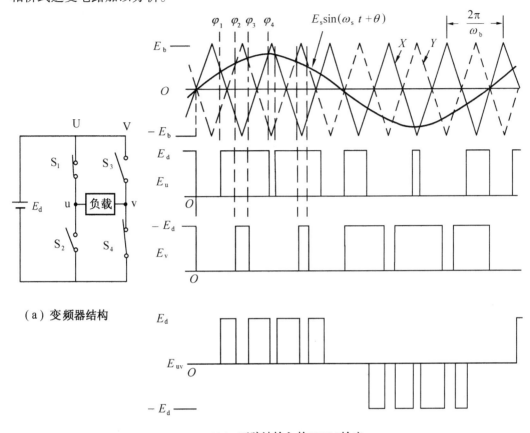

（a）变频器结构

（b）正弦波输入的 PWM 输出

图 5.24　PWM 变频器工作原理

设输入信号（调制信号）为

$$e_s = E_s \sin(\omega_s t + \theta) \tag{5.24}$$

互为反相的两个三角波（载波信号）为 X 和 Y。U 桥在 e_s 与 X 相交时导通或关断,V 桥在 e_s 与 Y 相交时导通或关断。如相位在 φ_1 时,S_1 导通（S_2 关断）,φ_2 时 S_3 导通（S_4 关断）,φ_3 时 S_4 导通（S_3 关断）,φ_4 时 S_2 导通（S_1 关断）,……

输出电压为三角波角频率 ω_b 和输入信号角频率 ω_s 的函数,可用 $E_{uv}(\omega_s t、\omega_b t)$ 表示。输出电压的基波部分可用下式表示

$$E_{uv}(\omega_s t, \omega_b t) = \frac{E_d}{E_b} e_s \tag{5.25}$$

上式表明,输出电压的基波与载波用三角波角频率 ω_b 完全无关,而且与输入信号之间没有相位差。换言之,实现了无畸变的功率放大,其放大倍数与直流侧电压 E_d 成正比,与三角波振幅成反比。

近年来,变频器的发展很快,不断出现更新换代产品。目前的变频器普遍采用计算机数字控制技术,不仅提高了调频精度和可靠性,还可以通过设置参数的方法,随时改变工

作状态,还具有自动诊断及保护功能,体积大为减小。

2. 交流电动机的变频调速

鼠笼型异步感应电动机,完全没有整流子和炭刷,具有结构简单坚固、成本低、惯量小、适合于高速运行等特点。因此采用变频器组成调速系统,在综合性能和成本上都占有一定的优势。

感应电动机的转速 n 与频率 f 之间,存在如下关系

$$n = \frac{60f}{p}(1-S) \tag{5.26}$$

式中　p——极对数;

　　　S——转差率。

上式表明,通过改变 f、p、S 都可以调节电动机的转速。

感应电动机的变频调速方式,可分为(电压/频率)定值控制、转差频率控制和矢量控制等。下面介绍 V/f 定值控制和间接转差控制方式,有关矢量控制问题将在后面作专门介绍。

(1) V/f(电压/频率)定值控制

感应电动机的一次电流 I_1、气隙磁通 Φ 和电磁转矩 T,与端电压 V 和角频率 ω 之间,存在如下关系

$$I_1 \propto \frac{V}{\omega} \quad \Phi \propto \frac{V}{\omega} \quad T \propto \left(\frac{V}{\omega}\right)^2 \tag{5.27}$$

在可以忽略一次阻抗 $I_1 r_1$ 的情况下,高频领域运行时,若转差角频率 $\omega_s(=\omega S)$ 为一定,则一次电流 I_1 和气隙磁通 Φ 与 (V/ω) 成比例,电磁转矩 T 与 $(V/\omega)^2$ 成比例。因此,在变频调速中,为了保持转矩恒定(相当于磁通和电流恒定),必须保持 (V/f) 为定值。在图 5.25 中示出了 (V/f) 为定值时的变频调速特性曲线,实线为转矩,虚线为电流曲线。

从图中可以看出,电动机工作在低频领域时,转矩和电流随频率下降而减小。这是由于在低频领域 $I_1 r_1$ 显现的结果。

一般的变频器都有 (V/f) 定值控制功能,所以使用起来很方便。变频器的异步感应电动机变频调速系统接线图,如图 5.26 所示。

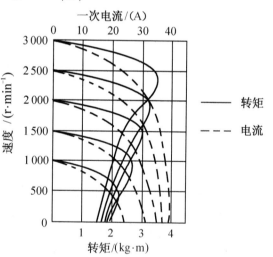

图 5.25　转矩和一次电流特性曲线(v/f 定值)

上述 (V/f) 定值控制的变频调速方式,还适用于多个电动机的并联运行,输出频率从零至数百赫兹可连续调节。这种系统不需要速度传感器,结构简单,适合于高转速运行。但是,低速运行时,阻抗损失较大,随负载变化的速度偏差也比较大。因此,适合于速度控制精度要求不高的场合。

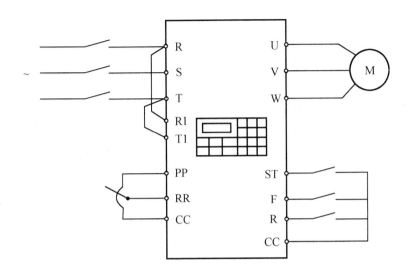

图 5.26　变频器接线图

（2）转差频率控制

在采用开环来调节感应电动机一次频率的（V/f）定值控制中，由于转差角频率 ω_S（$\omega_S = 2\pi f_S$，f_S 为转差频率）随负载变化而变化，难以实现精确的速度控制。采用转速的闭环控制，就可以实现转差角频率的直接控制，进而做到精确的速度控制，这就是转差频率控制。

感应电动机的电磁转矩如下式表示

$$T = K\Phi^2 \frac{\omega_S r'_2}{{r'_2}^2 + (\omega_S L'_2)^2} \tag{5.28}$$

式中　K——与电动机结构有关的常数；

　　　Φ——电动机气隙磁通；

　　　r'_2、L'_2——折算到定子侧的转子电阻和漏感。

当气隙磁通 Φ 恒定时（V/f 值为定值时），电磁转矩 T 与转差角频率 ω_S 的关系曲线，如图 5.27 所示。

当 $\omega_S < \omega_{S\max}$ 时，T 与 ω_S 近似成正比，而当 $\omega_S > \omega_{S\max}$ 时，T 随 ω_S 增加而下降，此区间为不稳定区域。因此，只要保持气隙磁通恒定，转差角频率 ω_S 小于临界转差角频率 $\omega_{S\max}$，通过控制转差频率就可以间接控制转矩。

转差频率控制系统如图 5.28 所示。

速度指令 ω_g 与电动机实际速度 ω_f 比较，其偏差送给转差调节器，经 PI 调节后输

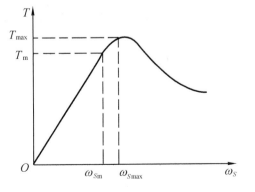

图 5.27　电磁转矩与转差频率关系曲线

出转差角频率 ω_S,再与 ω_f 合成得到的 ω_1 作为变频器输入指令。在转差调节中,为了保持 ω_S 与 T 的线性关系,在转差调节器上加有限幅电路,其限幅值可取图5.27中的 ω_{Sm} 值。

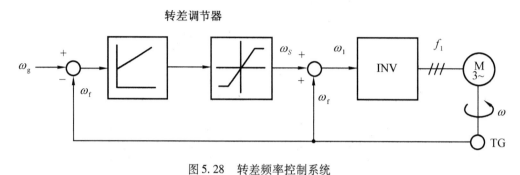

图5.28 转差频率控制系统

5.3.2 无刷整流子电动机调速系统

1. 无刷整流子电动机的结构与工作原理

无刷整流子电动机的结构和特性与直流电动机很相似,在图5.29中示出了两种电动机的基本结构。

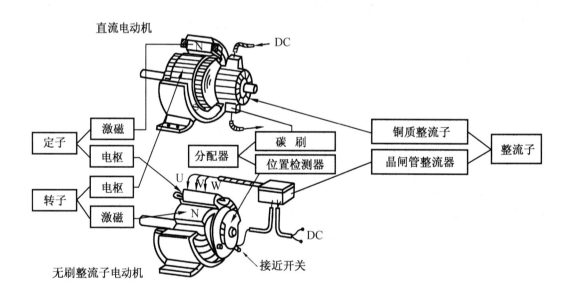

图5.29 直流电动机和无刷整流子电动机结构比较图

无刷整流子电动机由整流子、分配器、定子和转子组成,这些组成部分均与直流电动机的组成部分有对应关系。与直流电动机不同的是,激磁在转子上;转子位置检测器代替了作为分配器的炭刷;由半导体功率器件组成的整流装置代替了铜质的整流子。由此,无刷整流子电动机也称无刷直流电动机。

图5.30为采用晶闸管整流装置的无刷整流子电动机的原理结构图。

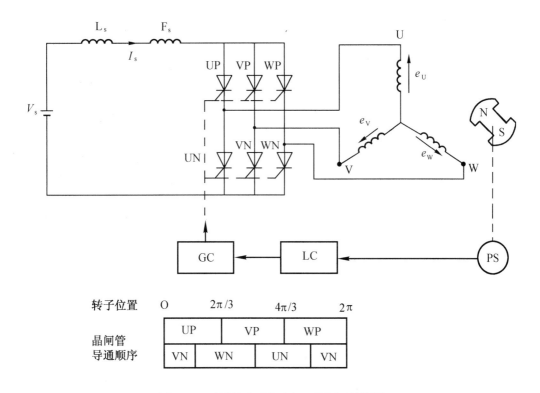

图 5.30 无刷整流子电动机工作原理结构图

图中,PS 为转子磁极位置检测器,GC 为晶闸管触发电路,LC 为逻辑分配电路。根据转子磁极的不同位置,六个晶闸管分别按(UP、VN)、(UP、WN)、(VP、WN)、(VP、UN)、(WP、UN)、(WP、VN)的组合,以 60°的相位差导通,为定子三相线圈提供电流,产生旋转磁场。由永磁材料构成的转子在旋转磁场的作用下转动。

在无刷整流子电动机工作时,各晶闸管是根据转子磁极的位置来分别开通的。因此,位置检测器要把以电枢线圈为基准的转子磁极位置变换为方波信号输出,用来触发相应的晶闸管。位置检测器有接近开关式、霍尔元件式、光电变换式和感应电势利用式等。

图 5.31 为四个极的接近式位置检测器和产生晶闸管触发信号的位置检测逻辑。

在金属圆板上,每隔电气角 π 就设有凸部和凹部与 N 极和 S 极对应。在定子上与电枢线圈相对应,间隔电气角 $2\pi/3$ 处设置三个接近开关 A、B、C。定子旋转时,接近开关 A、B、C 的输出如图上的 a、b、c 的方波。利用 a、b、c 及其反向信号 $\bar{a}$、$\bar{b}$、$\bar{c}$ 等 6 个信号,经逻辑运算得到如图 5.31(b)所示的晶闸管触发脉冲。

2. 无刷整流子电动机的调速系统

无刷整流子电动机的速度控制,与直流电动机控制方法基本相同,一般采用电枢电压控制方式。图 5.32 为采用晶闸管变流装置的调速系统结构图。

图中 A_1、A_2 分别为速度调节器和电流调节器,α 为触发电路,H 为电动机转矩方向指令用滞后环节。

下面分析速度调节器 A_1 为比例调节时的系统工作原理。

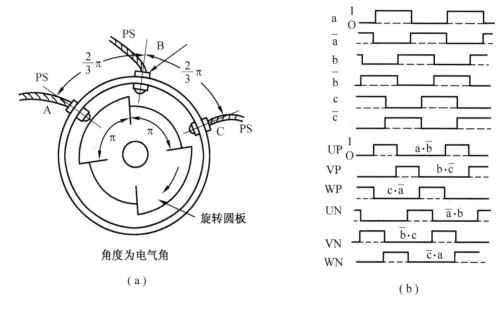

图 5.31 位置检测器结构与位置检测逻辑图

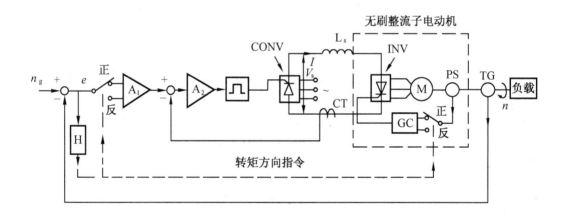

图 5.32 无刷整流子电动机调速系统

当速度指令 n_g 输入到系统之后,与来自测速发电机的反馈信号 n_f 比较得到速度偏差 e。这一速度偏差 e,在电动机正转时为正,反转时为负。根据 e 的极性,电动机转矩方向指令用滞后环节 H,将速度调节器 A_1 和触发控制电路 GC 的正反向逻辑电路的极性同时切换为正或负。这时系统将自动调节触发控制角 α 和输出电压 V_s,控制电动机转速 n,使速度偏差 e 充分小。无刷整流子电动机的制动和反转过程与直流电动机不同。

当速度指令 n_g 由正变负时,速度偏差 e 也由正变负,进而 A_1 和 GC 也由正向切换到反向。仅仅靠上述动作,即可自动实现下列过程。

①CONV 由整流状态变为逆变状态,INV 由逆变状态变为整流状态。

②无刷整流子电动机由电动状态变为发电状态,其发电电能经过 CONV 回馈给交流电源,电动机回馈制动减速。

③电动机转速达到零时,CONV 自动由逆变状态变为整流状态,INV 由整流状态变为逆变状态,回复到初期状态。

④无刷整流子电动机向反向加速,直至达到反向定常速度。

5.3.3 矢量控制调速系统

在利用频率、电压可调的变频器来实现感应电动机的调速时,设法获得与直流电动机相同的转矩特性的方式,就是矢量控制。

矢量控制是 1968 年由 Hasse 首先发表其原理,1971 年由 Blaschke 以磁通轴为基准的概念确立的,近年应用于交流调速系统中。

1. 矢量控制的基本原理

感应电动机的转矩产生原理可以与直流电动机一样考虑。图 5.33 为两种电动机的转矩产生原理图。

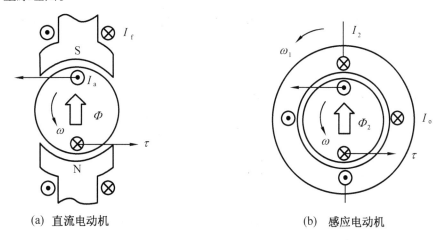

(a) 直流电动机   (b) 感应电动机

图 5.33 电动机转矩产生原理

在直流电动机中,由激磁电流 I_f 产生的磁通 Φ 和产生转矩的电枢电流 I_a 是正交的,因此转矩 T 可用下式表示

$$T \propto \Phi I_a \tag{5.29}$$

一般 Φ 为不变的常值,因而通过控制 I_a 就可以控制转矩。

对感应电动机而言,电压、电流为交流量,因而处理方法也不同。但是,如果从旋转磁场上观测(图 5.33(b)),将产生磁通 Φ_2 的电流分为磁化电流分量 I_0 和转矩电流分量 I_2,则 I_0 和 I_2 成为随时间不变的直流量。磁化电流 I_0 和转矩电流 I_2 分别相当于直流电动机的激磁电流 I_f 和电枢电流 I_a。由此,感应电动机的转矩也可用下式表示

$$T \propto \Phi_2 I_2 \tag{5.30}$$

矢量控制,就是基于上述思路控制转矩的方式,通过分别独立控制 I_0 和 I_2 的方法来改善转矩响应。

为了从旋转磁场坐标系上观测,需要进行两次坐标系的变换,即从三相定子坐标系 a、b、c 轴变换到二相定子坐标系 α、β 轴上,再从二相定子坐标系 α、β 轴变换到二相旋转

磁通坐标系 d、q 轴上。图 5.34 为三个坐标系。

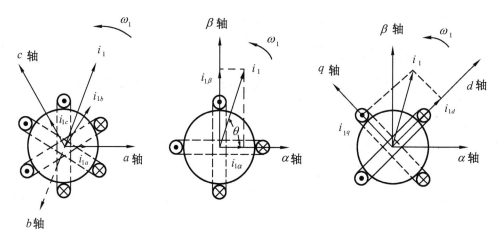

（a）三相模型（定子坐标系）（b）二相模型（定子坐标系）（c）二相模型（旋转磁通坐标系）

图 5.34　电流矢量的坐标变换

由 a、b、c 轴到 α、β 轴的变换按下式进行

$$\begin{bmatrix} u_{1\alpha} \\ u_{1\beta} \end{bmatrix} = \sqrt{\frac{2}{3}} \begin{bmatrix} 1 & -\dfrac{1}{2} & -\dfrac{1}{2} \\ 0 & \dfrac{\sqrt{3}}{2} & -\dfrac{\sqrt{3}}{2} \end{bmatrix} \begin{bmatrix} u_{1a} \\ u_{1b} \\ u_{1c} \end{bmatrix} \quad \begin{bmatrix} i_{1\alpha} \\ i_{1\beta} \end{bmatrix} = \sqrt{\frac{2}{3}} \begin{bmatrix} 1 & -\dfrac{1}{2} & -\dfrac{1}{2} \\ 0 & \dfrac{\sqrt{3}}{2} & -\dfrac{\sqrt{3}}{2} \end{bmatrix} \begin{bmatrix} i_{1a} \\ i_{1b} \\ i_{1c} \end{bmatrix} \Bigg\}$$

$$(5.31)$$

二次回路的电压在 α、β 轴上的方程式为

$$\begin{bmatrix} u_{1\alpha} \\ u_{1\beta} \\ u_{2\alpha} \\ u_{2\beta} \end{bmatrix} = \begin{bmatrix} r_1 + Pl_1 & 0 & PM & 0 \\ 0 & r_1 + Pl_1 & 0 & PM \\ PM & \omega_r M & r_2 + Pl_2 & \omega_r l_2 \\ -\omega_r M & PM & -\omega_r l_2 & r_2 + Pl_2 \end{bmatrix} \begin{bmatrix} i_{1\alpha} \\ i_{1\beta} \\ i_{2\alpha} \\ i_{2\beta} \end{bmatrix}$$

$$(5.32)$$

式中　$p = d/dt$；

　　ω_r——旋转角速度。

这时,二次磁通 $\Phi_{2\alpha}$、$\Phi_{2\beta}$ 由下式表示

$$\begin{bmatrix} \Phi_{2\alpha} \\ \Phi_{2\beta} \end{bmatrix} = \begin{bmatrix} M & 0 & l_2 & 0 \\ 0 & M & 0 & l_2 \end{bmatrix} \begin{bmatrix} i_{1\alpha} \\ i_{1\beta} \\ i_{2\alpha} \\ i_{2\beta} \end{bmatrix}$$

$$(5.33)$$

下面进行由二相定子坐标 α、β 轴至二相旋转磁通坐标 d、q 轴的变换。设 d 轴和 q 轴之间的夹角为 ψ,则变换系数为

$$\begin{bmatrix} d \\ q \end{bmatrix} = \begin{bmatrix} \cos \psi & \sin \psi \\ -\sin \psi & \cos \psi \end{bmatrix} \begin{bmatrix} \alpha \\ \beta \end{bmatrix}$$

$$(5.34)$$

将上式代入式(5.32)和(5.33),得到 d、q 轴上的特性式。

$$\begin{bmatrix} u_{1d} \\ u_{1q} \\ u_{2d} \\ u_{2q} \end{bmatrix} = \begin{bmatrix} r_1+Pl_1 & -\omega_1 l_1 & PM & -\omega_1 M \\ \omega_1 l_1 & r_1+Pl_1 & \omega_1 M & PM \\ PM & -\omega_S M & r_2+Pl_2 & -\omega_S l_2 \\ \omega_S M & PM & \omega_S l_2 & r_2+Pl_2 \end{bmatrix} \begin{bmatrix} i_{1d} \\ i_{1q} \\ i_{2d} \\ i_{2q} \end{bmatrix} \quad (5.35)$$

式中 ω_S——转差角频率,$\omega_S = \omega_1 - \omega_r$。

$$\begin{bmatrix} \Phi_{2d} \\ \Phi_{2q} \end{bmatrix} = \begin{bmatrix} M & 0 & l_2 & 0 \\ 0 & M & 0 & l_2 \end{bmatrix} \begin{bmatrix} i_{1d} \\ i_{1q} \\ i_{2d} \\ i_{2q} \end{bmatrix} \quad (5.36)$$

对鼠笼形电动机,由于二次回路为闭路,因此有 $u_{2d}=u_{2q}=0$。在式(5.35)、(5.36)中消去 i_{2d} 与 i_{2q},得

$$\begin{bmatrix} u_{1d} \\ u_{2q} \\ 0 \\ 0 \end{bmatrix} = \begin{bmatrix} r_1+P\sigma l_1 & -\omega_1 \sigma l_1 & P\left(\dfrac{M}{l_2}\right) & -\omega_1\left(\dfrac{M}{e_2}\right) \\ \omega_1 \sigma l_1 & r_1+P\sigma l_1 & \omega_1\left(\dfrac{M}{e_2}\right) & P\left(\dfrac{M}{l_2}\right) \\ -r_2\left(\dfrac{M}{l_2}\right) & 0 & P+\dfrac{r_2}{l_2} & -\omega_S \\ 0 & -r_2\left(\dfrac{M}{l_2}\right) & \omega_S & P+\dfrac{r_2}{l_2} \end{bmatrix} \begin{bmatrix} i_{1d} \\ i_{1g} \\ \Phi_{2d} \\ \Phi_{2q} \end{bmatrix} \quad (5.37)$$

式中 σ——漏感系数,$\sigma = 1 - \dfrac{M^2}{l_1 l_2}$。

若取二次磁通方向为 d 轴,与此成直角方向为 q 轴,则有

$$\Phi_{2d} = \Phi_2 \qquad \Phi_{2q} = 0 \qquad (5.38)$$

将上式代入式(5.37)中的第3、4行,得

$$i_{1d} = \frac{\Phi_2}{M} + \frac{l_2}{M r_2}(P\Phi_2) \qquad (5.39)$$

$$\omega_S = \frac{r_2 M}{l_2 \Phi_2} i_{1q} \qquad (5.40)$$

图5.35 为旋转磁通坐标系下的感应电动机模型。

可以看出,当式(5.38)、(5.39)、(5.40)成立时,二次磁通 Φ_2,即磁化电流 i_{1d} 和转矩电流 i_{1q} 是可以无耦合、分别控制的。以式(5.38)为基础构成的矢量控制,称磁通定向的矢量控制,以式(5.39)、(5.40)为基础构成的矢量控制,称转差频率形矢量控制。

电动机的转矩也经式(5.34)的变换,可用下式表示

$$T = M(i_{2d}i_{1q} - i_{2\beta}i_{1\alpha}) = M(i_{2d}i_{1q} - i_{2q}i_{1d}) = \Phi_{2q}i_{2d} - \Phi_{2d}i_{2q} = -\Phi_2 i_{2q} \quad (5.41)$$

从式(5.36)的第2行求得 i_{2q} 后代入上式,转矩就可用二次磁通 Φ_2 和转矩电流 i_{1q} 的乘积

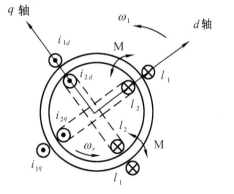

图 5.35 感应电动机的模型
l_1——一次电感;l_2——二次电感;
i_{1d}——一次、二次的 d 轴电流;
i_{1g},i_{1g}——一次、二次的 g 轴电流

表示

$$T = \frac{M\Phi_2}{l_2} i_{1q} \tag{5.42}$$

由上式可知,只要将 Φ_2,即 i_{1d} 保持不变,通过控制 i_{1q} 就可控制转矩。

2. 感应电动机磁通定向的矢量控制调速系统

图 5.36 为感应电动机磁通定向的矢量控制系统。

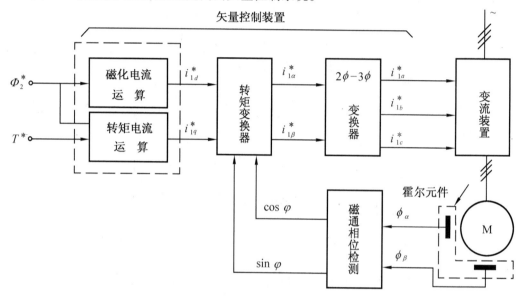

图 5.36 磁通定向的矢量控制系统

根据磁通指令 $\Phi_2{}^*$ 和转矩指令 T^*,通过式(5.39)、(5.42)可以求出磁化电流指令 i_{1d}^* 和转矩电流指令 i_{1q}^*,即

$$i_{1d}^* = \frac{\Phi_2^*}{M} + \frac{l_2}{M\,r_2}\frac{d\Phi_2^*}{dt} \qquad i_{iq}^* = \frac{l_2 T^*}{M\Phi_2^*} \tag{5.43}$$

接下来再进行前述坐标变换的逆变换,即从 d、q 轴到 α、β 轴,再到三相定子坐标系 a、b、c 轴的变换。

$$\begin{bmatrix} i_{1\alpha}^* \\ i_{1\beta}^* \end{bmatrix} = \begin{bmatrix} \cos\psi & -\sin\psi \\ \sin\psi & \cos\psi \end{bmatrix} \begin{bmatrix} i_{1d}^* \\ i_{1q}^* \end{bmatrix} \tag{5.44}$$

$$\begin{bmatrix} i_{1a}^* \\ i_{1b}^* \\ i_{1c}^* \end{bmatrix} = \sqrt{\frac{2}{3}} \begin{bmatrix} 1 & 0 \\ -\frac{1}{2} & \frac{\sqrt{3}}{2} \\ -\frac{1}{2} & -\frac{\sqrt{3}}{2} \end{bmatrix} \begin{bmatrix} i_{1\alpha}^* \\ i_{1\beta}^* \end{bmatrix} \tag{5.45}$$

为了求出式(5.44)中的变换系数 $\cos\psi$、$\sin\psi$,在 α、β 轴上放置霍尔元件,并检测气隙磁通来代替二次磁通。霍尔元件的输出为 Φ_α、Φ_β 时,式(5.38)所表示的磁通可用下式来观测

$$\begin{bmatrix} \varPhi_\alpha \\ \varPhi_\beta \end{bmatrix} = \begin{bmatrix} \cos\psi & -\sin\psi \\ \sin\psi & \cos\psi \end{bmatrix} \begin{bmatrix} \varPhi_2 \\ 0 \end{bmatrix} = \begin{bmatrix} \varPhi_2\cos\psi \\ \varPhi_2\sin\psi \end{bmatrix} \qquad (5.46)$$

利用上述关系式,求得变换系数如下式

$$\cos\psi = \frac{\varPhi_\alpha}{\varPhi_2} \qquad \sin\psi = \frac{\varPhi_\beta}{\varPhi_2} \qquad \varPhi_2 = \sqrt{\varPhi_\alpha^2 + \varPhi_\beta^2} \qquad (5.47)$$

将从式(5.45)中得到的电流指令 i_{1a}^*、i_{1b}^*、i_{1c}^* 送给变频器,并取电流反馈使流向感应电动机的电流与之相同,同时取转速负反馈,就可以组成如图 5.37 所示的感应电动机磁通定向的矢量控制调速系统。

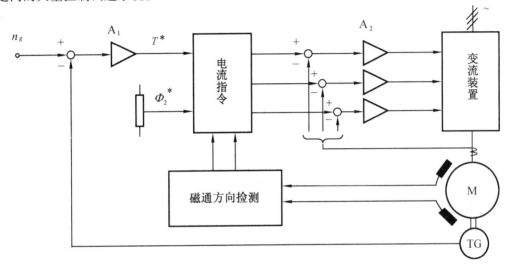

图 5.37　感应电动机矢量控制调速系统

第6章 电气伺服系统

伺服系统是以机械位置或角度为控制对象的自的控制系统,要求其位置输出尽可能无偏差的跟踪位置指令,因而又标位置随动系统。电气伺服系统是以伺服电动机为聚动机构的伺服系统。要实现高精度的位置控制,必须采用反馈控制法,因此伺服系统也和调速系统一样,是一种反馈控制系统,只不过被控制量是位置(角度)而已。在精度要求不高的位置控制中,还可采用结构简单、开环控制的步进电机系统。

本章首先介绍伺服系统的基本结构、机床的位置控制要求的高精度伺服系统,最后介绍步进电机系统。

6.1 伺服系统的基本结构

伺服系统的基本结构如图 6.1 所示。图中的速度控制部分,采用速度、电流的双闭环调速系统,以保证良好的调速性能。位置调节一般采用比例调节器,其比例系数 K_v 称为位置环增益。

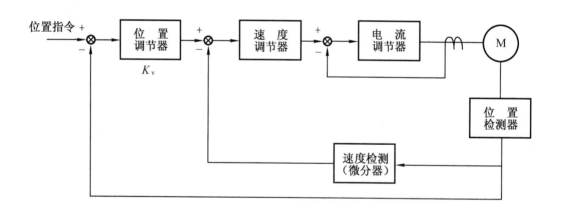

图 6.1 伺服系统基本结构图

下面对伺服电动机和位置检测用增量式光电编码器加以说明。

6.1.1 伺服电动机

伺服电动机与调速系统的电动机比较,其工作原理完全相同,但形状和性能有所不同。在调速系统中,要求电动机能够克服负载的变化,以稳定的速度运行。但是,在伺服系统中电动机的起动、行止、正转、反转等运行频繁,并要求响应快,定位准确,因此,伺服电动机应具备如下特点。

①电动机转子的转动惯量小。伺服电动机的转子一般都做成细而长的形状,以减小转动惯量。

②电动机的转矩——惯性比要在,加减速转矩也要大,以提高快速性。

③转矩脉动小,以减小低速时的转速波动。

④有足够的机械强度,并有良好的散热性。

伺服电动机分为直流和交流伺服电动机。直流伺服电动机一般采用永磁小惯量电动机,交流伺服电动机多采用永磁同步电动机和无刷整流子电动机。

6.1.2　增量式光电编码器

在伺服系统中,采用与电动机同轴的增量式光电编码器来检测电动机旋转位移(角度)和转速。增量式光电编码器的结构和输出波形如图 6.2 所示。

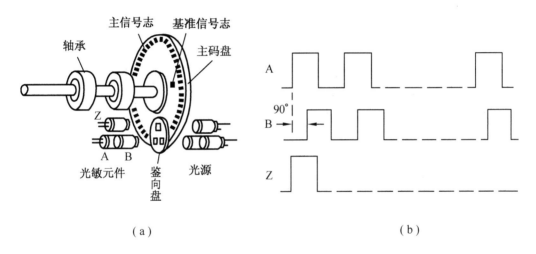

（a）　　　　　　　　　　　　（b）

图 6.2　增量式光电编码器结构和输出波形

在与电动机同轴的圆形的码盘上面刻有很多节距相等的辐射状窄缝,形成均匀分体的透明区和不透明区,光源通过聚光镜照射在码盘上。当光源通过窄缝(透明区)照射在光敏元件上时,光敏元件通过整形电路输出高电平。光线被不透明区挡住时,光明元件不工作,整形电路输出低电平。电动机带着码盘旋转时,光线不断地穿过窄缝或被遮挡,光敏元件通过整形电路输出连续的脉冲。在固定不动的鉴向盘上,刻有两个鉴向窄缝,它们以码盘上的窄缝为基准相对错开 1/4 节距。这样,随着码盘转动,A、B 两个光敏元件将输出频率相同,相位相差 90° 的两路脉冲。Z 相光敏元件,对应于码盘上的基准信号表窄缝,码盘转动一周,产生一个脉冲,可用来准确定位。

A、B 两相脉冲经过如图 6.3 所示的变换,将代表电动机住移的脉冲,接判别出的转向传送给计数器,计数器累加出的脉冲个数就是电动机的位移。

利用增量式光电编码器,通过计算机还可以检测出电动机的转速。

$$n = 6 \times 10^4 \frac{m}{MT_s} \text{ r/min} \tag{6.1}$$

式中　T_s——采样周期;

m——在 T_s 内的脉冲数;

M——编码器每转脉冲数。

在伺服系统中,位置环的增益 K_v 和速度环的调速范围 D 是决定系统精度和快速性的重要指标。

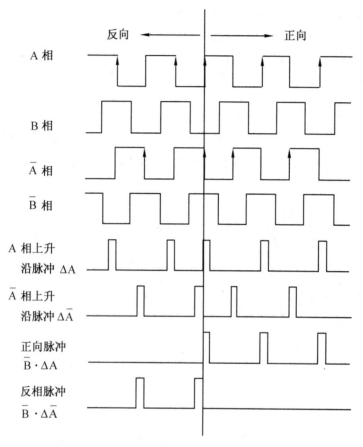

图 6.3   编码器脉冲变换图

6.1.3   位置环增益 K_v

图 6.4 为伺服系统结构方框图。图中速度控制单元即为速度环,用具有死区和限幅的线性放大环节表示。

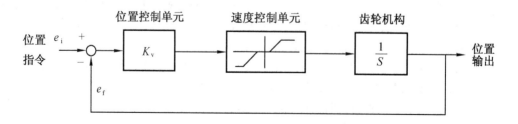

图 6.4   伺服系统结构方框图

位置环的增益 K_v 可用下式表示

$$K_v = \frac{\text{运动速度 } v \text{ mm/s}}{\text{偏差计数器累积量 } e \text{ mm}} = \frac{v}{e} \text{ s}^{-1} \tag{6.2}$$

偏差 e 为位置指值 e_i 的跟踪误差,随运动速度的提高将按比例增加,因此将跟踪误差又称为定常速度偏差。K_v 值越大,表明系统的伺服性能越好,但过大的 K_v 值会使系统不稳定。

提高 K_v 值还受电动机机电时间常数(代表电动机响时间)t_M 的限制,最大 K_v 值可用电动机机电时间常数的倒数近似表示

$$K_v \simeq 1/t_M \text{ s}^{-1} \tag{6.3}$$

t_M 可用下式表示

$$t_M = \frac{(GD_L^2 + GD_M^2) \times m}{375(\tau_M - \tau_L)} \text{ s} \tag{6.4}$$

n——电动机转速,r/min;

GD_L——负载转动惯量,kg·m²;

GD_M——电动机转动惯量,kg·m²;

τ_M——电动机输出转矩,kg·m;

τ_L——负载转矩,kg·m。

由上式可以看出,为了提高 K_v 值,以减小跟踪误差,应减小负载的转动惯量,并尽可能采用冯转矩的电动机,以减小 t_M。

6.1.4 调速范围 D

高精度伺服系统不仅需要高精度的位置传感器,还需要相应的调速范围。图 6.5 为速度环的调速特性图。

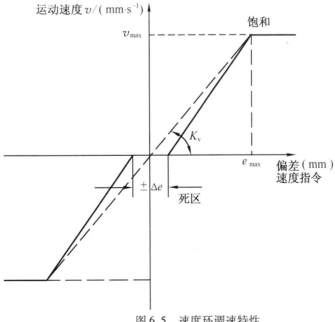

图 6.5 速度环调速特性

由图可知,输入指令在死区 $\pm\Delta e$ 范围内电动机是不能运动的,而输入指令为 e_{max} 时,电动机达到最高速度 V_{max},并限制在饱和值上。因此,这时的调速范围为 $e_{max}/\Delta e$。

若一个脉冲的输入指令为 U_i,则只有 $U_i>\Delta e$ 时电动机才能转动起来,因此伺服系统的调速范围应为

$$D\geqslant\frac{e_{max}}{\Delta e}=\frac{v_{max}}{K_v\cdot\Delta e} \tag{6.5}$$

式中　　v_{max}——最高速度,mm/s;

　　　　Δe——最小移动单位,mm,

现代数控机床中的伺服系统,位置环增益和调速范围分别可达 $100\ s^{-1}$、$1:10\ 000$ 以上。

6.2　机床的位置控制

机床的位置控制,可分为点到点的位置控制和直线或圆弧加工中的跟踪控制。在机床的位置控制中,要求伺服系统具备足够的跟踪精度和快速性。

6.2.1　点到点的位置控制

机床在进行切削加工前的刀具的位置定位,多属这种点到点的位置控制。这种位置控制,要求最终的目的位置,即静止误差准确。位置误差可用下式表示

$$\varepsilon=\frac{v\ \text{mm/s}}{K_v\ \text{s}^{-1}}\times\frac{1}{D} \tag{6.6}$$

上式说明,为提高位置精度,应增大 K_v 值和调速范围,同时还应减小停止前的速度。

6.2.2　直线切削时的位置控制

机床的直线切削加工,可分为单轴和两轴加工情况。

图 6.6 为单轴直线切削的示意图。从起始点 O 至终点 A 的加工过程中,对于指令点 P,伺服机构的跟踪点下的跟踪误差,可用下式表示

$$e=\frac{v}{K_v}\ \text{mm} \tag{6.7}$$

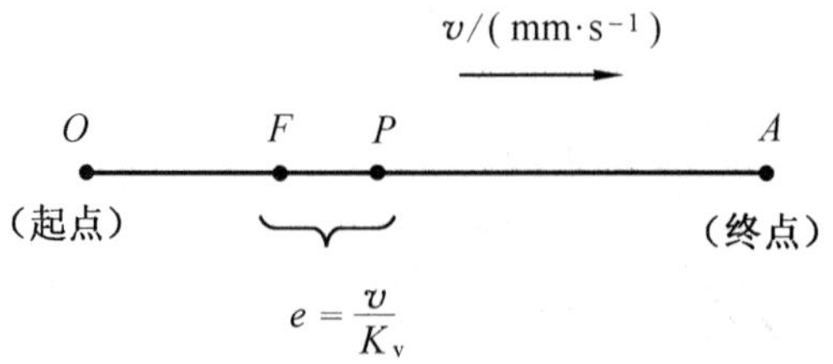

图 6.6　单轴直线切削示意图

P—指令点;F—伺服跟踪点;v—运行速度;e—跟踪误差;K_v—位置环增益

尽管在切削过程中丰收在跟踪误差,但指令点到达终点 A 后,跟踪点也会到达终点,因此这时的切削精度与点到点的位置控制精度是相同的。

通过两轴伺服系统进行直线切削的情况,如图 6.7 所示,除了跟踪误差外还会产生轨迹误差。

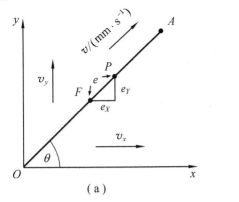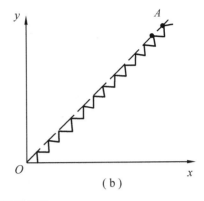

图 6.7 两轴直线切削示意图

若设 X 轴和 Y 轴的 K_v 值分别为 K_{vx}、K_{vy} 则有

$$e_x = \frac{v_x}{K_{vx}} = \frac{v \cdot \cos \theta}{K_v x}, e_y = \frac{v_y}{K_{vy}} = \frac{v \cdot \sin \theta}{K_{vx}} \qquad (6.8)$$

若选取 $K_{vx} = K_{vy} = K_v$,则对于指令关 P 的跟踪点 F 的跟踪误差为

$$e = \sqrt{e_x^2 + e_r^2} = \frac{v}{K_v} \qquad (6.9)$$

指令点从 O 点开始变化时,跟踪点开始接指数函数关系滞后,中途以定常速度偏差 e 跟踪,指令点到达 A 后,跟踪误差按指数函数关系减小,跟踪点也到达 A 点。

实际上,通过两轴伺服系统进行直线切削时,x、y 轴是以如图 6.6(b) 所示的阶梯形的轨迹副近直线的,因而产生轨迹误差,这种轨迹误差与伺服系统的位置分辨率和补算法有关。

6.2.3 圆弧切削时的位置控制

利用 X、Y 两个轴进行圆弧切削加工时的轨迹图如图 6.8 所示。

进行圆弧切削加工时,一般产生半径误(轨迹误差)和角度误差。当两个轴的伺服系统位置环增益 K_v 相同时,半径误差 ΔR 和角度误差 $\Delta \theta$,分别如下式

$$\Delta R = \frac{1}{2R} \left(\frac{V}{K_v} \right) mm \qquad (6.10)$$

$$\Delta \theta = \arctan \left(\frac{v}{K_v \cdot R} \right) \text{rad} \qquad (6.11)$$

如图 6.8 所示,在正常状态下半径误差 ΔR 为一个常量,但在切削开始和终了阶段却不是常量。因此,如果

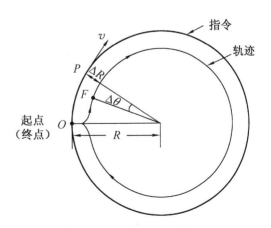

图 6.8 圆弧切削加工精度
R—指令半径,mm;ΔR—半径误差,mm;
$\Delta \theta$—角度误差,rad;v—切削速度,mm

半径误差不能满足要求,则应降低加工速度或提高伺服系统的 K_v 值,或调整补程序。

综上所述,为提高位置控制精度,减小跟踪误差,必须采用具有宽广调速范围和足够大的位置环增益 K_v 的伺服系统。

6.3 数字伺服系统

伺服系统根据所采用的电动机不同,可分为直流伺服系统和交流伺服系统。直流伺服系统一般采用他激式永磁小直流电动机,而交流伺服系统多采用永磁交流同步电动机或无刷直流电动机。

就伺服系统的结构而言,直流和交流伺服系统均由电流环,速度环和位置环组成,而且除电流环和速度环外,位置环是相同的。

现代伺服系统的位置控制,采用计算机来实现数字化控制,主要控制方式有偏差计数器控制方式和 PID 控制方式。本节就上述两种控制方式作简要介绍。

6.3.1 偏差计数器控制伺服系统

偏差计数器控制的伺服系统,采用增量式光电编码器,利用指令脉冲列和反馈脉冲列(代表电动机实际位置)的偏差来实现位置控制。如图 6.9 所示。

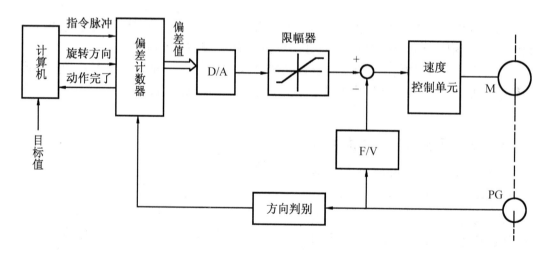

图 6.9 偏差计数器控制伺服系统

首先将来自计算机的位置指令脉冲列输入给偏差计数器,由偏差计数器把脉冲数累加后输出给 D/A 变换器,把偏差值变换为模拟电压后作为速度指令,输出给伺服放大器。光电编码器将电动机的位移按判别出地方向,反馈给偏差计数器,与偏差计数器的累加量进行减法计算,直至累加量变为零。偏差计数器控制方式的程序框图,如图 6.10 所示。

在图 6.9 中的限幅电路,是为限制产生过大偏差时的电动机转速而设置的。

在偏差计数器控制的伺服系统中,指令脉冲列的脉冲数代表电动机的位移,而指令脉冲列的频率代表电动机的转速。指令脉冲频率和电动机转速的关系如图 6.11 所示。

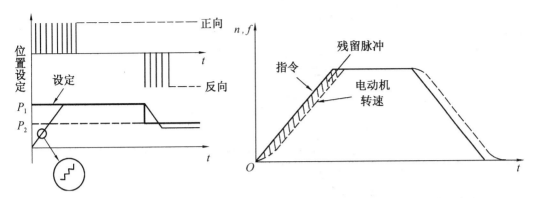

图 6.10　偏差计数器方式时序图　　　图 6.11　指令脉冲和电动机转速关系

　　由于电动机的惯性,加速时电动机的罢速滞后于指令脉冲,因而在加速过程结束之后的匀速运行中,偏差计数器中仍残留着一定数量的脉冲。将这一脉冲称为残留脉冲,用 ε 表示,与指令脉冲频率(f)和位置环增益(K_v)之间成立如下关系。

$$\varepsilon = \frac{f}{K_v}(脉冲数) \tag{6.12}$$

　　在加速过程中形成的残留脉冲,将在电动机减速停止过程中变为零,因此指令的定位时间与实际电动机的定位时间是有差别的。

　　计算机输出的指令脉冲列,其脉冲数是由目标位置和电动机现在位置决定,而脉冲频率是由速度指令决定的。计算机还应输出电动机旋转方向信号,并待电动机运行结束后接受位移动作结束信号,以确定电动机理在位置。计算机的软件功能图和工作流程图分别示于图 6.12 和图 6.13 中。

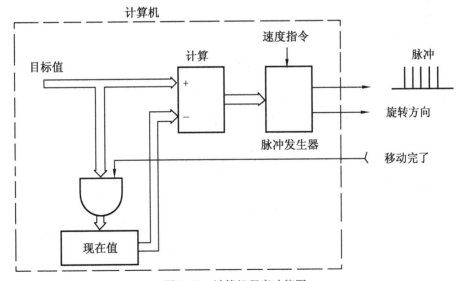

图 6.12　计算机程序功能图

　　采用电 IC 电路组成的偏差计数器的实际伺服系统如图 6.14 所示。由计算机输出位置指令脉冲列(到/及脉冲)、电动机旋转方向信号和计数器初始化用复位信号。计算机输出的脉冲和来自光电编码器的脉冲,分别经过可逆计数器后,在减法器(偏差计数器)进行比较,待偏差值变为零时向计算机送出动作结束信号。

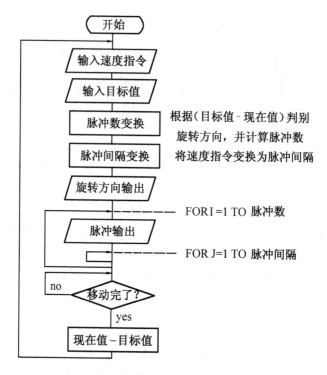

图 6.13　偏差计数器控制方式程序框图

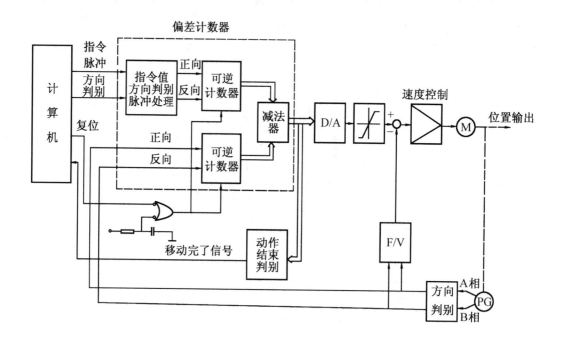

图 6.14　偏差计数器方式伺服系统结构图

上述偏差计差计数器控制方式属比例控制,但由于电动机转速和转角之间存在积分关系,在位置环的开环传递函数中有一个积分环节,因此对阶跃指令仍可实现无差控制。

6.3.2 PID 控制伺服系统

属于比例控制的偏差计数器控制方式,对于位置的阶跃指令可以实现无差控制,但若要进一步改善系统的动态特性,则受到限制。在动态特性(如超调量、响应时间等)要求较高的场合,可以采用 PID 控制伺服系统,如图 6.15 所示。

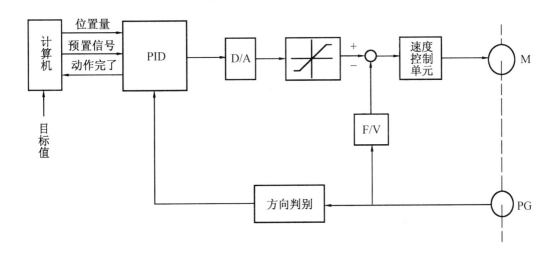

图 6.15   PID 控制伺服系统

PID 控制伺服系统的结构与偏差计数量控制伺服系统基本相同,所不同的是位置指令不是脉冲列,而是数值量,来后光电编码器的位移反馈也要变换为数值量后与指令值比较,其偏差经 PID 运算后,再经 D/A 变换为模拟信号去控制速度单元。

位置偏差 $e(t)$ 的离散化数字 PID 运行如下式

$$l(K) = K_\mathrm{p}e(k) + K_I \sum_{m=0}^{k} e(m) + K_\mathrm{D}[e(k) - e(k-1)] \tag{6.13}$$

式中 K_p——比例增益;

K_I——积分项增益;

K_D——微分项增益。

式(6.12)给出的是直接控制量,被称为位置型 PID 控制方式。在计算机控制的伺服系统中,采用更多的是如下式的速度型 PID 控制方式

$$\Delta u(k) = u(k) - u(k-1) = K_\mathrm{p}[e(k) - e(k-1)] + K_I e(k) +$$
$$K_\mathrm{D}[e(k) - 2e(k-1) + e(k-2)] \tag{6.14}$$

速度型 PID 更有利于抑制超调,并在起动或指令指大幅度变化时有利于实现平滑控制。

6.4   永磁同步电动机交流伺服控制系统

交流伺服电动机克服了直流伺服电动机存在的电刷和机械换向器带来的各种限制,因此在数控机床、工业机器人等小功率场合获得了广泛的应用。

6.4.1 系统组成

基于永磁同步电机及其驱动器的交流伺服控制系统组成如图6.16所示,图中的驱动部分的伺服电机及其驱动器外加编码器构成通常所说的伺服系统,而伺服运动控制系统具有更加广泛的含义,除了驱动部分以外,还包括操作软件、控制部分、检测元件、传动机构和机械本体,各部件协调完成特定的运动轨迹或工艺过程。

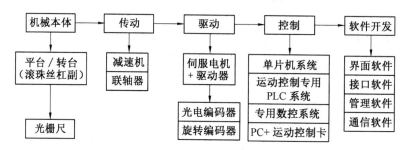

图6.16 交流伺服控制系统的集中控制结构

6.4.2 单元简介

1.控制器

在一个运动控制系统中控制器主要有4种:单片机系统、运动控制专用PLC系统、专用数控系统、PC+运动控制卡。

①单片机系统

由单片机芯片、外围扩展芯片以及通过搭建外围电路组成,作为运动控制系统的控制器。在"位置控制"方式时,通过单片机的I/O口发数字脉冲信号来控制执行机构行走;"速度控制"方式时,需加D/A转换模块输出模拟量信号达到控制目的。

②运动控制专用PLC系统

目前,许多品牌的PLC都可选配定位控制模块,有些PLC的CPU单元本身就具有运动控制功能,包括脉冲输出功能,模拟量输出等。使用这种PLC来做运动控制系统的上位控制时,可以同时利用PLC的I/O口功能,但具有脉冲输出功能的PLC大多都是晶体管输出类型的,这种输出类型的输出口驱动电流不大,一般只有0.1~0.2 A。在工业生产中,作为PLC驱动的负载来说,很多继电器开关的容量都要比这大,需要添加中间放大电路或转换模块。与此同时,由于PLC的工作方式(循环扫描)决定了它作为上位控制时的实时性能不是很高,要受PLC每步扫描时间的限制。而且控制执行机构进行复杂轨迹的动作就不太容易实现,虽说有的PLC已经有直线插补、圆弧插补功能,但由于其本身的脉冲输出频率也是有限的(一般为10~100 kHz),对于诸如伺服电机高速高精度多轴联动、高速插补等动作,它实现起来仍然较为困难。这种方案主要适用于运动过程比较简单、运动轨迹固定的设备,如送料设备、自动焊机等。

③采用专用数控系统

专用的数控系统一般都是针对专用设备或专用行业而设计开发生产的,像专用车床数控系统、铣床数控系统、切割机数控系统等。它集成了计算机的核心部件,输入、输出外围设备以及为专门应用而开发的软件。由于是"专业机口",人们可以尽情发挥"拿来主义"。不需要进行什么二次开发,对使用者来说只需通过熟悉过程达到能操作的目的就行。

④PC+运动控制卡

采用 PC+运动控制卡作为上位控制将是运动控制系统的一个主要发展趋势。这种方案可充分利用计算机资源,用于运动过程、运动轨迹都比较复杂,且柔性比较强的机器和设备。

运动控制卡是基于 PC 机各种总线的步进电机或数字式伺服电机的上位控制单元,总线形式也是多种多样,通常使用的是基于 ISA 总线,PCI 总线的。卡上专用 CPU 与 PC 机 CPU 构成主从式双 CPU 控制模式,PC 机 CPU 可以专注于人机界面、实时监控和发送指令等系统管理工作;同时随卡还提供功能强大的运动控制软件库:C 语言运动库、Windows DLL 动态链接库等,让用户更快、更有效地解决复杂的运动控制问题。运动控制卡的功能如图 6.17 所示(以 MPC02 为例)。

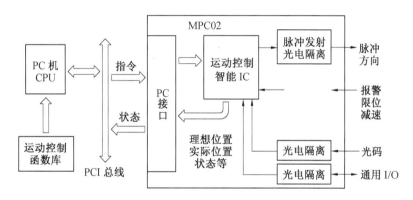

图 6.17　运动控制卡的功能图

运动控制卡接受主 CPU 的指令,进行运动轨迹规则,包括脉冲和方向信号的输出、自动升降速处理、原点和限位开关主号的检测等。每块运动控制卡可控制多轴步进电机或数字式伺服电机,并支持多卡菜用,以实现更多运动轴的控制;每个轴都可以输出脉冲和方向信号,并可输入原点、减速、限位等开关信号,以实现回原点、限位保护等功能。开关信号由控制卡自动检测并做出反应。

2. 伺服电机及驱动器

在传动领域内,往往需要对被控对象实现高精度位置控制,实现精确位置控制的一个基本条件是需要有高精度的执行机构。由于基于稀土永磁体的交流永磁伺服驱动系统,能提供最高水平的动态响应和扭矩密度。因此,稀土永磁同步电动机是使用最多的伺服电机品种。这种电机的特点是结构简单、运行可靠、易维护和免维护;体积小、重量轻;损耗少、效率高,现今的永磁同步电动机定子多采用三相正弦交流电驱动,转子一般由永磁体磁化 3 对 ~4 对磁极,产生正弦磁动势。高性能的永磁同步电动机由电压源型逆变器驱动,采用高分辨率的绝对式位置反馈位置。高性能的交流伺服系统要求永磁同步电动机尽量具有线性的数学模型。这就需要通过对电机转子磁场的优化设计,使转子产生正弦磁动势,并改进定子、转子结构,消除齿槽力矩,减小电磁转矩波动,以提高其控制特性。

伺服驱动器主要包括功率驱动单元和伺服控制单元,功率驱动单元采用三相全桥不控整流,三相正弦 PWM 电压型逆变器变频的 AC-DC-AC 结构。为避免上电时出现过大的瞬时电流以及电机制动时产生很高的泵升电压,设有软启动电路和能耗汇放电路。逆变部分采用集驱动电路,保护电路和功率开关于一体的智能功率模块(IPM),开关频率可达 20 kHz。

伺服控制单元是整个交流伺服系统的核心,实现系统位置控制、速度控制、转矩和电流控制器。数字信号处理器(DSP)被广泛应用于交流伺服系统,各大公司推出的面向电机控制的专用 DSP 芯片,除具有快速的数据处理能力外,还集成了丰富的用于电机控制的专用集成电路,如 A/D 转换器、PWM 发生器、定时计数器电路、异步通信电路、CAN 总线收发器以及高速的可编程静态 RAM 和大容量的程序存储器等。

3.检测元件

检测元件是伺服运动控制系统中的主要元件,对于一个设计完善的伺服系统,其定位精度等主要取决于检测元件。在伺服运动控制系统中,检测元件根据应用要求通常采用高分辨率的旋转变压器、测速电机,感应同步器、光电编码器、磁编码器和光栅等元件。但应用最普及的就是旋转式光电编码器和光栅。旋转式光电编码器一般安装在电机轴的后端部用于通过检测冲出计算电机的转速和位置,光栅通常安装在机械平台上用于检测机械平台的位移,以构成一个大的伺服闭环结构。

6.5　步进电动机系统

为进电动机是一种将电脉冲信号转换成角位移的执行元件,每输入一个电脉冲,电动机转子就转运一个固定的角度。因此,采用步进电动机可以组成位置控制系统。这种步进电动机系统,结构简单、成本低,广泛应用于小型机床的位置控制中。

6.5.1　步进电动机的结构和工作原理

步进电动机可分为变磁阻式(VR 型)、永磁式(PM 型)和混合式(HB 型)三种。变磁阻式步进电动机也称反应式步进电动机,其转子为齿轮状的铁心,而永磁式步进电动机的转子为永久磁铁,如图 6.18 所示。

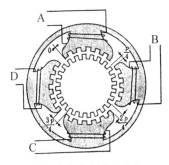
（a）反应式步进电动机

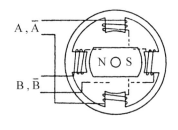
（b）永磁式步进电动机

图 6.18　步进电动机结构

混合成步进电动机具有上述二种电动机的混合结构,其转子为电永久磁化了的齿轮状铁心。

下面分别介绍应用广泛的反应式和混合式步进电动机。

1. 反应式步进电动机

反应式步进电动机一般在定子上嵌有几组控制绕组,每组绕组为一相,至少要有三相以上,否则不能形成起动力矩。绕组形式为集中绕组,嵌在定子的磁极上,每个磁极上有多个梳状小齿,转子上的齿与定子上的齿,齿形相似,齿距相同。齿距角可表示为

$$Q_z = \frac{2\pi}{N_\tau} \tag{6.15}$$

式中　Q_z——齿距角;

　　　N_τ——转子齿数。

常用的反应式步进电动机有三、四、五、六相等,三相反应式步进电动机,定子上有 A、B、C 三对绕组,磁极上有 A、B、C 三相绕组。当给 A、B、C 三相绕组接一定的顺序轮流通电时,三对磁极将按一定的顺序轮流产生磁场力吸引转子转动。

控制这种三相步进电动机的方式(励磁通电方式)有如下三种。

(1)单三拍工作方式

A、B、C 三相绕组的通电顺序如下式,括号表示一个循环。

正转:(A→B→C)→A→B→……

反转:(A→C→B)→A→C→……

按这种方式运行时,任一瞬间都只有一相绕组处于通电状态,电流切换三次,磁场旋转一周,转子转过一个齿距角,每次切换后,通电相的转子齿与定止齿对齐。电流切换一次,转子转动的角度称为步距角 Q_b,如下式表示

$$Q_b = \frac{Q_z}{m} \tag{6.16}$$

式中　m——相数,亦即切换次数。

(2)六拍工作方式

各相绕组的通电顺序如下式。

正转:(A→AB→B→BC→C→CA)→A→……

开始时 A 相首先通电,转子齿与 A 相定子齿对齐。第二次,A 相继续通电,同时接通 B 相,在两相磁场的合力作用下,转子齿对正 A、B 两极轴线的等分级。每次切换时转子转动的步距角为

$$Q_b = \frac{2\pi}{KN_\tau} = \frac{2\pi}{maN_\tau} \tag{6.17}$$

式中　$K = ma, a = 2$(常数)。

这种工作方式是不对称绕组换接,即有时一相绕组在通电状态,有时两相绕组处在通电状态,两种状态间隔出现。

(3)双三拍工作方式

正转:(AB→BC→CA)→AB→……

反转:(AB→AC→BC)→AB→……

这种工作方式,每次都是两相通电,转子齿所处的位置相妆于六拍工作方式中去掉三拍的三个位置,可见六拍通电方式就是单三拍和双三拍的组合。由于双三拍转子齿总是停留在通电的两相定子之间,这种位置不是稳定状态,容易引起振荡。

2. 混合式步进电动机

混合式步进电动机的转子形状与反应式步进电动机相同,所不同的是被埋在内部的永久磁铁磁化后带有极性。因此,定子磁极和转子磁极之间的磁场力,可有相互吸引力和相互排斥力。

在反应式步进电动机中,励磁电流的极性与磁场力的方向无关,但在混合式步进电动机中,磁场力随着电流极性的不同,或变为吸引力,或变为排斥力,因而转子的平衡位置也不同。常用的混合式步进电动机有二、三、五相等。

混合式当进电动机采用双极性励磁方式,即同一绕组可通以正向或反相电流。二相混合式步进电动机的励磁工作方式有如下三种方式,用 $\bar{A}$ 表示 A 的反向,$\bar{B}$ 的反相。

(1)单四拍工作方式

正转:$(A \rightarrow B \rightarrow \bar{A} \rightarrow \bar{B}) \rightarrow A \rightarrow B \rightarrow \cdots\cdots$

反转:$(A \rightarrow \bar{B} \rightarrow \bar{A} \rightarrow B) \rightarrow A \rightarrow \bar{B} \rightarrow \cdots\cdots$

(2)双四拍工作方式

$(AB \rightarrow B\bar{A} \rightarrow \bar{A}\bar{B} \rightarrow \bar{B}A) \rightarrow AB \rightarrow B\bar{A} \rightarrow \cdots\cdots$

(3)半步工作方式

$(A \rightarrow AB \rightarrow B \rightarrow B\bar{A} \rightarrow \bar{A} \rightarrow \bar{A}\bar{B} \rightarrow \bar{B} \rightarrow \bar{B}A) \rightarrow A \rightarrow \cdots\cdots$

6.5.2　步进电动机的驱动电源

步进电动机不同于其他电动机,它需要有专用的驱动电源,否则就不能正常工作。

步进电动机的驱动电源完成如下功能:

①按一定的顺序和频率接通或断开励磁绕组,以控制步进电动机的起动、反转或停止。

②提供足够的电功率,实现机电能量的转换。

③保证步进电动机运行的快速性和平稳性。

步进电动机的驱动电源主要由环形分配器和功率放大电路组成,如图6.19所示。

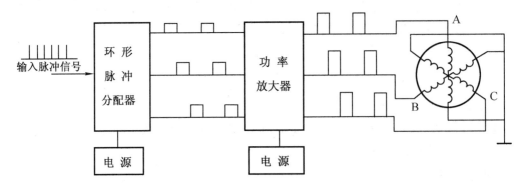

图 6.19　步进电动机驱动电源构成

1. 环形分配器

为了使步进电动机的定子形成旋转磁场,必须将输入的单一脉冲串按一定的要求分配给各相绕组,完成这一功能的电路被称为环形分配。不同种类、不同相数、不同工作方式的步进电动机,都有不同的环形分配器。

下面以三相反应式步进电动机为例,介绍由集成触发器组成的三相六拍环行分配器的工作原理,如图 6.20 所示。

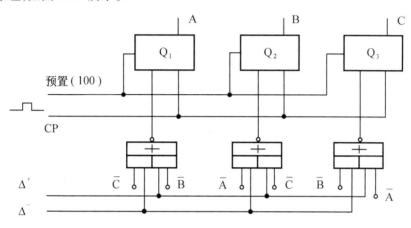

图 6.20 三相六拍环形分配器原理图

图中 $Q_1 \sim Q_3$ 为三只 D 触发器,分别受各自的与或非门控制,分别控制 A、B、C 相绕组。触发器输出为高电平"1"表示电动机绕组通电;低电平"0"表示电动机绕组断电。正转时正转控制线 Δ^+ 为高电平"1";反转时反转控制线 Δ^- 为高电平"1"。

在工作之前首先清零,并在 CP 脉冲到来之前,在预置脉冲,使 Q_1(A 相)为"1"状态,Q_2 和 Q_3 为"0"状态。该分配器的工作方式是在每经历一个 CP 脉冲,Q_1、Q_2、Q_3 的变换一次,以满足步进电动机工作方式的要求。

上述环形分配器的工作状态好如表 6.1 所示。

表 6.1 三相六拍分配器工作状态表

移位脉冲	原 状 态			新 状 态		
	A	B	C	A_1	B_1	C_1
0	1	0	0	1	1	0
1	1	1	0	0	1	0
2	0	1	0	0	1	1
3	0	1	1	0	0	1
4	0	0	1	1	0	1
5	1	0	1	1	0	0
6	1	0	0	1	1	0

表中的工作状态说明,图 6.20 的环形分配器完全满足三相六拍步进电动机工作方式。反转的情况可用相同的道理进行分析。

还有一种细分环形分配器,其分配方式是,输入脉冲在每次切换时,只改变相应绕组中额定电流的一部分,使转子所对应的每步运动也只有步距的一部分。额定电流分成多少次切换,转子就以同样多的次数逐步运动走完一个步距,即将步距角细分成若干步。

细分环形分配器的应用已经越来越广泛,而且细分数也越来越多,这是一种提高步进电动机运行品质的好方法。

环形分配器电路的实现方式很多,目前常用的是专用集成芯片和由通用可编程逻辑器件组成的环形脉冲分配器。

2. 功率放大电路

功率放大电路的主要作用是将环形分配器输出的各相电信号进行放大,并实现电流的快速切换。

步进电动机的各相绕组具有很大的电感,比直流电动机大很多,因而绕组通电后电流达到指定值需要一定的时间,这一时间应尽量减少。

绕组两羰电压为 e,绕组电感为 L 时,流过绕组的电流 i 可用下式表示

$$i = \int_0^t \frac{e}{L}\mathrm{d}t = \frac{e}{L}t \tag{6.18}$$

电流 i 达到额定电流 i_R 的时间 T 为

$$T = i_R \frac{L}{e} \tag{6.19}$$

显见 T 与 L 成正比,与 e 成反比。对于大电感的绕组,必须加大电压 e,才能缩短电流上升时间。为了提高步进电动机的快速性,不仅要加快电流的上升过程,还要加快电流下降时间。为此,切断电流时应在绕组两端施加反向电压。

步进电动机的驱动电路,应尽量减小电流的上升和下降时间,同时还要保证电流保持不变。功率放大电路种类很多,这里介绍常用的几种。

(1)单电压驱动电路

如图 6.21 所示,一相激磁绕组上串接有电阻 R_c,电压 V_c 通过工作在开关工作状态的大功率晶体管 T_r 加在绕组上。用 R、L 分别表示绕组线圈的内阻和电感时,流过绕组的电流将以 $L/(R+R_c)$ 的时间常数上升,电终达到 $i = V_c/(R+R_c)$。当 T_r 处于截止状态时,绕组中的反电势将通过二极管 D 放电,放电电流也以 $L/(R+R_c)$ 的时间常数减小到零。串联电阻 R_c,一般选择为绕组线圈内阻的好几倍,因此电流的上升、下降时间常数也减小好几倍。但是这一电阻上的损耗,降低电路的效率,也增大电路的体积。单电压驱动电路,以其结构简单、价格便宜的优美,多用于小型步进电动机中。

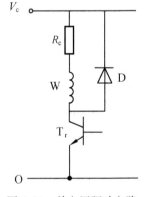

图 6.21　单电压驱动电路

(2)双电压驱动电路

这种电路采用两种电源,即用来保持一定电流的低压电源 V_L 和起加快电流的上升、下降时间的高压电源 V_H,如图 6.22(a)所示。

电流上升时,两个大功率晶体管 T_{r1}、T_{r2} 同时导通,二极管 D_1 被截止不能导通,绕组电流由高压电源 V_H 提供。当电流达到指定值后,T_{r1} 被截止,二极管 D_1 导通,电流由低压电

源 V_L 提供。当 T_{r2} 也被截止时,绕组电流经 D_1—绕组—D_2—(V_H—V_L)减小到零。绕组电流曲线如图 6.22(b)所示。

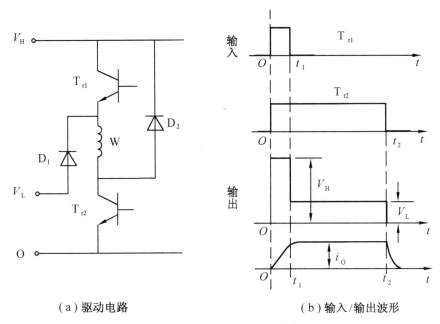

(a)驱动电路　　　　　　　　　(b)输入/输出波形

图 6.22　双电压驱动电源及其波形

双电压驱动电路因没有串联的外部电阻,因而具有功耗低、效率高的优点,但缺点是需要二个电源。这种电路适合于应用在大功率、高频工作的步进电动机中。

(3)斩波驱动电路

在双电源驱动电路中,将低压电源 V_L 取为零时,就变成斩波驱动电路,如图 6.23(a)所示。

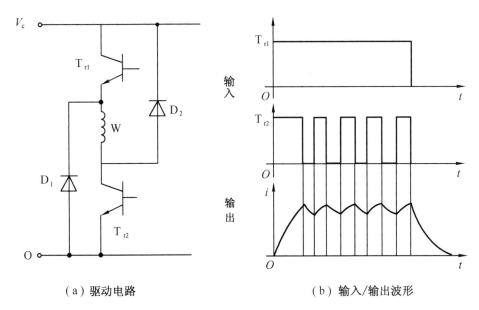

(a)驱动电路　　　　　　　　　(b)输入/输出波形

图 6.23　斩波驱动电路及其波形

该电路的斩波,采用脉宽调制(PWM)控制方式,如图6.23(b)所示。为了使绕组电流恒定,将电流检测出来与给定值比较,大于给定值时令T_{t2}导通,小于给定值时令T_{t2}截止。

斩波驱动电路虽然结构复杂一些,但由于绕组回路不串电阻,电流上升很快,并通过电流反馈保持电流恒定,从而保证在很宽的频率范围内步进电动机都能输出恒定的转矩,大大改善了高频响应特性。

6.5.3 步进电动机系统在机床中的应用

步进电动机一般采用开环控制,因此其特性和性能随励磁方式或驱动电路不同而不同。这里首先介绍表示步进电动机特性和性能的常用术语,然后讨论步进电动机系统在机床中的应用问题。

1. 步进电动机的常用术语

(1)步距角 θ_b

步距角是指一个输入脉冲所对应的步进电动机旋转角位移,表示如式(6.15)和(6.16)。

(2)角度精度

步进电动机旋转角度精度,有静止角度误差和步距角误差。

静止角度误差是步进电动机在一定的负载下旋转时,各静止位置与理论真值之差。

步距角误差是旋转一周时相邻两步之间最大步距和理论上的步距角之差。

(3)转矩

①最大静转矩,在各相绕组流有额定电流的情况下,对静止的电动机轴加以角度位移时,所产生的最大转矩。当加在轴上外部转矩比该值小时,若去掉这个外部转矩,则电动机轴回复到原来的位置。

②保持转矩,绕组不通电时产生的电磁转矩。通常反应式步进电动机的保持转矩为零,永磁式步进电动机的保持转矩一般为最大静转矩的5%以下。

③最大起动转矩:步进电动机能够驱动负载的最大转矩,一般采用输入脉冲经在10PPS以下运行时的值。

④同步拉动转矩:步进电动机在某脉冲频率下,能够起动并能够同步运行的负载转矩。

⑤失调转矩:步进电动机以某一输入脉冲频率同步运行时,随着负载增加仍能保持同步而不失调的最大转矩。

(4)运行频率

①最大自起的频率:在没有负载的情况下,步进电动机能够与输入频率同步起动、停止,反转的最大脉冲频率。

②最大响应频率:在没有负载的情况下,慢慢提高频率时,步进电动机能够同步运行的最大脉冲频率。

(5)矩角特性

相电流保持不变,在输出轴上施加外部转矩使转子转动一角度,这时角度与复位转矩之间的关系,称矩角特性,如图6.24所示。

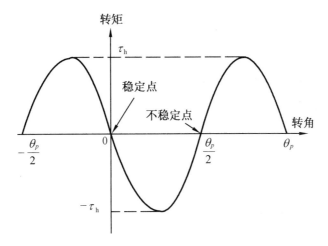

图 6.24　步进电动机的矩角特性

由图中可以看出,从稳定平衡点开始逐步加大转矩时,在到达最大静止转矩之前,步进电动机可以产生复位转矩,但超过最大静止转矩时,就畋入不稳定区域,自动跳到下一个稳定点。

步进电动机的矩角特性一般可用正弦波近似描述,如式(6.20)

$$\tau = \tau_h \sin(p\theta) \tag{6.20}$$

式中,p 为电动机旋转一周时存在的稳定点的个数。在反应式和混合式步进电动机中,p 等于转子的齿数,而在永磁式中等于转子的极对数。

当启擦转矩为 τ 时,产生的角度误差为

$$Q = \frac{1}{p}\arcsin\left(\frac{\tau}{\tau_h}\right) \tag{6.21}$$

可见欲减小误差,应选用具有大的力和 τ_h 的步进电动机。

(6)矩频特性(如图 6.25 所示)

①起动特性:指步进电动机能够起动起来的负载转矩(或负载惯性)和脉冲频率之间的关系。起动特性曲线和横轴(脉冲频率)所包围的区域,称自起动领域。

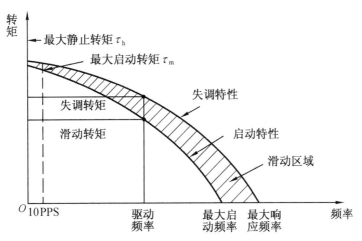

图 6.25　步进电动机的矩频特性

②失调特性:将指令频率逐步增加,直到在起动特性以上的脉冲频率下运行时,不发生失调的最大负载转矩和脉冲频率之间的关系,失调特性曲线和起动特性曲线之间的区域,称滑动区域。在滑动区域中,失调转矩与同步拉动转矩之差,是将电动机加速到同步速度所需要的加速转矩,与脉冲频率平方成正比。

2. 步进电动机的控制方式

步进电动机主要采用开环的数字控制方式,如图 6.26 所示。

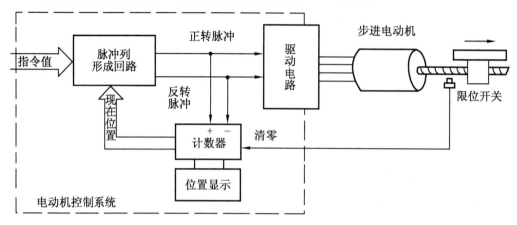

图 6.26　步进电动机开环控制系统

控制初期,先将负载移动至限住开关处,使之处于零位,然后根据指令值发出正转或反转脉冲列,控制步进电动机带动负载到达指定位置。电动机的现在位置是通过计数器计算脉冲列来检测的。在这种控制方式中,一旦发生错误脉冲,所产生的误差是在下次重新开始运行之前无法修正的,因而要求脉冲发生器必须准确、可靠。

由脉冲列控制的步进电动机,其旋转的角位移(位置)由脉冲个数决定,而转速取决于脉冲频率。在位置控制中,步进电动机一般要经过加速—句速—降速过程,而且要求加速、降速时间尽量短,匀速时的速度要高,因而对速度和加速度必须加以控制。

步进电动机的速度控制,一般采用两种驱动方式。第一种为恒速驱动方式,即在矩频特性的自起动区域内,按一定的速度直接起动,直到运行结束时停止发送脉冲,令电动机停止。这种驱动方式,实现起来比较简单,但只能驱动自起动区域的负载,因而运行速度比较低。若以超过自起动区域的脉冲频率直接起动,则发生电动机丢步或起动失败。

第二种为加速驱动方式,即以低速起动后逐步加速到最高速度,待运行结束时先降速到某一速度后再停止。这种驱动方式可使电动机在滑动区域运行,从而可使电动机以更高的速度运行。当然这时的速度和加速度应根据矩频特性加以限制。两种驱动方式的速度与位置(角度)曲线示于图 6.27 中。

3. 步进电动机在机床中的应用

步进电动机通过开环控制方式可以进行精密位置控制,因此在小型机床中经常被用作进给伺服电机,实现位置控制或轮部控制。

(1)位置控制

在位置控制中,精度、时间和速度是应考虑的主要指标,下面分述这些参数的选择问题。

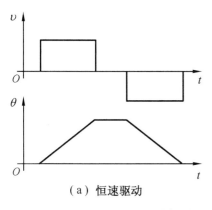 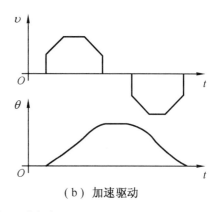

（a）恒速驱动 （b）加速驱动

图 6.27　步进电动机驱动方式

①步进电动机的电小移动单位为一个光距角,因此位置控制精度受到光距角的限制,光距角越小,可实现的位置精度越高。对于所要求的位置精度,应选作步距角小于 1/2 位置精度的步进电动机。

②对微小位置的重复控制,可采用以自起动区域内的频率,恒速直接起动的方式。当自起动频率不太离时,为了在起动区域内尽可能提高运行速度,可采用如图 6.28 所示的驱动方法,即将起动时的第二个脉冲和停止时的最后一个脉冲推迟发出,以实现自起动区域内的高速响应。

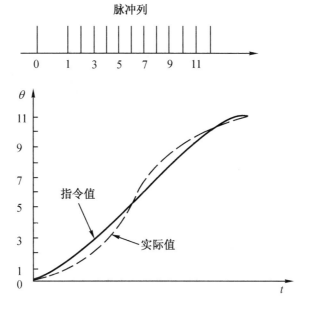

图 6.28　改变脉冲频率起动

③对于长距离的位置控制,应采用由加速(t_1)—恒速(t_2)—降速(t_3)—低速微动(t_4)等四个阶段组成的横式不驱动,如图 6.29 所示。

为了缩短控制时间,除了合理选择各阶段的速度外,还应设法减小最后的准确停车时间。

（2）轮部控制

轮部控制是将二维或三维空间接指定的连续坐标,以指定的速度通过时实现的,二轴或三轴数控机床,就是进行这种轮部控制的机床。

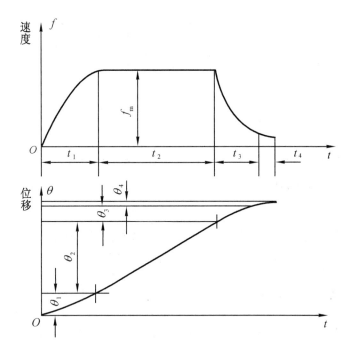

图 6.29　加减速位置控制过程

在数控机床中,每个坐标轴都由各自的步进电动机驱动,而各坐标轴的协调工作是由计算机来控制的。采用步进电动机的数控系统,一般为开环系统,但只要合理选择电动机并应用得当,可以满足一般数据机床的精度和速度要求的。

图 6.30 为三轴数控立式铣床的结构示意图,x、y、z 三个轴分别各自的步进电动机驱动,主轴由交流异步电动机拖动。事先编制好的加工程序送入计算机后,经过择补运算,运控制三个轴的步进电动机,从而加工复杂曲线的平面或立体零件。

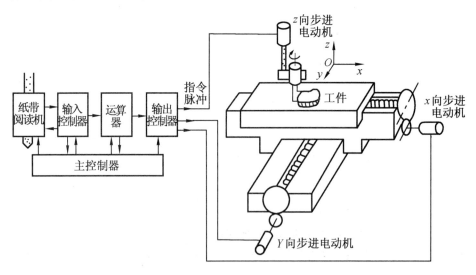

图 6.30　三轴数控立式铣床结构示意图

附　　录

附录　机床电路图图形符号　　　　　　　　　摘自（JB 2739-83）

序号	符　号　名　称	符　号
1	直流	
2	交流	
3	正极	
4	负极	
5	导线的连接	
6	可拆的连接,如端子和插销的连接	
7	单极插销	
8	连接器	
9	接地一般符号	
10	接机壳	
11	非电气连接,如机械、气、液连杆	(1) ━ ━ ━ ━ (2) ＝
12	按钮操作方式	
13	旋钮操作方式	
14	急停按钮操作方式	
15	脚踏操作方式	
16	滚轮操作方式	
17	过电流电磁操作方式	
18	电热控制的操作方式	

续表

序号	符 号 名 称	符 号
19	电磁控制的操作方式	
20	温度控制	θ
21	压力控制	p
22	转速控制	n
23	接近效应控制	
24	计数控制	
25	电阻一般符号	
26	电位计	
27	可调电阻	
28	随电压变化的电阻(压敏电阻)	U
29	热敏电阻	θ
30	加热元件	
31	电容器通用符号	
32	极化电容器,如电解电容器	+
33	电感器	

续表

序号	符 号 名 称	符 号
34	电流互感器,脉冲变压器	
35	有铁芯的电感器	
36	铁芯单相变压器	
37	铁芯三相变压器(Y-△接法)	
38	三相鼠笼转子电动机	
39	三相线绕转子异步电动机	
40	转子上有自动起动器的三相星形连接异步电动机	

续表

序号	符　号　名　称	符　　号
41	三相步进电动机 注:如为四相机,则用四根线表示	
42	永磁步进电动机	
43	串激直流电动机	
44	并激直流电动机	
45	他激直流电动机	
46	复激直流电动机	
47	单相交流串激电动机	
48	原电池或蓄电池	

续表

序号	符 号 名 称	符 号
49	全波(桥式)整流器	
50	整流器(框图)	
51	逆变器(框图)	
52	直流变换器(框图)	
53	常开触头、开关通用符号	
54	常闭触头	
55	先断后合转换触头	
56	接触器、起动器的常开触头	
57	断路器的常开触头	
58	隔离器的常开触头	
59	负荷隔离开关的常开触头	
60	延时闭合的常开触头	或
61	延时断开的常开触头	或
62	延时断开与闭合的常开触头	
63	延时闭合的常闭触头	或

续表

序号	符 号 名 称	符 号
64	延时断开的常闭触头	
65	由一个不延时的常开触点,一个延时断开的常闭触点和一个延时断开的常开触点组成的触点组	
66	常开触头按钮	
67	常闭触头按钮	
68	常锁扣的急停按钮	
69	温度控制触头	
70	凸轮控制开关(行程开关)	
71	行程开关(常开触点)	
72	行程开关(常闭触点)	
73	三相隔离开关	
74	三相负荷隔离开关	

续表

序号	符 号 名 称	符 号
75	具有过载、过流保护和电压脱扣的断路器	
76	断路器的锁扣机构	
77	熔断器	
78	熔断器开关	
79	线圈的一般符号	
80	时间继电器的缓释放线圈	
81	时间继电器的缓吸合线圈	
82	时间继电器的缓吸合和缓释放线圈	
83	电动脉冲继电器的线圈	
84	过电流继电器(脱扣)线圈	
85	过电压继电器(脱扣)线圈	

续表

序号	符 号 名 称	符 号
86	欠电压继电器(脱扣)线圈	
87	热继电器(脱扣)线圈	
88	电磁阀	
89	电磁离合器(断电时离开)	
90	电磁制动器(通电时松闸)	
91	电磁铁通用符号	
92	电磁吸盘(卡盘)	
93	照明灯 信号灯	
94	电压表	V
95	电流表	A
96	转速表	n
97	整流二极管	
98	单向雪崩二极管	
99	隧道二极管	

续表

序号	符 号 名 称	符 号
100	双向雪崩二极管	
101	发光二极管	
102	晶闸管反向阻断三极闸流管	
103	PNP 晶体管	
104	N 型基极单结晶体管	
105	N 型沟道结场效晶体管	
106	双向光敏电阻	
107	光电二极管	
108	光电池	
109	PNP 光电晶体管	
110	发光二极管控制的静态继电器	
111	光电二极管光耦器	

续表

序号	符 号 名 称	符 号
112	光电二极管和半导体管(NPN)光耦合器	
113	与门	
114	与非门	
115	或门	
116	或非门	
117	非门	
118	异或门	
119	无放大输出的缓冲器	

参考文献

[1] 李仁. 电气控制技术[M]. 3 版. 北京:机械工业出版社,2017.

[2] 陈伯时. 电力拖动自动控制系统[M]. 3 版. 北京:机械工业出版社,2018.

[3] 谭建成,邵晓强. 永磁无刷直流电机技术[M]. 2 版. 北京:机械工业出版社,2018.

[4] 王季铁,曲家骐. 执行电动机[M]. 北京:机械工业出版社,1997.

[5] 田淑珍. 电机与电气控制技术[M]. 2 版. 北京:机械工业出版社,2017.

[6] 戈宝军,梁艳萍,李伟力. 大电机技术[M]. 北京:中国电力出版社,2013.

[7] 阎治安,苏少平,崔新艺. 电机学[M]. 3 版. 西安:西安交通大学出版社,2020.

[8] 周齐道. 现代电机调速技术[M]. 北京:机械工业出版社,2020.

[9] 赵希梅. 交流永磁电机进给驱动伺服系统[M]. 北京:清华大学出版社,2017.

[10] 任志斌,张文广,宋莉莉. 基于 STM32 的无刷直流电机控制与实践[M]. 北京:中国电力出版社,2019.

[11] 杨耕,罗应立. 电机与运动控制系统[M]. 2 版. 北京:清华大学出版社,2014.

[12] 刘斌良,李炳初. 开关磁阻电机优化控制[M]. 上海:上海交通大学出版社,2020.

[13] 徐寿水. 西门子 S7-1200PLC 编程及应用教程. [M]. 北京:机械工业出版社,2018.

[14] 陈忠平. 西门子 S7-200 SMART PLC 完全自学手册[M]. 北京:化学工业出版社,2020.

[15] 赵全利. S7-200 系列 PLC 应用教程[M]. 2 版. 北京:机械工业出版社,2020.

[16] 霍罡,苏强. 欧姆龙 CPⅠ系列 PLC 原理与典型案例精解[M]. 北京:机械工业出版社,2016.

[17] 项万明,苏超,高峰. 机床电气控制与 PLC[M]. 北京:机械工业出版社,2019.

[18] 陈建明,白磊. 电气控制与 PLC 原理及应用[M]. 北京:机械工业出版社,2020.

[19] 王静. PLC 应用案例分析[M]. 北京:化学工业出版社,2020.

[20] 郭艳萍. S7-200 SMART PLC 应用技术[M]. 北京:人民邮电出版社,2019.

[21] 许建国. 电机与拖动基础[M]. 3 版. 北京:高等教育出版社,2019.

[22] 居海清,徐建俊. 电机拖动与控制[M]. 2 版. 北京:高等教育出版社,2020.

[23] 张乐平,徐猛华. 电气控制与 PLC 应用技术[M]. 北京:北京航空航天大学出版社,2019.

[24] 宋广雷,赵飞. 机床电气控制[M]. 北京:高等教育出版社,2016.

[25] 郑萍. 现代电气控制技术[M]. 3 版. 重庆:重庆大学出版社,2017.

[26] 张建,马明. 工厂电气控制技术[M]. 北京:机械工业出版社,2020.

[27] 殷玉恒. 工厂电气控制技术与 PLC 应用技术[M]. 北京:中国电力出版社,2016.

[28] 林明星. 电气控制与可编程控制器[M]. 3 版. 北京:机械工业出版社,2020.

[29] 王宗才. 机电传动与控制[M]. 3 版. 北京:电子工业出版社,2020.

[30] 海心,蒋荣. 机电传动控制[M]. 2 版. 北京:高等教育出版社,2018.

[31] 黄建清. 电气控制与可编程控制器应用技术[M]. 北京:机械工业出版社,2020.